液压与气动技术

主　编　杨耀东　韩志引

副主编　李国奇　薛家慧　徐利云

参　编　袁桂珍　李　呈　孟文晔　刘　真

北京理工大学出版社

BEIJING INSTITUTE OF TECHNOLOGY PRESS

内 容 简 介

本书分为三个学习情境，分别是：基础理论部分，液压传动部分，以及气压传动部分。共 15 个项目，其中基础理论部分包括液压传动概述，液压传动基础，共 2 个项目；液压传动部分包括液压泵与液压马达，液压缸，液压控制元件，液压辅助元件，液压基本回路，典型液压系统，液压伺服系统，共 7 个项目；气压传动部分包括气压传动基本知识，气源及辅助元件，气动执行元件，气动控制元件，气动基本回路，典型气压传动系统共 6 个项目。

本书主要作为高职高专机电一体化专业及机械、数控类相关专业的教材，也可供相关专业的工程技术人员参考。

图书在版编目（CIP）数据

液压与气动技术 / 杨耀东，韩志引主编 . —北京：北京理工大学出版社，2017.8（2021.9 重印）

ISBN 978 - 7 - 5682 - 4537 - 1

Ⅰ . ①液…　Ⅱ . ①杨…　②韩…　Ⅲ . ①液压传动②气压传动　Ⅳ . ①TH137②TH138

中国版本图书馆 CIP 数据核字（2017）第 222957 号

出版发行 / 北京理工大学出版社有限责任公司	
社　　址 / 北京市海淀区中关村南大街 5 号	
邮　　编 / 100081	
电　　话 / （010）68914775（总编室）	
（010）82562903（教材售后服务热线）	
（010）68948351（其他图书服务热线）	
网　　址 / http://www.bitpress.com.cn	
经　　销 / 全国各地新华书店	
印　　刷 / 涿州市新华印刷有限公司	
开　　本 / 787 毫米 × 1092 毫米　1/16	
印　　张 / 17.5	责任编辑 / 赵　岩
字　　数 / 411 千字	文案编辑 / 梁　潇
版　　次 / 2017 年 8 月第 1 版　2021 年 9 月第 4 次印刷	责任校对 / 周瑞红
定　　价 / 49.00 元	责任印制 / 李志强

前　　言

本书根据高等教育的特点，以归纳出液压与气动技术的共性与个性，阐述了基本理论、基本内容和基本方法，并提供了相关的背景资料。本书深入浅出，图文并茂，选编了较多的应用实例，并增加了技能实训部分，更注重技术应用能力的培养，突出实用技术应用的训练。本书内容力求先进，体系力求新颖。既保证了高等教育的规格要求，又力求创新，体现应用特色。本书编写了课后思考题和习题，有利于学生巩固所学知识，加深对基本概念的理解，并提高分析、解决实际问题的能力。

本书分为三个学习情境，分别是：基础理论部分，液压传动部分，以及气压传动部分。共 15 个项目，其中基础理论部分包括液压传动概述，液压传动基础共 2 个项目；液压传动部分包括液压泵与液压马达，液压缸，液压控制元件，液压辅助元件，液压基本回路，典型液压系统，液压伺服系统共 7 个项目；气压传动部分包括气压传动基本知识，气源及辅助元件，气动执行元件，气动控制元件，气动基本回路，典型气压传动系统共 6 个项目。

本书由杨耀东、韩志引任主编。李国奇，薛家慧、徐利云任副主编，同时参与编写的还有袁桂珍、李呈、孟文晔，刘真任参编。15 个项目，具体分工如下：杨耀东编写基础理论部分项目一，项目二，附录部分；韩志引编写液压传动部分项目三，项目四，项目五；薛家慧编写液压传动部分项目六，项目七；徐利云编写液压传动部分项目八，项目九；李国奇编写气压传动部分项目十，项目十一；袁桂珍编写了气压传动部分项目十二；李呈编写了气压传动部分项目十三；孟文晔编写了气压传动部分的项目十四，刘真编写了气压传动部分项目十五。

在编写过程中，尽管我们尽心尽力，但由于水平所限，书中不妥之处在所难免，恳请广大读者批评指正。

编　者

目　录

学习情境一　基础理论部分

学习情境二　液压传动部分

学习情境一

基础理论部分

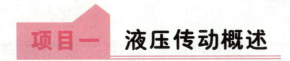

学习任务一　液压传动的发展

自 18 世纪末英国制成世界上第一台水压机起，液压传动技术至今已有二三百年的历史。然而，直到 20 世纪 30 年代它才真正地推广使用。

1650 年帕斯卡提出静压传递原理，1850 年英国将帕斯卡原理先后应用于液压起重机、压力机，1795 年英国约瑟夫·布拉曼（Joseph Braman）在伦敦用水作为工作介质，以水压机的形式将其应用于工业上，诞生了世界上第一台水压机；1905 年工作介质由水改为油，使液压传动效果进一步得到改善。第二次世界大战期间，在一些兵器上用上了功率大、反应快、动作准的液压传动和控制装置，大大提高了兵器的性能，也大大促进了液压技术的发展。战后，液压技术迅速转向民用，并随着各种标准的不断制定和完善，各类元件的标准化、规格化、系列化，在机械制造、工程机械、农业机械、汽车制造等行业中推广开来。20 世纪 60 年代后，原子能技术、空间技术、计算机技术、微电子技术等的发展再次将液压技术向前推进，使它在国民经济的各方面都得到了应用，已成为实现生产过程自动化、提高劳动生产率等必不可少的重要手段之一。

我国的液压工业开始于 20 世纪 50 年代，其产品最初只用于机床和锻压设备，后来才用到拖拉机和工程机械上。自从 1964 年从国外引进一些液压元件生产技术，并自行设计液压产品以来，我国的液压件已在各种机械设备上得到了广泛的使用。20 世纪 80 年代起更加速了对国外先进液压产品和技术的有计划引进、消化、吸收和国产化工作，以确保我国的液压技术能在产品质量、经济效益、研究开发等各个方面全方位地赶上世界水平。

当前，液压技术在实现高压、高速、大功率、高效率、低噪声、经久耐用、高度集成化等各项要求方面都取得了重大的进展，在完善比例控制、伺服控制、数字控制等技术上也有许多新成就。此外，在液压元件和液压系统的计算机辅助设计、计算机仿真和优化以及微机控制等开发性工作方面，日益显示出显著的优势。

微电子技术的进展，渗透到液压传动技术中并与之相结合，创造出了很多高可靠性、低成本的微型节能元件，为液压传动技术在工业各部门中的应用开辟了更为广阔的前景。随着科学技术的发展，液压传动技术得以不断创新和提高，通过改进元件和系统的性能，以满足日益变化的市场需求。液压传动技术的持续发展体现在如下重要特征上。

①提高元件性能，创制新型元件，使其不断小型化和微型化。

②高度的组合化、集成化和模块化。

③和微电子技术相结合，走向智能化。

④研发特殊传动介质，推进工作介质多元化。

学习任务二　液压传动的工作原理及系统组成

一、液压传动的工作原理

图1–1所示为机床工作台液压系统原理图。液压泵3由电动机带动旋转，从油箱1经滤油器2吸油，由泵输出压力油，经换向阀6、节流阀5到液压缸。当换向阀6处于中位时，工作台9停止运动；当换向阀6的手柄转换到左位时，压力油进入液压缸7左腔，推动活塞8并带动工作台向右运动，此时，液压缸右腔的油液经换向阀回油箱；当换向阀的手柄转换到右位时，压力油进入液压缸右腔，推动活塞并带动工作台向左运动。

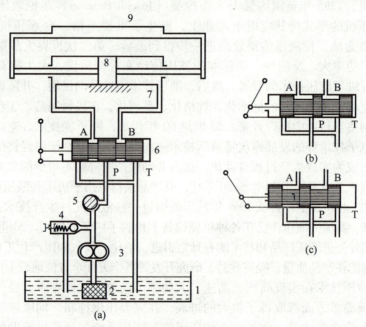

图1–1　机床工作台液压传动系统图
1—油箱；2—滤油器；3—液压泵；4—溢流阀；5—节流阀；
6—换向阀；7—液压缸；8—活塞；9—工作台

工作台往复运动时，其速度是通过节流阀5调节的。当节流阀开大时，进入液压缸的油量增多，工作台的移动速度增大；当节流阀关小时，进入液压缸的油量减小，工作台的移动速度减小。这种现象说明了液压传动的第一个基本原理：速度取决于流量。

克服负载所需的工作压力则由溢流阀4控制。为了克服工作台移动时所受到的外阻力，液压缸必然产生一个足够大的推力，这个推力是由液压缸中的油液压力所产生的。要克服的外阻力越大，缸中的油液压力就越高；反之压力就越低。这种现象说明了液压传动的第二个基本原理：压力取决于负载。

从机床工作台的例子可以得到：在液压系统中，要发生两次能量转变，即先通过液压泵把电动机（或其他原动机）的机械能转变为液体压力能，通过管路的传递和控制元件对液体的压力和流量进行调节后，再通过液压缸（或液压马达）把液体的压力能转变为机械能以推动负载运动。液压传动的过程就是机械能—液压能—机械能的转换过程。

二、液压传动系统的组成

由上面的例子还可以看到，液压系统不论简单还是复杂，都是由动力元件、执行元件、控制元件、辅助元件和工作介质 5 部分组成的。液压系统组成如表 1-1 所示。

表 1-1　液压系统组成

序　号	组成部分	元　件	作　用
1	动力元件	液压泵	将原动机输出的机械能转换成液体压力能
2	执行元件	液压缸、液压马达	将液体的压力能转换为机械能
3	控制元件	液压控制阀	控制和调节液流的压力、流量和流动方向
4	辅助元件	油管与管接头、油箱、过滤器、蓄能器等	起连接、输油、储油、过滤、储存压力能和测量等各种辅助作用
5	工作介质	液压油	传递运动和动力

三、液压传动系统的图形符号

图 1-1 所示的液压传动系统图，是一种半结构式的工作原理图，称为结构原理图。这种原理图直观性强、容易理解，但绘制起来比较麻烦，系统中元件数量多时，绘制更加不方便。为了简化原理图的绘制，系统中各元件可用图形符号表示，这些符号只表示元件的职能、控制方式及外部连接口，不表示元件的具体结构、参数及连接口的实际位置和元件的安装位置。

国家规定 1993 年制定的液压气动图形符号GB/T 786.1—1993（代替 GB 786—1976），就属于图形符号。图 1-2 所示为用图形符号表示的机床工作台液压传动系统图，这样绘制起来更方便，系统图简化，原理也简单明了。按照规定，液压元件符号均以元件的静止位置或零位表示，有些液压元件无法采用图形符号表示时，仍允许采用结构原理图表示。

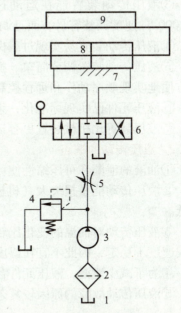

图 1-2　液压传动系统图形符号图
1—油箱；2—滤油器；3—液压泵；4—溢流阀；
5—节流阀；6—换向阀；7—液压缸；
8—活塞；9—工作台

学习任务三　液压传动的特点及应用

一、液压传动的特点

1. 液压传动的优点

液压传动之所以能得到广泛的应用，是由于它与机械传动、电气传动相比具有以下主要优点：

①液压传动传递的功率大，能输出大的力或力矩。在传递同等功率的情况下，液压传动装置的体积小、质量轻、结构紧凑。据统计，液压马达的质量只有同功率电动机质量的 10% ~20%，至于尺寸，相差更大，前者为后者的 12% ~13%。

②液压装置由于质量轻、惯性小、工作平稳、换向冲击小，所以易实现快速启动，制动和高频率换向。对于回转运动每分钟可达 500 次，直线往复运动每分钟可达 400 ~1 000 次。这是其他传动控制方式无法比拟的。

③液压传动装置能在运动过程中实现无级调速，调速范围大（调速比可达 1:2 000）速度调整容易，而且调速性能好。

④液压传动装置易实现过载保护，能实现自润滑，故使用寿命较长。

⑤液压传动装置调节简单、操纵方便，易于实现自动化，如与电气控制相配合，可方便地实现顺序动作和远程控制。

⑥液压元件已实现标准化，系列化和通用化，便于设计、制造和推广使用。

⑦液压装置比机械装置更容易实现直线运动。

2. 液压传动的缺点

①油液的泄漏和可压缩性使传动无法保证严格的传动比。

②液压传动能量损失大（机械摩擦损失、压力损失和泄漏损失等），因此传动效率低。

③液压传动对油温的变化比较敏感，油的黏度发生变化时，流量也会跟着改变，造成速度不稳定，因此不宜在温度变化较大的环境中工作。

④为了减少泄漏，液压元件在制造精度上的要求比较高，因此其造价较高。

⑤液压传动故障的原因较复杂，因此查找困难。

二、液压传动的应用

因为液压传动的显著优点，所以得到了普遍的应用。液压传动在机械工业各部门的应用情况如表 1-2 所示。

表 1-2　液压传动在各类机械行业中的应用实例

行业名称	应用场所举例
机床工业	磨床、铣床、刨床、拉床、压力机、自动机床、组合机床、数控机床、加工中心等
工程机械	挖掘机、装载机、推土机、压路机、铲运机等
行业名称	应用场所举例
起重运输机械	汽车吊、港口龙门吊、叉车、装卸机械、皮带运输机等
矿山机械	凿岩机、开掘机、开采机、破碎机、提升机、液压支架等
建筑机械	打桩机、液压千斤顶、平地机等
农业机械	联合收割机、拖拉机、农具悬挂系统等
冶金机械	电炉炉顶及电极升降机、轧钢机、压力机等
轻工机械	打包机、注塑机、校直机、橡胶硫化机、造纸机等
汽车工业	自卸式汽车、平板车、高空作业车、汽车中的转向器、减振器等
船舶港口机械	起货机、锚机、舵机等
铸造机械	砂型压实机、加料机、压铸机等
智能机械	折臂式小汽车装卸器、数字式体育锻炼机、模拟驾驶舱、机器人等

习　题　一

1. 什么是液压传动？液压传动的基本原理是什么？
2. 液压传动系统由哪几部分组成？各组成部分的主要作用是什么？
3. 绘制液压系统图时，为什么要采用图形符号？
4. 简述液压传动的主要优缺点。

项目二　液压传动基础

学习任务一　液压系统的工作介质

液压传动中的工作介质在液压传动中不仅起传动的作用，还起润滑、冷却、密封和防锈的作用。工作介质性能的好坏，选择是否得当，对液压系统能否有效、可靠地工作影响很大。因此，在掌握液压系统之前必须对工作介质有一定基本认知。

一、液压油的性质

1. 密度

单位体积液体所具有的质量即为该液体的密度，用公式表示为

$$\rho = \frac{m}{V} \qquad (2-1)$$

式中　ρ——液体的密度，kg/m^3；

　　　m——液体的质量，kg；

　　　V——液体的体积，m^3。

液体的密度会随着压力或温度的变化而发生变化：压力越大，密度也就越大；温度越高，密度就越小。但因液体的密度随压力、温度的变化量很小，所以，一般在工程计算中忽略不计，可将其视为常量。在进行液压系统的相关计算时，通常取液压油的密度为 900 kg/m^3。

2. 可压缩性

液体受压力作用而发生体积变化的性质称为液体的可压缩性。若压力为 p_0 时液体的体积为 V_0，当压力增加 Δp，液体的体积减小 ΔV，则液体在单位压力变化下的体积相对变化量为

$$\kappa = -\frac{1}{\Delta p}\frac{\Delta V}{V_0} \qquad (2-2)$$

式中　κ——液体的压缩率。由于压力增加时液体的体积减小，两者变化方向相反，为使 κ 成为正值，在上式右边须加一负号。

液体压缩率 κ 的倒数，称为液体体积模量，即

$$K = \frac{1}{\kappa} \qquad (2-3)$$

液压油的体积模量 K 值反映液体抵抗压缩能力的大小，它和温度、压力以及含在油液中的空气有关。液压油体积弹性模量 $K = （1.2 \sim 2） \times 10^9$ Pa，数值很大。一般中、低压液压系统，液体的可压缩性很小，可以认为液体是不可压缩的。而在压力变化很大的高压系统中，就需要考虑液体可压缩性的影响。当液体中混入空气时，K 值将大大减小，可压缩性将显著增加，并将严重影响液压系统的工作性能，因而在液压系统中应使油液中的空气含量减少到最低限度。

3. 黏性

（1）黏性的定义

液体在外力作用下流动时，分子间的内聚力会阻碍分子间的相对运动而产生一种内摩擦力，液体流动时具有内摩擦力的性质称为黏性。

液体只有在流动（或有流动趋势）时才会呈现黏性，液体静止时是不呈现黏性的。黏性是液体重要物理特性，是选择液压油的主要依据。

（2）黏度

度量黏性大小的物理量称为黏度。常用的黏度有 3 种：动力黏度、运动黏度、相对黏度。

①动力黏度：动力黏度的物理意义就是液体在单位速度梯度下，单位面积上的内摩擦力大小。

当液体流动时，由于液体与固体壁面的附着力及液体本身的黏性使液体内各处的速度大小不等。如图 2 - 1 所示，液体在平行平板间流动，设上平板以速度 u_0 向右运动，下平板固定不动。紧贴于上平板上的液体黏附于上平板上，其速度与上平板运动速度 u_0 相同；紧贴于下平板上的液体黏附于下平板，其速度为零；中间液体的速度按线性分布。可以把这种流动看成是许多无限薄的液体层在运动，当运动较快的

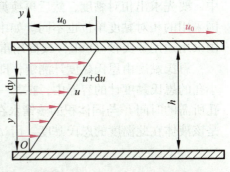

图 2 - 1　液体的黏性示意图

液体层在运动较慢的液体层上滑过时，两液体层之间由于黏性就产生内摩擦力。根据实际测定的数据所知，液体层间的内摩擦力 F 与液体层的接触面积 A 及液体层的相对流速 du 成正比，而与此二液体层间的距离 dy 成反比，即

$$F = \mu A \frac{du}{dy} \tag{2-4}$$

以 $\tau = F/A$ 表示切应力，即单位面积上的内摩擦力，则有

$$\tau = \mu \frac{du}{dy} \tag{2-5}$$

式中　μ——衡量流体黏性的比例系数，称为绝对黏度或动力黏度；

　　　du/dy——流体层间速度差异的程度，称为速度梯度。

在国际单位制和我国的法定计量单位中，动力黏度的单位为帕·秒（Pa·s）或

牛顿·秒/米^2（N·s/m^2）。

②运动黏度：运动黏度是液体绝对黏度μ与密度ρ的比值，即

$$\nu = \frac{\mu}{\rho} \qquad (2-6)$$

式中　ν——液体的运动黏度，m^2/s；

　　　μ——液体的绝对黏度（动力黏度），Pa·s；

　　　ρ——液体的密度，kg/m^3。

运动黏度的国际单位制的单位为 m^2/s，工程单位制中使用的单位为：斯（St），斯的单位太大，应用不便，常用斯的 1%，即厘斯（cSt）来表示，故

$$1cSt = 10^{-2}St = 10^{-6}m^2/s$$

运动黏度ν没有什么明确的物理意义，习惯上常用它来标志液体黏度，国际标准化组织 ISO 规定统一采用运动黏度表示油液的黏度等级。我国的液压油以 40℃时运动黏度的平均值（单位为 mm^2/s）为黏度等级符号，即牌号。例如，牌号为 L—HL22 的普通液压油，表示这种液压油在 40℃时运动黏度的平均值为 22 mm^2/s（前 L 表示润滑剂类，H 表示液压油，后 L 表示防锈抗氧化型）。

③相对黏度：相对黏度是在特定测量条件下制定的，故又称为条件黏度。动力黏度和运动黏度是理论分析和推导中常使用的黏度单位，但它们难以直接测量，实际中，要先求出相对黏度，然后再换算成动力黏度和运动黏度。根据测量条件不同，各国采用的相对黏度单位也不同。如中国、德国、俄罗斯用恩氏黏度（°E）；美国、英国采用通用赛氏秒（SSU）或商用雷氏秒（R$_1$S）；法国采用巴氏度（°B）等。

恩氏黏度由恩氏黏度计测定，即将 200 mL 的被测液体装入底部有直径为 2.8 mm 小孔的恩氏黏度计的容器中，在某一特定温度时，测定全部液体在自重作用下流过小孔所需的时间 t_1 与同体积的蒸馏水在 20℃时流过同一小孔所需的时间 t_2 之比值，便是该液体在此温度的恩氏黏度，用°E_t 表示。被测液体在某一温度时的恩氏黏度即

$$°E_t = \frac{t_1}{t_2} \qquad (2-7)$$

工业上一般以 20℃、50℃和 100℃作为测定恩氏黏度的标准温度，并相应地以符号°E_{20}、°E_{50}和°E_{100}来表示。

知道恩氏黏度以后，利用下列的经验公式，将恩氏黏度换算成运动黏度。

$$\nu = (7.31°E - 6.31/°E) \times 10^{-6} \qquad (2-8)$$

（3）影响黏度的主要因素

①温度对黏度的影响：液压油黏度对温度的变化是十分敏感的，当温度升高时，其分子之间的内聚力减小，黏度就随之降低。油液黏度随温度变化而变化的特性称为油液的黏温特性，它直接影响液压系统的性能和泄漏量，因此希望油液的黏度随温度的变化越小越好。

②压力对黏度的影响：当液体所受的压力增加时，其分子间的距离将减小，于是内摩擦力将增加，即黏度也将随之增大，但由于一般在中、低压液压系统中压力变化

很小，因而通常压力对黏度的影响忽略不计。

4. 其他性质

除了上述主要性质以外，液压油还有一些其他的物理化学性质，如抗燃性、抗氧化性、抗泡沫性、抗乳化性、防锈性、润滑性、抗凝性以及相容性（对所接触的金属、密封材料、添加料等的作用程度）等，都对它的选择和使用有重要影响。这些性质需要在精炼的矿物油中加入各种添加剂来获得。

二、液压油的选用

因为液压传动系统的压力、温度和流速在很大的范围内变化，液压油的质量优劣直接影响液压系统的工作性能，所以，合理的选用液压油尤为重要。

1. 液压油的使用要求

为使液压系统长期保持正常的工作性能，其工作介质应满足以下基本要求：

①对人体无害且成本低廉。

②黏度适当，黏温特性好。

③润滑性能好，防锈能力强。

④质地纯净。

⑤对金属和非金属材料的相容性好。

⑥抗泡沫性和抗乳化性好。

⑦体积膨胀系数较小。

⑧燃点高，凝点低。

⑨氧化稳定性好，不变质。

2. 液压油的种类和选用

（1）液压油的种类

液压油的主要品种及其特性和用途见表 2 - 1。液压油牌号以其代号和后面的数字表示，代号中 L 表示润滑剂类别，H 表示液压系统用的工作介质，数字表示液压油的黏度等级。

表 2 - 1　液压油的主要品种及其特性和用途（GB 11118. 1—1994）

分　类	名　称	ISO 代号	组成、特性和用途
矿油型	精制矿物油	L - HH	无添加剂石油基液压油，抗氧化性、抗泡沫性较差；循环润滑油，液压系统不宜使用；可作液压代用油，用于要求不高的低压系统
	普通液压油	L - HL	HH 油添加抗氧化剂、防锈剂，提高其抗氧化性、防锈性、抗乳化性和抗泡沫性；适用于机床等设备和低压润滑系统
	抗磨液压油	L - HM	HL 油添加抗磨剂，提高其抗磨性，满足中、高压液压系统油泵等部件的抗磨性要求
	低温液压油	L - HV	HM 油添加增黏剂，改善其黏温特性，适用于寒区 - 30℃ 以上、作业环境温度变化较大的室外中、高压液压系统的机械设备

分类	名称	ISO 代号	组成、特性和用途
矿油型	高黏度指数液压油	L - HR	HL 油添加增黏剂，黏度优于 L - HV 油，适用于数控机床液压系统和伺服系统
	液压导轨油	L - HG	HM 油添加防爬剂，改善其黏 - 滑特性；适用于液压及导轨为一个油路系统的精密机床，可使机床在低速下将振动或间断滑动（黏 - 滑）减为最小
	其他液压油	-	加入多种添加剂；用于高品质的专用液压系统
乳化型	水包油乳化液	L - HFA	又称高水基液，特点是难燃、黏温特性好，使用温度为 5℃ ~ 50℃，有一定的防锈能力，黏度低，润滑性差，易泄漏，系统压力不宜高于 7 MPa。适用于有抗燃要求，用液量特别大，泄漏严重的液压系统
	油包水乳化液	L - HFB	其性能接近液压油，既具有矿油型液压油的抗磨，防锈性能，又具有抗燃性，使用油温不得高于 65℃，适用于有抗燃要求的中压系统
合成型	水 - 乙二醇液	L - HFC	难燃，黏温特性和抗蚀性好，润滑性较差，能在 - 18℃ ~ 65℃ 温度下使用，适用于各种有抗燃要求的中压系统
	磷酸酯传动液	L - HFDR	难燃，自燃点高，挥发性低，润滑抗磨性能和抗氧化性能良好，能在 - 20℃ ~ 100℃ 温度范围使用。缺点是有微毒。适用于有抗燃要求的高温、高压精密液压系统

目前 90% 以上的液压设备采用矿物型液压油，其基油为精制的石油润滑油馏分。为了改善液压油液的性能，以满足液压设备的不同要求，往往在基油中加入各种添加剂。添加剂有两类：一类是改善油液化学性能的，如抗氧化剂、防腐剂、防锈剂等；另一类是改善油液物理性能的，如增黏剂、抗磨剂、防爬剂等。

（2）液压油的选用

正确而合理地选用液压油，是保证液压设备高效率正常运转的前提。液压油可根据液压元件生产厂样本和说明书所推荐的品种号数来选用，或者根据液压系统的工作压力、工作温度、液压元件种类及经济性等因素全面考虑，一般是先确定适用的黏度范围，再选择合适的液压油品种。

在选用液压油时，黏度是一个重要的参数。黏度的高低将影响运动部件的润滑、缝隙的泄漏以及流动时的压力损失、系统的发热温升等。液压油黏度的选用应充分考虑环境温度、工作压力、运动速度等要求，在环境温度较高，工作压力高或运动速度较低时，为减少泄漏，应选用黏度较高的液压油，否则相反。

选用液压传动介质的种类，要考虑设备的性能、使用环境等综合因素。如一般机械可采用普通液压油；设备在高温环境下，就应选用抗燃性能好的介质；在高压、高速的工程机械上，可选用抗磨液压油；当要求低温时流动性好，则可用加了降凝剂的低凝液压油；液压伺服系统则要求油质纯净、压缩性小。

在液压传动装置中，液压泵对液压油性能最为敏感，它的工作条件也最为恶劣，较简单实用的方法是按液压泵的类型及要求确定液压油，见表 2 - 2。

表 2 - 2　液压泵用油黏度范围及推荐用油表

名　称		黏度范围/（mm²·s⁻¹）		工作压力/MPa	工作温度/℃	推荐用油
		允许	最佳			
叶片泵 （1 200 r/min） 叶片泵 （1 800 r/min）		16～220	26～54	7	5～40	L-HM 液压油 32, 46, 68
					40～80	
				7 以上	5～40	L-HM 液压油 46, 68, 100
					40～80	
齿轮泵		4～220	25～54	12 以下	5～40	L-HM 液压油 32, 46, 68
					40～80	
				12 以上	5～40	L-HM 液压油 46, 68, 100, 150
					40～80	
柱塞泵	径向	10～65	16～48	14～35	5～40	L-HM 液压油 32, 46, 68, 100, 150
					40～80	
	轴向	4～76	16～47	35 以上	5～40	L-HM 液压油 32, 46, 68, 100, 150
					40～80	
螺杆泵		19～49		10.5 以上	5～40	L-HL 液压油 32, 46, 68
					40～80	

注：液压油牌号 L-HM32 的含义是：L 表示润滑剂，H 表示液压油，M 表示抗磨型，黏度等级为 VG32。

　　总之，应尽量选用质量好的液压油，虽然初始成本高些，但由于优质油使用寿命长，对元件损害小，所以从整个使用周期看，其经济性要比选用劣质油合算。

三、液压油的污染与控制

　　工作介质的污染对液压系统的可靠性影响很大，液压系统运行中大部分故障是因为油液不清洁引起的。因此，正确使用和防止液压油的污染尤为重要。油液的污染，是指油液中含有固体颗粒、水、微生物等杂物，这些杂物的存在会导致以下问题：

　　①固体颗粒和胶状生成物堵塞滤油器，使液压泵吸油不畅、运转困难、产生噪声；堵塞阀类元件的小孔或缝隙，使阀类元件动作失灵。

　　②微小固体颗粒会加速有相对滑动零件表面的磨损，使液压元件不能正常工作；同时还会划伤密封件，使泄漏流量增加。

　　③水分和空气的混入会降低液压油液的润滑性，并加速其氧化变质，产生气蚀，使液压元件加速损坏；使液压传动系统出现振动、爬行等现象。

　　控制油液的污染，常采用以下措施。

　　①减少外来的污染。液压传动系统的管路和油箱等在装配前必须严格清洗，用机械的方法除去残渣和表面氧化物，然后进行酸洗。液压传动系统在组装后要进行全面清洗，最好用系统工作时使用的油液清洗，特别是液压伺服系统最好要经过几次清洗来保证清洁。油箱通气孔要加空气滤清器，给油箱加油要用滤油装置，对外露件应装

防尘密封，并经常检查，定期更换。液压传动系统的维修、液压元件的更换、拆卸应在无尘区进行。

②滤除系统产生的杂质。应在系统的相应部位安装适当精度的过滤器，并且要定期检查、清洗或更换滤芯。

③控制液压油液的工作温度。液压油液的工作温度过高会加速其氧化变质，产生各种生成物，缩短它的使用期限。

④定期检查更换液压油液。应根据液压设备使用说明书的要求和维护保养规程的有关规定，定期检查更换液压油液。更换液压油液时要清洗油箱，冲洗系统管道及液压元件。

学习任务二　液体静力学基础

液体静力学是研究液体处于相对静止状态下的力学规律及其实际应用。所谓静止是指液体内部各质点间没有相对运动，至于液体本身完全可以和容器一起如同刚体一样做各种运动。因此，液体在相对平衡状态下不呈现黏性，不存在切应力，只有法向的压应力，即静压力。

一、压力

1. 压力的概念

静止液体在单位面积上所受的法向力称为静压力。静压力在液体传动中简称压力，在物理学中称为压强，压力通常用 p 表示。

若在液体的面积 A 上受均匀分布的作用力 F，则压力可表示为

$$p = \frac{F}{A} \tag{2-9}$$

压力的国标单位为 N/m^2，即 Pa（帕）；工程上常用 MPa（兆帕）、bar（巴）、kgf/cm^2，它们的换算关系为

$$1 \text{ MPa} = 10^6 \text{ Pa} = 10 \text{ bar} = 10.2 \text{ kgf/cm}^2$$

静压力具有下述两个重要特征：

①液体静压力垂直于作用面，其方向与该面的内法线方向一致。

②静止液体中，任何一点所受到的各方向的静压力都相等。

2. 压力的传递

由液体静力学基本方程（$p = p_0 + \rho g h$）可知，静止液体中任一点的压力都包含液面上的压力 p_0 及该点以上液体自重形成的压力 $\rho g h$。在液压系统中，液体在受外力作用时，大气压和液体自重所形成的压力相对很少，可忽略不计，一般认为静止液体压

力都是由外力作用产生的。

　　静止液体压力的传递符合帕斯卡原理，即：在密闭容器中的静止液体，由外力作用在液面的压力能等值地传到液体内部的所有各点。在液压传动中帕斯卡原理也称为静压传递原理。

二、液压系统中压力的建立

　　密闭容器内静止油液受到外力挤压而产生压力（静压力），对于采用液压泵连续供油的液压传动系统，流动油液在某处的压力也是因为受到其后各种形式负载（如工作阻力、摩擦力、弹簧力等）的作用而产生的。除静压力外，流动的油液还有动压力，但在一般液压传动中，油液的动压力很小，可忽略不计。因此，液压传动系统中流动油液的压力，主要考虑静压力。下面就以如图 2 - 2 所示的液压传动系统为例，来分析液压系统中压力的形成。

　　在图 2 - 2（a）中，假定负载阻力为零（不考虑油液的自重、活塞的质量、摩擦力等因素），由液压泵输入液压缸左腔的油液不受任何阻挡就能推动活塞向右运动，此时，油液的压力为零（$p = 0$）。活塞的运动是由于液压缸左腔内油液的体积增大而引起的。

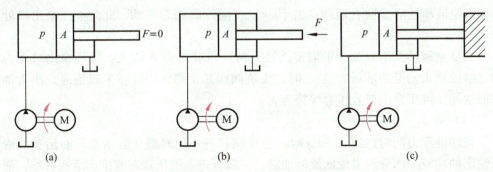

图 2 - 2　液压系统中压力的形成

　　在图 2 - 2（b）中，输入液压缸左腔的油液由于受到外界负载 F 的阻挡，不能立即推动活塞向右运动，而液压泵总是连续不断地供油，使液压缸左腔中的油液受到挤压，油液的压力从零开始由小到大迅速增大，作用在活塞有效作用面积 A 上的液压作用力也迅速增大。当液压作用力足以克服外界负载 F 时，液压泵输出的油液迫使液压缸左腔的密封容积增大，从而推动活塞向右运动。在一般情况下，活塞做匀速运动，作用在活塞上的力相互平衡，即液压作用力等于负载阻力。因此可知，油液压力 $p = F/A$。若活塞在运动过程中负载 F 保持不变，则油液不会再受更大的挤压，压力就不会继续上升。也就是说，液压传动系统中油液的压力取决于负载的大小，并随负载大小的变化而变化。

　　图 2 - 2（c）所示的是向右运动的活塞接触固定挡铁后，液压缸左腔的密封容积因活塞运动受阻停止而不能继续增大。此时，若液压泵仍继续供油，油液压力会急剧

升高，如果液压传动系统没有保护措施，则系统中薄弱的环节将损坏。

在图2-3中，液压泵出口处有两个负载并联。其中负载阻力 F_c 是溢流阀的弹簧力，另一负载阻力是作用在液压缸活塞（杆）上的力 F。假设使液压缸活塞运动所需的油液压力为 p，使溢流阀打开所需的油液压力为 p_c。

当油液压力较小时，溢流阀阀芯在弹簧力 F_c 的作用下，处于阀的最下端位置，将阀的进油口 P 和出油口 T 之间的通路切断。随着液压泵连续不断地供油，使液压系统的油液受到挤压，压力开始上升：

（1）若 $p_c < p$

当油压升到 p_c 值时，溢流阀阀芯上移，使P口和T口连通，油液由此通路流回油箱。由于 $p_c < p$，作用在液压缸活塞上的液压作用力 p_cA 不足以克服负载阻力 F，此时活塞不运动。

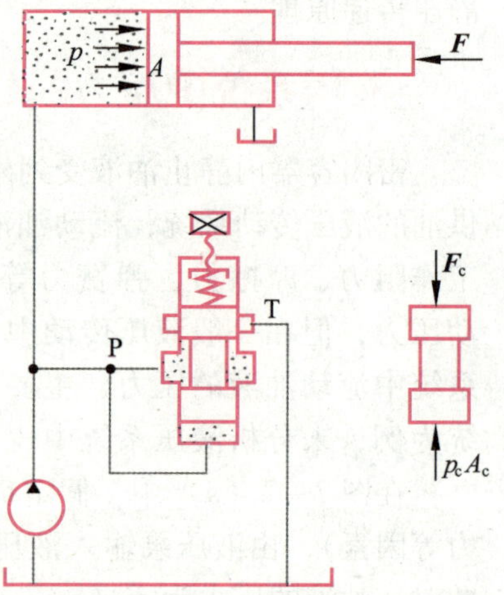

（2）若 $p_c > p$

当油压升到 p 值时，液压作用力 pA 克服负载阻力 F，使液压缸活塞向右运动，由于 $p < p_c$，溢流阀阀芯不动，此时液压泵出口处压力为 p。

图2-3 液压系统中负载并联

当活塞运动受阻（如接触固定挡铁）时，负载阻力 F 增大，液压泵出口压力又随之继续增大，至油液压力达 p_c 时，溢流阀阀芯上移，P口与T口连通，压力油液流回油箱，液压泵出口处压力保持为 p_c。

（3）若 $p_c = p$

当油液压力同时达到 p_c 和 p 时，溢流阀打开；同时液压缸活塞向右运动。液压泵输出的油液一部分经溢流阀流回油箱，一部分进入液压缸左腔推动活塞右移，液压泵出口处压力为 p_c 或 p。

综合上面分析，可知液压传动系统中某处油液的压力是由于受到各种形式负载的作用而产生的，压力的大小取决于负载，并随负载变化而变化，当某处有几个负载并联时，压力的大小取决于克服负载的各个压力值中的最小值。应特别注意的是，压力形成的过程是从无到有、从小到大迅速进行的。

三、液体作用于固体壁面上的力

液体流经管道和控制元件，并推动执行元件做功，都要和固体壁面接触。因此，需要计算液体对固体壁面的作用力。当固体壁面为一平面时，液体对平面的作用力 F，等于流体的压力 p 乘以该平面的面积 A，即 $F = pA$。当固体壁面为一曲面时，如图2-4所示，曲面面积为 A，曲面上作用的压力为 p，则液体对固体壁面的作用力按以下方法计算。

（1）求液体对曲面在某一方向上的分力

作用在曲面上的液压力在某一方向上的分力等于静压力与曲面在该方向投影面积的乘积。如在图 2-4 中，要求液体对曲面在 x 轴、y 轴、z 轴方向的分力，则应先求出曲面面积 A 在 x 轴、y 轴或 z 轴方向上的垂直投影面积 A_x、A_y 和 A_z，然后再用压力 p 乘以投影面积 A_x、A_y 和 A_z，即得到液体对曲面在 x 轴、y 轴和 z 轴方向的分力：

$$F_x = pA_x \tag{2-10}$$

$$F_y = pA_y \tag{2-11}$$

$$F_z = pA_z \tag{2-12}$$

（2）求合力

求出液体对曲面在各方向的分力 F_x，F_y 和 F_z 后，按下式计算出合力：

$$F = \sqrt{F_x^2 + F_y^2 + F_z^2} \tag{2-13}$$

例如：图 2-4 为球面和锥面所受液压力的分析图。要计算出球面和锥面在垂直方向所受力 F，只要先计算出曲面在垂直方向的投影面积 $A = \pi \dfrac{d^2}{4}$，然后再与压力 p 相乘，即

$$F = pA = \frac{\pi}{4}d^2 p \tag{2-14}$$

式中　d——承压部分曲面投影圆的直径。

四、压力的表示方法

压力的表示方法有绝对压力和相对压力两种。

以绝对真空（$p=0$）为基准，所测得的压力为绝对压力；以大气压 p_a 为基准，测得的压力为相对压力。若绝对压力大于大气压，则相对压力为正值，由于大多数测压仪表所测得的压力都是相对压力，所以相对压力也称为表压力；若绝对压力小于大气压，则相对压力为负值，比大气压小的那部分称为真空度。

图 2-5 清楚地给出了绝对压力、相对压力和真空度三者之间的关系。

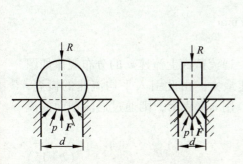

图 2-4　液压力作用在曲面上的力

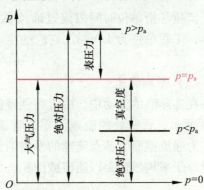

图 2-5　绝对压力、相对压力及真空度的关系

学习任务三　液体动力学方程

液体动力学主要讨论液体在流动时的运动规律、能量转换和流动液体对固体壁面作用力。重点研究描述流动液体力学规律的三个基本方程（连续性方程、伯努利方程和动量方程）及其应用。

一、液体动力学基本概念

1. 理想液体

液体具有黏性，并在流动时表现出来，因此研究流动液体时就要考虑其黏性，而液体的黏性阻力是一个很复杂的问题，这就使我们对流动液体的研究变得复杂。因此，引入理想液体的概念，理想液体就是指没有黏性、不可压缩的液体。首先对理想液体进行研究，然后再通过实验验证的方法对所得的结论进行补充和修正。这样，不仅使问题简单化，而且得到的结论在实际应用中仍具有足够的精确性。

2. 恒定流动

液体流动时，如液体中任何一点的压力、速度和密度都不随时间而变化，便称液体是在作恒定流动；反之，只要压力、速度或密度中有一个参数随时间变化，则称液体的流动为非恒定流动。一般在研究液压系统静态性能时，认为液体作恒定流动，在研究其动态特性时，必须按非恒定流动来考虑。

3. 流量和平均流速

（1）通流截面

垂直于液体流动方向的截面称为通流截面，常用 A 表示，单位为 m^2。

（2）流量

流量是指单位时间内流过通流截面的液体体积，用 q 表示，流量的国际单位为 m^3/s，工程单位为 L/min。它们的换算关系为：

$$1 \ m^3/s = 6 \times 10^4 \ L/min$$

（3）平均流速

在实际液体流动中，由于黏性摩擦力的作用，通流截面上流速 u 的分布规律如图 2-6 所示，管壁处的流速为零，管道中心处流速最大。由此引入平均流速的概念，即认为通流截面上各点流速的平均值为平均流速，用 v 来表示，则通过通流截面的流量就等于平均流速乘以通流截面积，即

$$v = \frac{q}{A} \tag{2-15}$$

$$q = vA \qquad\qquad (2-16)$$

活塞或液压缸的运动速度等于液压缸内油液的平均速度，其大小取决于输入液压缸的流量。

二、连续性方程

质量守恒是自然界的客观规律，不可压缩液体的流动过程也遵守质量守恒定律。液体的连续性方程是这个规律在流体力学中的数学表达形式。如图 2-7 所示，理想液体在管道中作恒定流动，任取 1、2 两个通流截面，其通流面积分别为 A_1 和 A_2，两截面的平均流速分别为 v_1 和 v_2，液体的密度分别为 ρ_1 和 ρ_2，

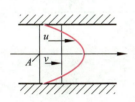

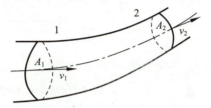

图 2-6　通流截面上流速的分布规律　　图 2-7　液体的连续性原理

根据质量守恒定律，在单位时间内流过两个截面的液体质量相等，即

$$\rho_1 v_1 A_1 = \rho_2 v_2 A_2$$

对于理想液体，$\rho_1 = \rho_2$，则　　　　$v_1 A_1 = v_2 A_2$

因两截面是任选的，故上式可写成

$$q = vA = 常数 \qquad\qquad (2-17)$$

液流连续性方程表明，液体在管道中流动时，流过各个截面的流量是相等的，因而流速和通流截面的面积成反比。

三、伯努利方程

伯努利方程也称能量方程，它是能量守恒定律在流体力学中的表达形式。为了理论研究的方便，把液体看作理想液体，然后再对实际液体进行修正，得出实际液体的能量方程。

1. 理想液体的伯努利方程

如图 2-8 所示，设液体质量为 m，体积为 V，密度为 ρ。按流体力学和物理学可知，在截面 1、2 处的能量分别如下：

截面 1 处体积为 V 的液体的压力能为 $p_1 V$，动能为 $\frac{1}{2} m v_1^2$，位能为 mgh_1；

截面 2 处体积为 V 的液体的压力能为 $p_2 V$，动能为 $\frac{1}{2} m v_2^2$，位能为 mgh_2。

根据能量守恒定律，液体在 1 截面的能量总和等于在 2 截面的能量总和，即

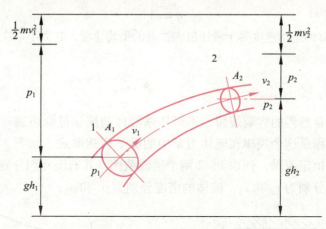

图 2-8 伯努利方程示意图

1、2—通流截面；A_1、A_2—截面面积；v_1、v_2—液体平均流速；p_1、p_2—液体压力

$$p_1 V + \frac{1}{2} m v_1^2 + mgh_1 = p_2 V + \frac{1}{2} m v_2^2 + mgh_2$$

则单位体积的液体所具有的能量为

$$p_1 + \frac{1}{2} \rho v_1^2 + \rho g h_1 = p_2 + \frac{1}{2} \rho v_2^2 + \rho g h_2 \qquad (2-18)$$

上式即为理想液体的伯努利方程式，它的物理意义为：在密封管道内作定常流动的理想液体在任意一个通流截面上具有三种形成的能量，即压力能、势能和动能。三种能量的总合是一个恒定的常量，而且三种能量之间是可以相互转换的，即在不同的通流截面上，同一种能量的值会是不同的，但各断面上的总能量值都是相同的。

2. 实际液体流动时的伯努利方程

实际液体因为有黏性，其在管道内流动时会产生内摩擦力，消耗能量。同时管道形状和尺寸有变化也会使液体产生扰动，造成能量损失。因此，实际液体流动时有能量损失存在，实际液体在流动时的伯努利方程式就为

$$p_1 + \frac{1}{2} \rho v_1^2 + \rho g h_1 = p_2 + \frac{1}{2} \rho v_2^2 + \rho g h_2 + \Delta p \qquad (2-19)$$

式中 Δp 是从通流截面 1 流到截面 2 过程中的压力损失。

在液压系统中，油管的高度 h 一般不超过 10 m，管内油液的平均流速也较低（一般不超过 7 m/s），因此油液的位能和动能相对于压力能来说是微不足道的。

例如，若系统的工作压力为 $p = 5$ MPa，油管高度 $h = 10$ m，管内的平均流速为 $v = 7$ m/s，液体密度 $\rho = 900$ kg/m^3。下面对该系统中的三种能量进行比较。

压力能：$p = 5$ MPa

动能：$\frac{1}{2} \rho v_1^2 = \frac{1}{2} \times 900 \times 7^2$（Pa）$\approx 23$ kPa $= 0.023$ MPa

位能：$\rho g h = 900 \times 9.8 \times 10$（Pa）$\approx 90$ kPa $= 0.09$ MPa

由此可见，在液压系统中，压力能比动能和位能的和大得多。所以，动能和位能

一般是忽略不计的，液体主要是依靠它的压力能来做功。因而，伯努利方程在液压系统中的应用形式为

$$p_1 = p_2 + \Delta p \tag{2-20}$$

四、动量方程

动量方程是动量定理在流体力学中的具体应用。在液压传动中，经常需要计算液流作用在固体壁面上的力，这个问题用动量定律来解决比较方便。动量定理指出：作用在物体上的合外力的大小等于物体在力作用方向上的动量的变化率，即

$$\sum F = \frac{\mathrm{d}(mu)}{\mathrm{d}t} \tag{2-21}$$

将此定律应用于图 2-8 所示作恒定流动的液体，得截面 A_1 和 A_2 及周围边界构成的液流控制体所受到的外力为

$$\sum F = \rho q(\beta_2 v_2 - \beta_1 v_1) \tag{2-22}$$

式中　　$\sum F$——作用于控制液体体积上外力的全部之和；

ρ——流动液体的密度；

q——液体的流量；

v_1、v_2——液流流经截面 1 和 2 的平均流速；

β_1，β_2——相应截面的动量修正系数，对圆管来说，工程上常取 $\beta = 1.00 \sim 1.33$，层流（液体质点互不干扰，液体的流动呈线性或层状，且平行于管道轴线，这种状态叫层流）时 $\beta = 1.33$，紊流（液体质点的运动杂乱无章，除了平行于管道轴线的运动外，还存在着剧烈的横向运动，这种状态叫紊流）时 $\beta = 1$。

上式为恒定流动液体的动量方程，为矢量表达式。若要计算外力在某一方向的分量，需要将该力向给定方向进行投射，列出该方向上的动量方程，然后再求解。由于液体对壁面作用力的大小与 $\sum F$ 相同，但方向则与 $\sum F$ 相反，故即可求得流动液体对固体壁面的作用力。

学习任务四　液压传动的压力及流量损失

一、压力损失

由于流动油液各质点之间以及油液与管壁之间的摩擦与碰撞会产生阻力，这种阻力叫液阻。系统存在液阻，油液流动时会引起能量损失，这种能量损失就是实际液体伯努利方程中的 Δp，通常被称为压力损失。

如图 2-9 所示，油液从 A 处流到 B 处，中间经过较长的直管路、弯曲管路、各种阀孔和管路截面的突变等。由于液阻的影响致使油液在 A 处的压力与在 B 处的压力不相等，显然，$p_A > p_B$，引起的压力损失为 Δp，即

$$\Delta p = p_A - p_B \qquad\qquad (2-23)$$

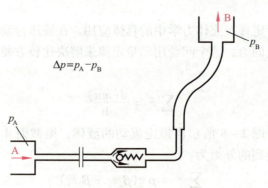

图 2-9　油液的压力损失

p_A—输入口处压力；p_B—输出口处压力；Δp—压力损失

压力损失包括沿程损失和局部损失。

（1）沿程损失

液体在等径直管中流动时，因内、外摩擦力而产生的压力损失称为沿程损失，它主要取决于液体的流速、黏性、管路的长度以及油管的内径及粗糙度。管路越长，沿程损失越大。

（2）局部损失

液体流经管道的弯头、接头、突变截面以及阀口时，由于流速或流向的剧烈变化，形成旋涡、脱流，因而使液体质点相互撞击而造成的压力损失，称为局部损失。在液压传动系统中，由于各种液压元件的结构、形状、布局等原因，致使管路的形式比较复杂，因而局部损失是主要的压力损失。整个管路系统总压力损失应为所有沿程压力损失和所有局部压力损失之和。

油液流动产生的压力损失，会造成功率浪费，油液发热，黏度下降，使泄漏增加，同时液压元件受热膨胀也会影响正常工作，甚至"卡死"。因此，必须采取措施尽量减少压力损失的影响。液体在管路系统中的流速不能太高，油液的黏度适当，缩短管路的长度，减少管路的截面的突变及弯曲，提高管路内壁的加工质量等，都可以使压力损失减小。

影响压力损失的因素很多，精确计算较为复杂，通常采用近似估算的方法。液压泵最高工作压力的近似计算式为

$$p_泵 = K_压 \, p_缸 \qquad\qquad (2-24)$$

式中　$p_泵$——液压泵最高工作压力；

$p_缸$——液压缸最高工作压力；

$K_压$——系统的压力损失系数，一般 $K_压 = 1.3 \sim 1.5$。系统复杂或管路较长取较大的值，反之取较小的值。

二、流量损失

在液压系统正常工作情况下，从液压元件的密封间隙漏过少量油液的现象称为泄漏。由于液压元件必然存在着一些间隙，当间隙的两端有压力差时，就会有油液从这些间隙中流过。所以，液压系统中泄漏现象总是存在的。

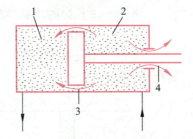

图 2 - 10　液压缸的泄漏
1—低压腔；2—高压腔；
3—内泄漏；4—外泄漏

液压系统的泄漏包括内泄漏和外泄漏两种。液压元件内部高、低压腔间的泄漏称为内泄漏。液压系统内部的油液漏到系统外部的泄漏称为外泄漏。图 2 - 10 表示了液压缸的两种泄漏现象。

液压系统的泄漏必然引起流量损失，使液压泵输出的流量不能全部流入液压缸等执行元件。流量损失一般也采用近似估算的方法，液压泵输出流量的近似计算式为

$$q_泵 = K_漏 \, q_缸 \qquad\qquad (2-25)$$

式中　$q_泵$——液压泵最大输出流量（m^3/s）；

　　　$q_缸$——液压缸的最大流量（m^3/s）；

　　　$K_漏$——系统的泄漏系数，一般 $K_漏 = 1.1 \sim 1.3$。系统复杂或管路较长取较大的值，反之取较小的值。

学习任务五　液体流经小孔及缝隙的流量

在液压传动系统中常遇到油液流经小孔或缝隙的情况。许多液压元件都有小孔，如节流阀的节流口以及压力阀、方向阀的阀口等，它对阀的工作性能有很大影响；此外，液压泵、液压缸和液压阀等液压元件中，只要有相对运动的表面就有间隙，间隙大小直接影响泄漏的大小。因此，研究液体流经小孔和间隙的流量，对研究节流调速性能、计算泄漏都很重要。

一、液体流经小孔的流量

在液压系统的管路中，装有断面突然收缩的装置（如节流阀），突然收缩的流动叫节流，一般均采用各种形式的孔口实现节流。节流孔分为薄壁小孔、细长小孔和短孔，如图 2 - 11 所示，当小孔的通流长度 l 与孔径 d 之比 $l/d \leqslant 0.5$ 时，称为薄壁小

孔；如图 2 – 12 所示，当小孔的长径比 $l/d > 4$ 时，称为细长孔；当 $0.5 < l/d \leqslant 4$ 时，称为短孔。流经小孔的流量可用下式表示：

$$q = KA\Delta p^m \qquad\qquad (2 - 26)$$

式中　q——通过小孔的流量；

　　　A——节流口的通道截面积；

　　　K——由孔口的形状、尺寸和液体性质决定的系数；

　　　Δp——小孔前、后的压力差；

　　　m——由孔的长径比决定的指数，薄壁小孔 $m = 0.5$；细长孔（$d/l > 4$）$m = 1$；短孔 $m = 0.5 \sim 1$。

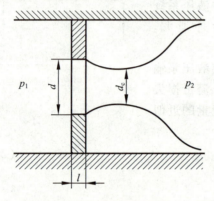 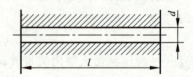

图 2 – 11　液体通过薄壁小孔

p_1、p_2—小孔前后的压力；d—孔径；

l—孔长；d_c—收缩截面处直径

图 2 – 12　细长小孔

　　油液流经孔径为 d 的薄壁小孔时，由于液体的惯性作用，使通过小孔后的液流形成一个直径为 d_c 的收缩断面，然后再扩散，这一收缩和扩散过程，就产生了压力损失，即

$$\Delta p = p_1 - p_2$$

　　实际应用中，油液流经薄壁小孔时，流量受温度变化的影响较小，所以常用作液压系统的节流孔，细长孔则常作为阻尼孔。

二、液体流经间隙的流量

　　液压元件内各零件间要保证相对运动，就必须有适当的间隙。间隙的大小对液压元件的性能影响极大，间隙太小会使零件卡死；间隙过大，会造成泄漏，使系统效率和传动精度降低，同时还污染环境。经研究和实践表明，流经固定平行平板间隙的流量（实际上就是泄漏）与间隙量的三次方成正比；而流经环状间隙（如液压缸与活塞的间隙）的流量，不仅与径向间隙量有关，而且还随着圆环的内外圆的偏心距的增大而增大。由此可见，液压元件的制造精度要求一般都较高。

学习任务六　液压冲击和空穴现象

在液压系统中，液压冲击和空穴现象给系统带来诸多不利影响，因此需要了解这些现象产生的原因，并采取措施加以防治。

一、液压冲击

在液压系统中，由于某种原因使液体压力突然产生很高的峰值，这种现象称为**液压冲击**。

1. 液压冲击产生的原因及危害

液压冲击产生的原因主要有以下几个方面。

①液压冲击多发生在液流突然停止运动的时候。液流通路（如阀门）迅速关闭使液体的流动速度突然降为零，这时液体受到挤压，使液体的动能转变为液体的压力能，于是液体的压力急剧升高，从而引起液压的冲击。

②在液压系统中，高速运动的工作部件突然制动或换向时，因工作部件的惯性也会引起液压的冲击。如液压缸作高速运动突然被制动，油液被封闭在两腔中，由于惯性力的作用，液压缸仍然继续向前运动，因而压缩回油腔的液体受到挤压，瞬时压力急剧升高，从而引起液压冲击。

③由于液压系统中某些元件反应动作不够灵敏，也会引起液压冲击。如溢流阀在超压下不能迅速打开，形成压力的超调量；限压式变量泵在油温升高时不能及时减少输油量等，都会引起液压冲击。

液压冲击时产生的压力峰值往往比正常工作压力高好几倍，这种瞬间压力冲击不仅引起震动和噪声，使液压系统产生温升，有时还会损坏密封装置、管路和液压元件，并使某些液压元件（如顺序阀、压力继电器等）产生错误动作，造成设备损坏。

2. 减少液压冲击的措施

①延长阀门开、闭和运动部件制动换向的时间，可采用换向时间可调的换向阀。

②限制管路流速及运动部件的速度，一般将管路流速控制在 4.5m/s 以内。

③正确设计阀门或设置缓冲装置，使运动部件制动时速度变化比较均匀。

④适当增大管径，不仅可以降低流速，而且可以减小压力传播速度。

⑤尽量缩短管道长度，可以减小压力波的传播时间。

⑥在容易发生液压冲击的地方采用橡胶软管或设置蓄能器，以吸收冲击的能量；也可以在容易出现液压冲击的地方，安装限制压力升高的安全阀。

二、空穴现象

流动的液体，如果压力低于其空气分离压时，原先溶解在液体中的空气就会分离出来，从而导致液体中充满大量的气泡，这种现象称为空穴现象，又称为气穴现象。

1. 空穴现象产生的原因及危害

空穴多发生在阀口和液压泵的吸油口处。在阀口处，一般由于通流截面较小使液流的速度增大，根据伯努利方程，该处的压力会大大降低，以致产生气穴。在液压泵的吸油过程中，如果泵的安装高度过大，吸油口处过滤器的阻力和管路阻力太大，油液黏度过高或泵的转速过快，造成泵入口处的真空度过大，亦会产生气穴现象。

当液压系统中出现气穴现象时，大量的气泡破坏了液流的连续性，造成流量和压力的脉动，当带有气泡的液流进入高压区时，周围的高压会使气泡迅速破灭，使局部产生非常高的温度和冲击压力，引起震动和噪声。当附着在金属表面上的气泡破灭时，局部产生的高温和高压会使金属表面疲劳，时间长了就会造成金属表面的剥蚀。这种由于气穴造成的对金属表面的腐蚀作用称为气蚀。气蚀会使液压元件的工作性能变坏，并大大缩短液压元件的使用寿命。

2. 减少空穴现象的措施

①减小孔口或缝隙前后的压力降。一般建议相应的压力比<3.5。

②降低液压泵的吸油高度，适当加大吸油管直径，对于自吸能力差的液压泵要安装辅助泵供油。

③管路要有良好的密封，防止空气进入。

④采用抗腐蚀能力强的金属材料，降低零件表面的粗糙度。

习 题 二

1. 什么是液体的黏性？可以采用哪些方法来表示液体的黏性？说明黏度的单位。

2. 液压油有哪些主要品种？液压油的牌号和黏度有什么关系？如何选用液压油？

3. 液压系统中的油液污染有何危害？如何控制液压油的污染？

4. 什么叫压力？压力有哪几种表示方法？液压系统的压力与外界负载有什么关系？

5. 伯努利方程的物理意义是什么？该方程的理论式和实际式有什么区别？

6. 液压系统中为什么会有压力损失？压力损失有哪几种？其值与哪些因素有关？

7. 何谓液压冲击？可采取哪些措施来减小液压冲击？

8. 液压冲击和气穴现象是怎样产生的？有何危害？如何防止？

9. 如图 2–13 所示的液压千斤顶中，F 是手掀动手柄的力，假定 $F=300$ N，两活塞直径分别为 $D=20$ mm，$d=10$ mm，试求：

（1）作用在小活塞上的力 F_1；

（2）系统中的压力 p；

（3）大活塞能顶起重物的质量 G；

（4）大、小活塞的运动速度之比 v_1/v_2。

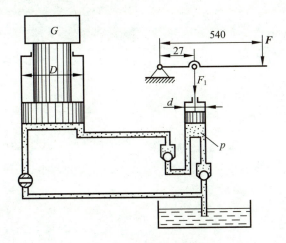

图 2 – 13　液压千斤顶

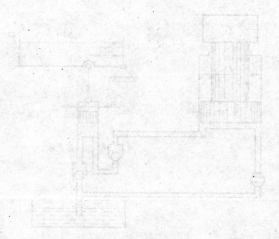

学习情境二

液压传动部分

项目三 液压泵和液压马达

学习任务一 概 述

在液压系统中，液压泵和液压马达都是能量转换元件，液压泵是动力元件，它将机械能转换为液压能，为液压系统提供一定流量和压力的液体。液压马达是执行元件，它将液压能转换为机械能，输出转速和转矩。

一、液压泵和液压马达的工作原理

液压系统中使用的液压泵和液压马达都是容积式的，其工作原理是利用密封容积变化来产生压力能（液压泵），或输出机械能（液压马达）。

1. 液压泵的工作原理

如图 3-1 所示为单柱塞液压泵的工作原理图。泵体 3 和柱塞 2 构成一个密封容积，偏心轮 1 由原动机带动旋转，柱塞 2 在偏心轮 1 和弹簧 6 的作用下上下移动。当偏心轮由图示位置向下转半周时，柱塞在弹簧 6 的作用下向下移动，密封容积逐渐增大，形成局部真空，油箱内的油液在大气压作用下，顶开单向阀 4 进入密封腔中，实现吸油；当偏心轮继续向上再转半周时，它推动柱塞向上移动，密封容积逐渐减小，油液受柱塞挤压而产生压力，使单向阀 4 关闭，油液顶开单向阀 5 而输入系统，实现压油。随着偏心轮的不停旋转，液压泵不断向外输出压力为 p，流量为 q 的压力油。

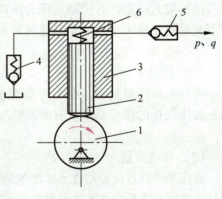

图 3-1 液压泵工作原理图
1—偏心轮；2—柱塞；3—泵体；
4、5—单向阀；6—弹簧

由上述分析可知，液压泵正常工作必备的条件如下：

①应具有密封容积。

②密封容积的大小能交替变化。

③应有配流装置。配流装置的作用是保证密封容积在吸油过程中与油箱相通，同时关闭供油通路；压油时与供油管路相通而与油箱切断。图 3-1 中的单向阀 4 和 5 就是配流装置，配流装置的形式随着泵的结构差异而不同。

④吸油过程中，油箱必须和大气相通。

2. 液压马达的工作原理

液压马达是产生连续旋转运动的执行元件，输入一定压力的油液，输出转矩和转速。从原理上讲，液压泵和液压马达是可逆的；从结构上讲，常用的液压马达与同类型的液压泵很相似，但由于二者功用不同，导致了结构上的某些差异，在实际结构上只有少数泵能作马达使用。

二、液压泵和液压马达的主要性能参数

1. 压力

（1）工作压力 p

液压泵的工作压力是指泵在工作时输出油液的实际压力；液压马达的工作压力是指它的输入压力。泵和马达的工作压力大小都由工作负载决定。

（2）额定压力 p_n

液压泵和液压马达的额定压力是指在正常工作条件下，连续运转时所允许的最高压力。额定压力受液压泵和液压马达本身的泄漏和结构强度所制约，它反映了液压泵和液压马达的能力，一般铭牌上所标的就是额定压力。

（3）最高压力

液压泵和液压马达在短时间内过载时所允许的极限压力值。可以看作液压泵和液压马达的能力极限，它比额定压力稍高，由液压系统中的安全阀限定。安全阀的调定值不允许超过液压泵和液压马达的最大压力。

2. 排量和流量

（1）排量 V

液压泵的排量是指，在不考虑泄漏的情况下，液压泵每转一周所输出的液体体积；液压马达的排量是指没有泄漏情况下，马达每转所需要输入的液体体积。排量由密封容积几何尺寸变化量决定。

（2）理论流量 q_t

液压泵的理论流量指在不考虑泄漏的情况下，泵在单位时间内排出液体的体积；液压马达的理论流量指在不考虑泄漏的情况下，马达在单位时间内需输入的液体体积。

理论流量等于排量 V 和转速 n 的乘积，与工作压力无关。即

$$q_t = Vn \tag{3-1}$$

（3）实际流量 q

液压泵的实际流量是指泵工作时实际输出的流量，等于理论流量减去因泄漏损失的流量；液压马达的实际流量是指马达工作时实际输入的流量，等于理论流量加上因泄漏损失的流量。实际流量与工作压力有关。

（4）额定流量 q_n

液压泵和液压马达的额定流量，是指泵和马达在额定压力和额定转速下的输出和

输入流量。

3. 效率和功率

（1）容积效率 η_v

由于泵存在泄漏，泵的实际流量总量小于其理论流量，液压泵的实际流量与理论流量之比为泵的容积效率，即

$$\eta_v = q/q_t \qquad (3-2)$$

由于马达存在泄漏，马达的理论流量总是小于马达的实际流量。液压马达的理论流量与实际流量之比为马达的容积效率，即

$$\eta_v = q_t/q \qquad (3-3)$$

（2）机械效率 η_m

机械损失是指机械运动副之间的摩擦而产生的转矩损失。对于液压泵来说，泵的实际转矩总是大于理论上需要的转矩，所以，机械效率为理论转矩（T_t）与实际转矩（T）之比，即

$$\eta_m = \frac{T_t}{T} \qquad (3-4)$$

而对于液压马达，由于机械摩擦损失，实际转矩总是小于其理论转矩，其机械效率为

$$\eta_m = T/T_t \qquad (3-5)$$

（3）输出功率 P_o

液压泵实际输出的液压功率为泵的输出功率，等于实际工作压力 p 和实际供油流量 q 的乘积，即

$$P_o = pq \qquad (3-6)$$

液压马达对外做功的机械功率为其输出功率，即

$$P_o = 2\pi T n \qquad (3-7)$$

（4）输入功率 P_i

液压泵的输入功率是驱动液压泵的电动机的功率 $P_{电}$，即

$$P_i = pq/\eta \qquad (3-8)$$

液压马达的输入功率为液压功率，即

$$P_i = \Delta p q \qquad (3-9)$$

式中 Δp——马达进出口工作压差。

（5）总效率 η

液压泵和液压马达在能量转换时有能量损失（机械摩擦损失、泄漏流量损失），输出功率总是小于输入功率。它等于输出功率 P_o 与输入功率 P_i 之比，它也等于容积效率和机械效率之乘积，即

$$\eta = P_o/P_i = \eta_v \eta_m \qquad (3-10)$$

4. 转矩

液压马达的理论输入功率为 $\Delta p q_t$，输出功率为 $2\pi T_t n$。不考虑损失，根据能量守

恒，$\Delta p q_t = 2\pi T_t n$，则

$$\Delta p V = 2\pi T_t$$

考虑到各种摩擦损失，因为液压马达的机械效率为 $\eta_m = T/T_t$，所以其实际输出的转矩为

$$T = \Delta p V \eta_m / 2\pi \qquad (3-11)$$

三、液压泵和液压马达的分类

液压泵的种类很多，按流量是否能调节可分为变量式和定量式，流量可以根据需要来调节的称为变量式，流量不能调节的称为定量式；按液流方向能否改变可分为单向式和双向式等；按结构形式不同可分为齿轮式、叶片式和柱塞式等。

液压泵和液压马达的图形符号如表 3-1 所示。

表 3-1　液压泵和液压马达的图形符号

名称	单向定量	双向定量	单向变量	双向变量
液压泵	⊕	⊕	⊕	⊕
液压马达	⊕	⊕	⊕	⊕

学习任务二　齿轮泵和齿轮马达

齿轮泵是一种常用的液压泵，它一般做成定量泵。按结构不同，齿轮泵分为外啮合齿轮泵和内啮合齿轮泵，其中外啮合齿轮泵应用广泛，而内啮合齿轮泵则多为辅助泵。

一、外啮合齿轮泵

1. 工作原理

外啮合齿轮泵的工作原理如图 3-2 所示。

在泵体内有一对模数相同、齿数相等的齿轮，泵的吸油口和压油口分别用油管与油箱和系统接通，齿轮各齿槽与泵体、前后端盖间一起构成密封工作容积，而啮合齿轮的接触线又把它们分隔为两个互不串通的吸油腔和压油腔。

当齿轮按图示方向旋转时，泵的右侧（吸油腔）轮齿逐渐脱开啮合，使密封容

积逐渐增大，形成局部真空，油箱中的油液在大气压力作用下被吸入吸油腔内，并充满齿间。随着齿轮的回转，吸入到轮齿间的油液被带到泵的左侧（压油腔）。在泵的左侧轮齿逐渐进入啮合，使密封容积不断减小，油液从齿间被挤出而输送到系统。

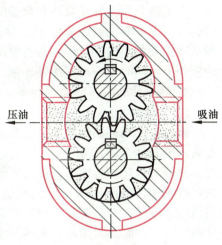

图 3 - 2　外啮合齿轮泵工作原理图

2. 外啮合齿轮泵的结构特点

下面以 CB—B 型齿轮泵的结构为例，分析外啮合齿轮泵的典型结构。如图 3 - 3 所示，当泵的主动齿轮按图示箭头方向旋转时，齿轮泵左侧（吸油腔）齿轮脱开啮合进行吸油，随着齿轮的旋转，吸入齿间的油液被带到另一侧，进入压油腔，这时轮齿进入啮合进行压油。齿轮啮合时齿向接触线把吸油腔和压油腔分开，起配油作用。泵的前后盖和泵体由两个定位销 17 定位，用 6 只螺钉紧固。为了保证齿轮能灵活地转动，同时又要保证泄漏最小，在齿轮端面和泵盖之间应有适当间隙（轴向间隙），对小流量泵轴向间隙为 0.025 ~ 0.04 mm，大流量泵为 0.04 ~ 0.06 mm。齿顶和泵体内表面间的间隙（径向间隙），由于密封带长，同时齿顶线速度形成的剪切流动又和油液泄漏方向相反，故对泄露的影响较小，这里要考虑的问题是：当齿轮受到不平衡的径向力后，应避免齿顶和泵体内壁相碰，所以径向间隙就可稍大，一般取 0.13 ~ 0.16 mm。

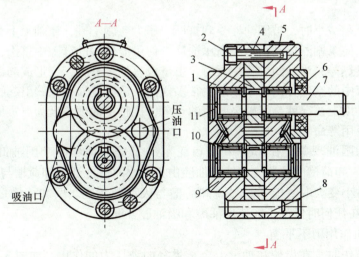

图 3 - 3　CB—B 型齿轮泵的结构

1—前泵盖；2—螺钉；3—主动齿轮；4—泵体；5—后泵盖；6—密封圈；
7—主动轴；8—定位销；9—从动轴；10—滚针轴承；11—堵头

为了防止压力油从泵体和泵盖间泄漏到泵外，并减小压紧螺钉的拉力，在泵体两侧的端面上开有油封卸荷槽16，使渗入泵体和泵盖间的压力油引入吸油腔。在泵盖和从动轴上的小孔，其作用是将泄漏到轴承端部的压力油也引到泵的吸油腔去，防止油液外溢，同时也润滑了滚针轴承。

3. 外啮合齿轮泵的结构问题

（1）困油

齿轮泵要能连续地供油，就要求齿轮啮合的重叠系数 ε 大于1，也就是当一对齿轮尚未脱开啮合时，另一对齿轮已进入啮合，这样，就出现同时有两对轮齿啮合的情况。在两对齿轮的齿向啮合线之间形成了一个封闭容积，一部分油液也就被困在这一封闭容积中，如图3-4（a）所示。随着齿轮继续旋转，这一封闭容积便逐渐减小；当两啮合点处于节点两侧的对称位置时，如图3-4（b）所示，封闭容积为最小；齿轮再继续转动时，封闭容积又逐渐增大，直到图3-4（c）所示位置时，容积又变为最大。

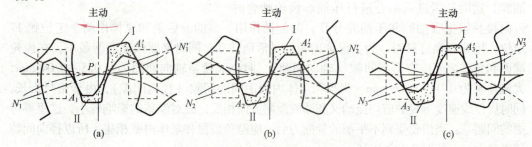

图3-4　齿轮泵的困油现象

在封闭容积减小时，被困油液受到挤压，压力急剧上升，使轴承上突然受到很大的冲击载荷，使泵剧烈振动，这时高压油从一切可能泄漏的缝隙中挤出，造成功率损失，使油液发热等；当封闭容积增大时，由于没有油液补充，会形成局部真空，使原来溶解于油液中的空气分离出来，产生很多气泡，造成气穴现象，引起噪声、气蚀等一系列恶果。以上情况就是齿轮泵的困油现象，这种困油现象极为严重地影响泵的工作平稳性和使用寿命。

为了消除困油现象，在CB—B型齿轮泵的泵盖上铣出两个困油卸荷凹槽，如图3-5所示。卸荷槽的位置应该使困油腔由大变小时，能通过卸荷槽与压油腔相通，而当困油腔由小变大时，能通过另一卸荷槽与吸油腔相通。两卸荷槽之间的距离为 a，必须保证在任何时候都不能使压油腔和吸油腔互通。

（2）径向作用力不平衡

齿轮泵工作时，在齿轮和轴承上会承受径向液压力的作用，如图3-6所示。泵的右侧为吸油腔，左侧为压油腔，吸、压油区液压力分布不均匀。液压力作用在齿轮及轴上的合力就是齿轮和轴承受到的径向不平衡力，而且油液压力越高，这个不平衡力就越大。其结果使轴承所受负载增加，不仅加速了轴承的磨损，降低了轴承的寿命，甚至使轴变形，造成齿顶和泵体内壁的摩擦等。

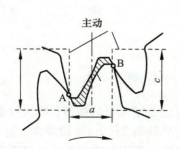

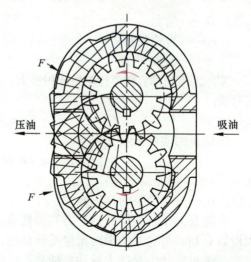

图 3 – 5　齿轮泵的困油卸荷槽图　　　　图 3 – 6　齿轮泵的径向不平衡力

为了解决径向力不平衡问题，CB—B 型齿轮泵则采用缩小压油腔，以减少液压力对齿顶部分的作用面积来减小径向不平衡力，所以泵的压油口孔径比吸油口孔径要小。

（3）泄漏

外啮合齿轮泵压油腔的压力油主要通过三条途径泄漏到吸油腔去：

①泵体内孔和齿顶间径向间隙的泄漏。

由于齿轮转动方向与泄漏方向相反，且压油腔到吸油腔通道较长，所以其泄漏量相对较小，占总泄漏量的 10% ~15% 。

②齿面啮合处间隙的泄漏。

由于齿形误差会造成沿齿宽方向接触不好而产生间隙，使压油腔与吸油腔之间造成泄漏，这部分泄漏量很少。

③齿轮端面间隙的泄漏。

齿轮端面与前后盖之间的端面间隙较大，此端面间隙封油长度又短，所以泄漏量最大，占总泄漏量的 70% ~75% ，油压越高，由间隙泄漏的液压油就越多。

为了提高齿轮泵的压力和容积效率，实现齿轮泵的高压化，常采取的措施有：减小径向不平衡力，提高轴承的刚度，同时对泄漏量较大的端面间隙采用自动补偿装置。

4. 外啮合齿轮泵排量及流量计算

外啮合齿轮泵的排量是这两个齿轮的齿间槽容积的总和。如果近似地认为齿间槽的容积等于轮齿的体积，那么外啮合齿轮泵的排量计算式为

$$V = \pi DhB = 2\pi z m^2 B \tag{3 – 12}$$

式中　D——齿轮分度圆直径；

　　　h——有效齿高，$h = 2m$；

B——齿宽；

m——齿轮模数；

z——齿数。

实际上齿间槽容积要比轮齿体积稍大，故上式中的 π 常以 3.33 代替，则式（3 - 8）可写成：

$$V = 6.66zm^2B \tag{3 - 13}$$

齿轮泵的实际流量 q 为

$$q = 6.66zm^2Bn\eta_v \tag{3 - 14}$$

式中　n——齿轮泵转速；

η_v——齿轮泵的容积效率。

齿轮泵的排量与模数的平方和齿数成正比，可见要增大泵的排量，增大模数比增大齿数有利。齿轮泵的瞬时流量是脉动的，其脉动周期为 $2\pi/z$，齿数越少，脉动率 δ 越大。流量脉动引起压力脉动，随之产生振动和噪声，所以精度要求高的场合不宜采用外啮合齿轮泵。

二、内啮合齿轮泵

内啮合齿轮泵有渐开线齿形和摆线齿形两种，其工作原理如图 3 - 7 所示。

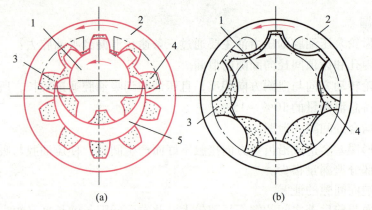

图 3 - 7　内啮合齿轮泵

1—主动小齿轮；2—从动外齿圈；3—吸油腔；4—压油腔；5—隔板

如图 3 - 7（a）所示，在渐开线齿形内啮合齿轮泵中，当小齿轮按图示方向旋转时，轮齿退出啮合时容积增大而吸油，进入啮合时容积减小而压油。主动小齿轮 1 和从动外齿圈 2 之间要装一块月牙隔板 5，以便把吸油腔 3 和压油腔 4 隔开。

如图 3 - 7（b）所示的摆线齿形内啮合泵又称摆线转子泵，由于小齿轮和内齿轮相差一齿，因而不需设置隔板。当在图上的最高位置时，小齿轮的齿顶紧紧顶在内齿轮的齿槽底部；当在图上的最低位置时，小齿轮的齿顶与内齿轮的齿顶紧密吻合。图中纵轴上的小齿轮轮齿与内齿轮轮齿相啮合将泵体内的吸油腔与压油腔隔开，起配流装置的作用。

三、齿轮泵的应用特点

一般外啮合齿轮泵具有结构简单、制造方便、质量轻、自吸性能好、价格低廉、对油液污染不敏感等特点；但由于径向力不平衡及泄漏的影响，一般使用的工作压力较低，另外其流量脉动也较大，噪声也大，因而常用于负载小、功率小的机床设备及机床辅助装置，如送料、夹紧等不重要的场合，在工作环境较差的工程机械上也广泛应用。

与外啮合齿轮泵相比，内啮合齿轮泵结构紧凑、质量轻、运转平稳、噪声低、无困油现象，且流量脉动小，在高转速工作时容积效率高。但是在低速、高压下工作时，压力脉动大，容积效率低，也不适合在高压场合工作。而且内啮合齿轮泵齿形复杂、加工困难、价格较贵。

四、齿轮式液压马达的工作原理和应用

图 3-8 为外啮合齿轮马达的工作原理图。图中 Ⅰ 为输出扭矩的齿轮，Ⅱ 为空转齿轮，当高压油输入马达高压腔时，处于高压腔的所有齿轮均受到压力油的作用（如图中箭头所示，凡是齿轮两侧面受力平衡的部分均未画出），其中互相啮合的两个齿的齿面，只有一部分处于高压腔。设啮合点 c 到两个齿轮齿根的距离分别为 a 和 b，由于 a 和 b 均小于齿高 h，因此两个齿轮上就各作用一个使它们产生转矩的作用力 $pB(h-a)$ 和 $pB(h-b)$。这里 p 代表输入油压力，B 代表齿宽。在这两个力的作用下，两个齿轮按图示方向旋转，由扭矩输出轴输出扭矩。随着齿轮的旋转，油液被带到低压腔排出。

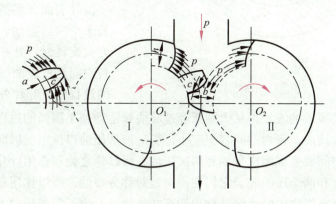

图 3-8　外啮合齿轮马达的工作原理图

齿轮马达的结构与齿轮泵一样，由于泄漏途径较多，故工作压力不能太高，否则容积效率过低。因此，齿轮马达一般属于高转速、低转矩液压马达。由于啮合点随时变化，输出转矩和转速会产生脉动，所以齿轮马达往往只用于一些传动精度要求不高的轻载场合。

学习任务三　叶片泵和液压马达

　　叶片泵分为单作用式叶片泵和双作用式叶片泵。单作用式叶片泵转子旋转一周进行一次吸油、排油，并且流量可调节，故为变量泵。双作用叶片泵转子旋转一周，进行二次吸油、排油，并且流量不可调节，故为定量泵。

一、双作用叶片泵

1. 双作用叶片泵的工作原理

　　双作用叶片泵的工作原理如图3-9所示，泵是由定子1、转子2、叶片3和配油盘4（图中未画出）等组成。转子和定子中心重合，定子内表面近似为椭圆柱形，由两段长半径R圆弧、两段短半径r圆弧和四段过渡曲线所组成。当转子转动时，叶片在离心力和根部压力油（建压后）的作用下，在转子槽内作径向移动而压向定子内表面，使叶片、定子的内表面、转子的外表面和两侧配油盘间形成若干个密封空间。当转子按图示方向旋转时，处在小圆弧上的密封空间经过渡曲线运动到大圆弧的过程中，叶片外伸，密封空间

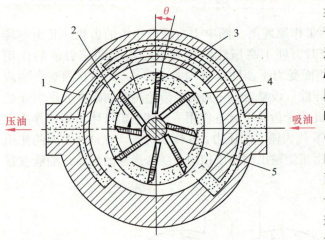

图3-9　双作用叶片泵的工作原理
1—定子；2—转子；3—叶片；4—配油盘；5—轴

的容积增大，要吸入油液；再从大圆弧经过渡曲线运动到小圆弧的过程中，叶片被定子内壁逐渐压进槽内，密封空间容积变小，将油液从压油口压出，因而，转子每转一周，每个密封空间要完成两次吸油和两次压油，所以称之为双作用叶片泵。这种叶片泵有两个吸油腔和两个压油腔，它们在径向是对称分布的，所以作用在转子上的液压力相互平衡，因此双作用叶片泵又称为卸荷式叶片泵，为了要使径向力完全平衡，密封空间数（即叶片数）应当是双数。

2. 双作用叶片泵的排量和流量计算

　　双作用叶片泵每吸压油一次，每个密封容积的油液排出量等于其处于长半径圆弧段的容积与处于短半径圆弧段的容积之差。设有z个叶片，则双作用叶片泵的排量为上述油液的排出量的2z倍。当忽略叶片本身的微小体积，则双作用叶片泵的排量即

为环形容积的 2 倍，即

$$V = 2\pi b \ (R^2 - r^2) \qquad\qquad (3-15)$$

双作用叶片泵的平均实际流量为

$$q = 2\pi b \ (R^2 - r^2) \ n\eta_\text{v} \qquad\qquad (3-16)$$

式中　b——叶片的宽度；

　　　R——长圆弧半径；

　　　r——短圆弧半径；

　　　n——转子转速。

3. 双作用叶片泵的结构特点

以 YB1 型叶片泵为例，它的结构如图 3 - 10 所示，由前、后泵体 7、6，左、右配油盘 1、5，定子 4、转子 12 等组成。为了便于装配和使用，两个配油盘与定子、转子和叶片可组装成一个部件。两个长螺钉 13 为组件的紧固螺钉，其头部作为定位销插入后泵体的定位孔内，以保证配油盘上吸、压油窗口的位置能与定子内表面的过渡曲线相对应。转子上开有 12 条狭槽，叶片 11 安装在槽内，并可在槽内自由滑动。转子通过内花键与主动轴相配合，主动轴由两个滚子轴承 2 和 8 支承，以使其工作可靠。骨架式密封圈 9 安装在盖板 10 上，用来防止油液泄漏和空气渗入。

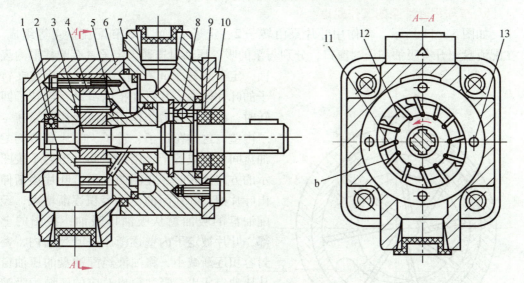

图 3 - 10　YB1 型叶片泵的结构

1—左配油盘；2、8—滚子轴承；3—传动轴；4—定子；5—右配油盘；6—后泵体；
7—前泵体；9—密封圈；10—盖板；11—叶片；12—转子；13—螺钉

（1）配油盘

封油区所对应的夹角必须等于或稍大于两个叶片之间的夹角。为减少两叶片间的密闭容积在吸压油腔转换时因压力突变而引起的压力冲击，在配流盘的配流窗口前段开有三角减振槽。

（2）定子内表面曲线

合理设计过渡曲线形状，以使理论流量均匀、噪声低。常用定子内表面过渡曲线有阿基米德曲线、正弦曲线、等加速—等减速曲线、高次曲线等。定子曲线圆弧圆心角≥配流窗口的间距角≥叶片间夹角。

（3）叶片倾角

叶片倾角为叶片与径向半径的夹角，如图3－9所示，叶片沿转子旋转方向先倾斜一角度，其目的是减小叶片和定子内表面接触时的压力角（定子对叶片的法向反力与叶片运动方向的夹角），从而减少叶片和定子间的摩擦磨损，但当叶片以前倾角安装时，叶片泵不允许反转。液压泵的叶片倾角一般取 $10°\sim14°$。

（4）端面间隙

为了使转子和叶片能自由旋转，它们与配油盘两端面间应保持一定间隙。但间隙过大将使泵的内泄漏增加，容积效率降低。为了提高压力，减少端面泄漏，采取的间隙自动补偿措施是将配油盘的外侧与压油腔连通，使配油盘在液压推力作用下压向转子。泵的工作压力愈高，配油盘就愈加贴紧转子，对转子端面间隙进行自动补偿。

二、单作用叶片泵

1. 单作用叶片泵的工作原理

如图3－11所示，单作用叶片泵由转子2、定子1、叶片3和配流盘4等组成。在配流盘上开有吸油和压油窗口，分别与泵的吸、压油口连通。定子具有圆柱形内表面，定子和转子间有偏心距 e。叶片装在转子的叶片槽中，并可在槽内滑动，当转子回转时，由于离心力的作用，使叶片紧靠在定子内壁，这样在定子、转子、叶片和两侧配油盘间就形成若干个密封空间。当转子按图示的方向回转时，在图的下部，叶片逐渐伸出叶片槽，叶片间的密封容积逐渐增大，经配油盘的吸油窗从吸油口吸油；在图的上部，叶片被定子内壁逐渐压进叶片槽内，密封容积逐渐减小，将油液经配油盘的压油窗从压油口压出。吸油窗口对应的区域为吸油腔，压油窗口对应的区域为压油腔，在吸油窗口和压油窗口之间的区域为封油区，它把吸油腔和压油腔隔开。这种叶片泵转子每转一周，每个密封空间完成一次吸油和压油，因此称为单作用叶片泵。转子不停地旋转，泵就不断地吸油和排油。泵只有一个吸油区和一个压油区，因而作用在转子上的径向液

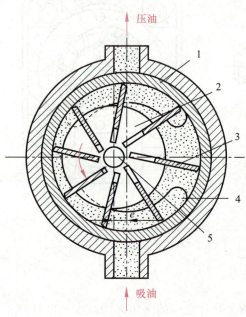

图3－11　单作用叶片泵工作原理
1—定子；2—转子；3—叶片；4—配油盘；5—轴

压力不平衡，所以又称为非平衡式叶片泵。由于转子与定子偏心距 e 和偏心方向可调，所以单作用叶片泵可作双向变量泵使用。

2. 限压式变量叶片泵的工作原理

如图 3－12（a）所示为限压式变量叶片泵的工作原理图。转子的中心 O_1 是固定的，定子 2 可以左右移动。在限压弹簧 3 的作用下，定子被推向右端，使定子中心 O_2 和转子中心 O_1 之间有一初始偏心量 e_0，它决定了泵的最大流量。e_0 的大小可用螺钉 6 调节。泵的出口压力 p，经泵体内通道作用于有效面积为 A 的柱塞 6 上，使柱塞对定子 2 产生一作用力 pA。泵的限定压力 p_B 可通过调节螺钉 4，改变弹簧 3 的压缩量来获得。设弹簧 3 的预紧力为 F_s，当泵的工作压力小于限定压力 p_B 时，则 $pA < F_s$，此时定子不作移动，最大偏心量 e_0 保持不变，泵输出流量基本上维持最大；当泵的工作压力升高而大于限定压力 p_B 时，$pA \geqslant F_s$，定子左移，偏心量减小，泵的流量也减小。泵的工作压力愈高，偏心量就愈小，泵的流量也就愈小；当泵的压力达到极限压力 p_C 时，偏心量接近零，泵不再有流量输出。

图 3－12（b）所示为限压式变量叶片泵的特性曲线。图中曲线 AB 段，泵的工作压力小于限定压力 p_B，实际偏心距 e 就是最大偏心距 e_0，泵输出流量最大，稍有下降是由泵的内部流量泄漏引起的；BC 段是泵的变量段，B 点被称为曲线的拐点。此时，泵的工作压力大于限定压力 p_B，输出流量随着工作压力升高而逐渐减小，在 C 点泵的工作压力达到极限压力 $p_C = p_{max}$，偏心量 e 为零，泵没有输出流量。

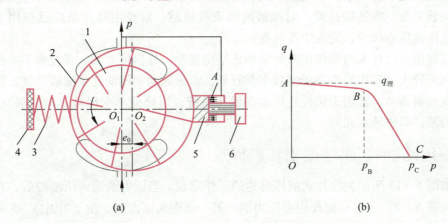

（a）　　　　　　　　　　　　　（b）

图 3－12　限压式变量叶片泵的工作原理及特性曲线
1—转子；2—定子；3—弹簧；4、6—螺钉；5—柱塞

3. 单作用叶片泵的流量计算

如果不考虑叶片的厚度，设定子内径为 D，定子与转子的偏心量为 e，叶片宽度 b，转子转速为 n，则泵的排量近似为

$$V = 2\pi beD \tag{3-17}$$

单作用叶片泵的平均实际流量为

$$q = 2\pi beDn\eta_v \qquad\qquad (3-18)$$

4. 单作用叶片泵的结构特点

（1）叶片底部

处在压油腔的叶片顶部会受到压力油的作用，该作用要把叶片推入叶片槽内。为了使叶片顶部可靠地和定子内表面相接触，压油腔一侧的叶片底部要通过特殊的沟槽和压油腔相通，吸油腔一侧的叶片底部要和吸油腔相通，这样叶片上、下的液压力平衡，有利于减少叶片与定子间的磨损。

（2）叶片倾角

单作用叶片泵的叶片有一个与旋转方向相反的倾斜角，称为后倾角，它有利于叶片在离心力作用下向外伸出，后倾角一般为24°。

（3）叶片数

单作用叶片泵的流量具有脉动性，泵内叶片数越多，流量脉动率越小。奇数叶片泵的脉动率比偶数叶片泵的脉动率小，所以单作用叶片泵的叶片数均为奇数，一般为13片或15片。

三、叶片泵的应用特点

双作用叶片泵不仅作用在转子上的径向力平衡、运转平稳、输油量均匀、噪声低，而且因是双作用泵，使流量增大，所以结构紧凑、体积小。双作用叶片泵的缺点是结构较复杂，吸油特性差，对油液的污染较敏感。双作用叶片泵广泛应用于各种中、低压液压系统中，完成中等负荷的工作。

单作用式叶片泵与双作用叶片泵相比结构复杂，外形尺寸大，受径向不平衡力作用，噪声较大，容积效率和机械效率都较低，流量脉动和困油现象变较严重，但它易于实现流量调节，常用于快慢速运动的液压系统，可降低功率损耗，减少油液发热，简化油路，节省液压元件。

四、叶片式液压马达的工作原理及应用

如图3-13所示为叶片式液压马达的工作原理，当压力油通入压油腔后，在叶片1、3（或5、7）上，一面作用有压力油，另一面则无压力油，由于叶片1、5受力面积大于叶片3、7，叶片受力不平衡使转子产生转矩。叶片式液压马达的输出转矩与液压马达的排量和液压马达进出油口之间的压力差有关，其转速由输入液压马达的流量大小来决定；如果改变压力油的输出方向，马达便反向旋转。

为使叶片马达正常工作，其结构与叶片泵有一些重要区别：由于液压马达一般都要求能正反转，所以叶片式液压马达的叶片要径向放置；为了确保叶片式液压马达在压力油通入后能正常启动，必须使叶片顶部和定子内表面紧密接触，以保证良好的密封，为此，在回、压油腔通入叶片根部的通路上应设置单向阀，使叶片根部始终通有压力油，此外，还在叶片根部设置预紧弹簧，使叶片始终处于伸出状态，保证初始

密封。

　　叶片式液压马达体积小，转动惯量小，动作灵敏，可适用于换向频率较高的场合，但泄漏量较大，低速工作时不稳定。因此叶片式液压马达一般用于转速高、转矩小和动作要求灵敏的场合。

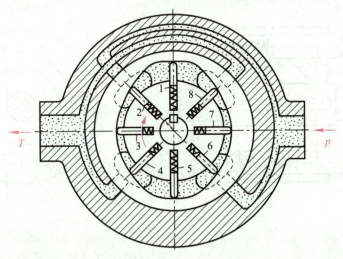

图3-13　叶片式液压马达的工作原理
1、2、3、4、5、6、7、8—叶片

学习任务四　柱　塞　泵

　　柱塞泵是靠柱塞在缸体中作往复运动，使密封容积产生变化，来实现吸油与压油的液压泵。柱塞泵按柱塞的排列和运动方向不同，可分为径向柱塞泵和轴向柱塞泵两大类，轴向柱塞泵又分为斜盘式柱塞泵和斜轴式柱塞泵。

一、斜盘式轴向柱塞泵

1. 工作原理

　　如图3-14所示为斜盘式轴向柱塞泵的工作原理图，这种泵主体由缸体1、配油盘2、柱塞3和斜盘4组成。柱塞沿圆周均匀分布在缸体内。斜盘轴线与缸体轴线倾斜一角度，柱塞在弹簧或低压油作用下压紧在斜盘上，配油盘2和斜盘4固定不动。

　　当原动机通过传动轴使缸体转动时，由于斜盘的作用，迫使柱塞在缸体内作往复运动，并通过配油盘的配油窗口进行吸油和压油。当缸体按如图3-14所示方向回转时，缸体自最低位置向上方转动（前面半周）时，柱塞转角在 $0 \sim \pi$ 范围变化，柱塞被斜盘推入缸体，使柱塞孔容积减小，通过配油盘的压油窗口压油；当缸体自最高位置向下方转动（后面半周）时，柱塞转角在 $\pi \sim 2\pi$ 范围变化，柱塞向外伸出，柱塞底部柱塞孔的密封容积增大，通过配油盘的吸油窗口吸油。缸体每转一周，每个柱塞各完成吸、压油一次，如改变斜盘倾角 γ，就能改变柱塞行程的长度，即改变液压泵的排量；改变斜盘倾角方向，就能改变吸油和压油的方向，即成为双向变量泵。

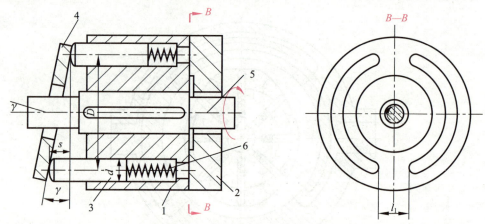

图 3 - 14　轴向柱塞泵的工作原理
1—缸体；2—配油盘；3—柱塞；4—斜盘；5—传动轴；6—弹簧

配油盘上吸油窗口和压油窗口之间的封油区宽度应稍大于柱塞底部通油孔宽度，但不能相差太大，否则会发生困油现象。一般在两配油窗口的两端部开有小三角槽，以减小冲击和噪声。

轴向柱塞泵的优点是：结构紧凑、径向尺寸小，惯性小、容积效率高，目前最高压力可达 40.0 MPa，甚至更高，一般用于工程机械、压力机等高压系统中，但其轴向尺寸较大，轴向作用力也较大，结构比较复杂。

2. 轴向柱塞泵的排量和流量计算

如图 3 - 14 所示，柱塞的直径为 d，柱塞分布圆直径 D，斜盘倾角为 γ 时，柱塞的行程为 $s = D\tan\gamma$，所以当柱塞数为 z 时，轴向柱塞泵的排量为

$$V = \frac{\pi d^2}{4} z D\tan\gamma \qquad (3-19)$$

设泵的转数为 n，容积效率为 η_v，则泵的实际输出流量为

$$q = \frac{\pi d^2}{4} z D\eta_v n\tan\gamma \qquad (3-20)$$

实际上，柱塞泵的排量是转角的函数，其输出流量是脉动的。就柱塞数而言，柱塞数为奇数时的脉动率比柱塞数为偶数时小，且柱塞数越多，脉动越小，故柱塞泵的柱塞数一般为奇数，从结构工艺性和脉动率综合考虑，柱塞个数一般为 7、9 或 11。

3. 斜盘式轴向柱塞泵的结构特点

斜盘式轴向柱塞泵有很多种系列，其中以 CY14—1 型使用较广泛。如图 3 - 15

所示，为 CY14—1 型手动变量轴向柱塞泵的结构图。CY14—1 型柱塞泵由主体和变量两部分组成，图中右半部分为主体部分（件 1～14），左半部分为变量机构。相同流量的泵，其主体结构相同，配以不同的变量机构便派生出多种类型。

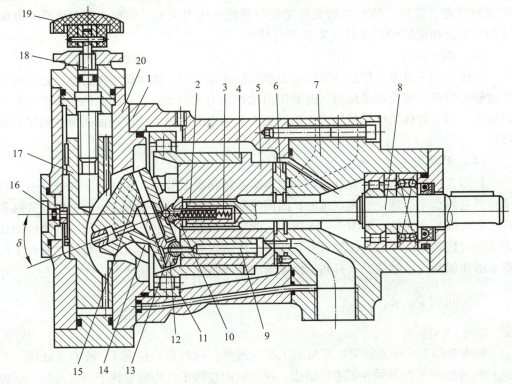

图 3 – 15　直轴式向柱塞泵结构

1—手轮；2—斜盘；3—回程盘；4—滑靴；5—柱塞；6—缸体；7—配油盘；8—传动轴；

9—前泵体；10—定心弹簧；11—圆柱滚子轴承；12—中间泵体；

13—变量壳体；14—销轴；15—斜盘；16—螺杆

（1）CY14—1 型柱塞泵的主体结构

中间泵体 12 和前泵体 9 组成泵的壳体，传动轴 8 通过花键带动缸体 6 旋转，使均匀分布在缸体上的 7 个柱塞 5 绕传动轴的轴线回转。每个柱塞的端部都装有滑靴 4，滑靴与柱塞为球铰连接。定心弹簧 10 向左的作用力将滑靴压在斜盘 2 的斜面上，缸体转动时，该作用力使柱塞完成吸油的动作。定心弹簧向右的作用力传至缸体，使缸体压住配油盘 7，起到密封的作用。柱塞的压油行程则是由斜盘通过滑靴推动的，圆柱滚子轴承 11 用以承受缸体的径向力，缸体的轴向力则由配油盘承受。配油盘上开有吸、排油窗口，分别与前泵体上的吸、排油口相通。

（2）手动变量机构

CY14—1 型柱塞泵的手动变量机构如图 3 – 15 左半部分所示。转动手轮 1 时，螺杆 16 使变量活塞及活塞上的销轴 14 上下移动。斜盘的前后两侧用耳轴支持在变量壳体 13 的两块铜瓦上（图中未画出），斜盘受到销轴的拨动并绕耳轴的中心线摆动，使斜盘的倾角 δ 改变，泵的流量亦相应改变，输出流量占额定流量的百分比可从刻度盘上读出，这种泵的流量变化与系统的压力无关，倾角 δ 的变化范围为 $0°\sim20°30'$，相应的输出流量从零到额定值。

（3）端面间隙

由图 3-15 可见，使缸体紧压配油盘端面的作用力，除弹簧的推力外，还有柱塞孔底部台阶面上所受的液压力，此液压力比弹簧力大得多，而且随泵的工作压力增大而增大。由于缸体始终受液压力作用，从而紧贴着配油盘，就使端面间隙得到了自动补偿。

（4）滑靴及静压支承

如图 3-14 所示，柱塞以球形头部直接接触斜盘而滑动，这种轴向柱塞泵由于柱塞头部与斜盘平面理论上为点接触，因而接触应力大，极易磨损。一般轴向柱塞泵都在柱塞头部装一滑靴，如图 3-16 所示。滑靴是按静压轴承原理设计的，缸体中的压力油经过柱塞球头中间小孔流入滑靴油室，使滑靴和斜盘间形成液体润滑，改善了柱塞头部和斜盘的接触情况，有利于保证轴向柱塞泵在高压、高速下工作。

二、径向柱塞泵

1. 工作原理

如图 3-17 所示为径向柱塞泵的工作原理图。这种泵由柱塞 1、转子（缸体）2、定子 3、衬套 4、配油轴 5 等零件组成。衬套紧配在转子孔内随着转子一起旋转，而配油轴则是不动的。

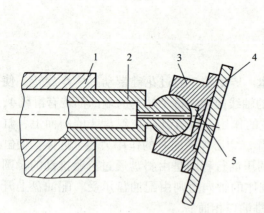

图 3-16　滑靴式结构
1—缸体；2—柱塞；3—滑靴；4—斜盘；5—油室

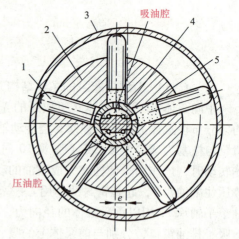

图 3-17　径向柱塞泵工作原理图
1—柱塞；2—转子；3—定子；4—衬套；5—配油轴

当转子顺时针旋转时，柱塞在离心力或在低压油作用下，压紧在定子内壁上。由于转子和定子间有偏心量 e，故转子在上半周转动时柱塞向外伸出，径向孔内的密封工作容积逐渐增大，形成局部真空，吸油腔则通过配油轴上面两个吸油孔从油箱中吸油；转子转到下半周时，柱塞向里推入，密封工作容积逐渐减小，压油腔通过配油轴下面两个压油孔将油液压出。转子每转一周，每个柱塞底部的密封容积完成一次吸油、压油，转子连续运转，即完成泵的吸压油工作。改变径向柱塞泵转子和定子间偏心量的大小，可以改变输出流量；若偏心方向改变，则液压泵的吸、压油腔互换，这就成为双向变量泵。

2. 流量计算

当转子和定子间的偏心量为 e 时，柱塞在缸体孔中的行程为 $2e$，若柱塞数目为 z、直径为 d 时，则泵的排量为

$$V = \frac{\pi}{4}d^2 \ (2e) \ z \qquad\qquad (3-21)$$

径向柱塞泵的实际流量为

$$q = \frac{\pi}{2}d^2 ezn\eta_{\mathrm{v}} \qquad\qquad (3-22)$$

三、柱塞泵的应用特点

与齿轮泵和叶片泵相比，柱塞泵有许多优点。首先，构成密封容积的零件为圆柱形的柱塞和缸孔，加工方便，可得到较高的配合精度，密封性能好，在高压下工作仍有较高的容积效率；第二，只需改变柱塞的工作行程就能改变流量，易于实现变量；第三，柱塞泵中的主要零件均受压应力作用，材料强度性能可得到充分利用。由于柱塞泵压力高，结构紧凑，输油量大、效率高，流量调节方便，故在需要高压、大流量、大功率的系统中和流量需要调节的场合，如龙门刨床、拉床、液压机、工程机械、矿山冶金机械及船舶上得到广泛的应用。

但径向柱塞泵径向尺寸大，结构较复杂，自吸能力差，且配油轴受到不平衡液压力的作用，柱塞顶部与定子内表面为点接触，容易磨损，这些都限制了它的使用，已逐渐被轴向柱塞泵替代。

四、柱塞式液压马达的工作原理及应用

如图 3-18 所示为轴向柱塞式液压马达的工作原理。图中斜盘 1 和配油盘 4 固定不动，缸体和马达输出轴 5 相连，并一起转动。斜盘的倾角为 δ_{M}，当压力油通过配油盘 4 上的进油窗口输入到缸体上的柱塞孔时，该柱塞孔中的柱塞被顶出，压在斜盘 1 上。设斜盘作用在柱塞上的反力为 F_{n}，可分解为两个分力，轴向分力 F_{x} 和作用在柱塞上的液压作用力相平衡，径向分力 F_{t} 使每一个与进油窗口相通的柱塞都对缸体

的回转中心产生一个转矩，使缸体和液压马达轴做逆时针方向旋转，在马达输出轴5上输出转矩和转速。当液压马达的进、回油口互换时，液压马达将反向转动；当改变斜盘倾角 δ_M 时，液压马达的排量便随之改变，从而可以调节输出转矩或转速。由于柱塞的瞬时方位角是变量，柱塞产生的转矩也发生变化，故液压马达产生的总转矩也是脉动的。

轴向柱塞马达的结构和轴向柱塞泵基本相同。它们的区别是：为适应正反转的需要，马达的配油盘应做成对称结构，进、回油口通径须做的一样大，否则影响正反转性能。

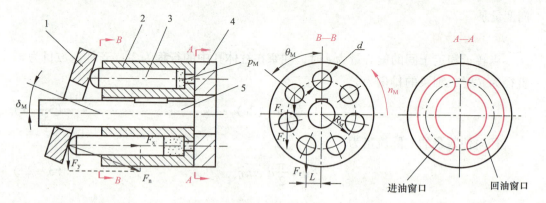

图 3 – 18　轴向柱塞式液压马达工作原理
1—斜盘；2—缸体；3—柱塞；4—配油盘；5—马达输出轴

图 3 – 19 为径向柱塞式液压马达的工作原理图，当压力油经固定配油轴 4 的窗口进入缸体 3 内柱塞 1 的底部时，柱塞向外伸出，紧紧顶住定子 2 的内壁，由于定子与缸体存在一偏心距 e，在柱塞与定子接触处，定子对柱塞的反作用力为 F_N，力 F_N 可分解为 F_T 和 F_F 两个分力。力 F_T 对缸体产生一转矩，使缸体旋转，缸体再通过端面连接的传动轴向外输出转矩和转速。

以上分析的是一个柱塞产生转矩的情况，实际上在压油区作用有好几个柱塞，在这些柱塞上所产生的转矩都使缸体旋转，并输出转矩。

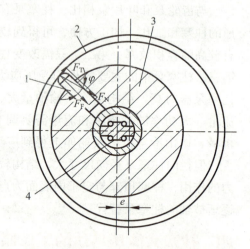

图 3 – 19　径向柱塞马达工作原理
1—内柱塞；2—定子；3—缸体；4—配油轴

柱塞式马达为低速大转矩液压马达，其特点是转矩大，低速稳定性好，因此，可以直接与工作装置连接，不需要减速装置，使机械的传动系统大为简化，结构更为紧凑。在一些工程机械的工作装置和传动装置（如起重机的卷筒、履带挖掘机的履带驱动轮、混凝土搅拌装置等）上得到了广泛应用。

学习任务五　液压泵及液压马达的选用

一、液压泵的选用

液压泵是为液压系统提供一定流量和压力的液压动力元件，是液压系统不可缺少的核心元件。合理地选择液压泵对于降低液压系统的能耗、提高系统的效率、降低噪声、改善工作性能和保证系统的可靠工作都十分重要。

选择液压泵的原则是：根据主机工况、功率大小和系统对工作性能的要求，首先确定液压泵的类型，然后按系统所要求的压力、流量大小确定其规格型号。

一般来说，由于各类液压泵特点存在差异，其结构、功用和运转方式各不相同，如表3-2所示。因此，应根据不同的使用场合选择合适的液压泵。在机床液压系统中，一般选用双作用叶片泵和限压式变量叶片泵；而在农业机械、港口机械以及小型工程机械中往往选择抗污染能力较强的齿轮泵；在负载大、功率大的场合往往选择柱塞泵。

表3-2　液压系统中常用液压泵的主要性能比较

性　能	外啮合齿轮	双作用叶片泵	限压式变量叶片泵	径向柱塞泵	轴向柱塞泵	螺杆泵
输出压力	低压	中压	中压	高压	高压	低压
流量调节	不能	不能	能	能	能	不能
效率	低	较高	较高	高	高	较高
输出流量脉动	很大	很小	一般	一般	一般	最小
自吸特性	好	较差	较差	差	差	好
对污染敏感性	不敏感	较敏感	较敏感	很敏感	很敏感	不敏感
噪声	大	小	较大	大	大	最小

二、液压马达的选用

选用液压马达的主要依据是设备对液压系统的工作要求、转矩、转速以及安装条件、体积、质量、价格等，用以确定液压马达的类型、性能参数等。液压马达的种类很多，应针对具体用途合理选用。

当负载转矩不大，速度平稳性要求不高，噪声限制不大时一般选用齿轮式液压马达。如驱动研磨机、风扇等。

当负载转矩不大，噪声要求小时一般选用叶片式液压马达。如磨床回转工作台、机床操纵机构等。

当负载速度大，有变速要求，负载转矩较小，低速平稳性要求高时一般选用轴向柱塞式马达。如起重机、绞车、铲车、内燃机车、数控机床等。

学习任务六 各类液压泵的性能比较及应用

为比较前述各类液压泵的性能，有利于选用，将它们的主要性能及应用场合列于表3－3中。

表3－3 各类液压泵的性能比较及应用

项目＼类型	齿轮泵	双作用叶片泵	限压式变量叶片泵	轴向柱塞泵	径向柱塞泵	螺杆泵
工作压力/MPa	<20	6.3～2l	≤7	20～35	10～20	<10
容积效率	0.70～0.95	0.80～0.95	0.80～0.90	0.90～0.98	0.85～0.95	0.75～0.95
总效率	0.60～0.85	0.75～0.85	0.70～0.85	0.85～0.95	0.75～0.92	0.70～0.85
流量调节	不能	不能	能	能	能	不能
流量脉动率	大	小	中等	中等	中等	很小
自吸特性	好	较差	较差	较差	差	好
对油的污染敏感性	不敏感	敏感	敏感	敏感	敏感	不敏感
噪声	大	小	较大	大	大	很小
单位功率造价	低	中等	较高	高	高	较高
应用范围	机床、工程机械、农机、航空、船舶、一般机械	机床、注塑机、液压机、起重运输机械、工程机械、飞机	机床、注塑机	工程机械、锻压机械、起重运输机械、矿山机械、冶金机械、船舶、飞机	机床、液压机、船舶机械	精密机床、精密机械、食品、化工、石油、纺织等机械

习 题 三

1. 液压泵完成吸油和压油，必须具备什么条件？
2. 液压泵的工作压力和额定压力分别指什么？
3. 何谓液压泵的排量、理论流量、实际流量？它们的关系怎样？
4. 试述外啮合齿轮泵的工作原理，并解释齿轮泵工作时径向力为什么不平衡？
5. 双作用叶片泵和限压式变量叶片泵在结构上有何区别？

6. 为什么轴向柱塞泵适用于高压?

7. 试述叶片式液压马达的工作原理。

8. 有一台额定压力为 6.3 MPa 的液压泵,若将其出口通油箱,试问此时液压泵出口处的压力为多少?

9. 某液压泵的输出油压 $p = 6$ MPa,排量 $V = 100$ cm³/r,转速 $n = 1450$ r/min,容积效率 $\eta_v = 0.94$,总效率 $\eta = 0.9$,求泵的输出功率 P 和电动机的驱动功率 $P_{电}$。

10. 有一齿轮泵,铭牌上注明额定压力为 10 MPa,额定流量为 16 L/min,额定转速为 1 000 r/min,拆开实测齿数 $z = 12$,齿宽 $b = 26$ mm,齿顶圆直径 $d_a = 45$ mm,求:

(1) 泵在额定工况下的容积效率 η_v;

(2) 在上述情况下,当电机的输出功率为 3.1 kW 时,求泵的机械效率 η_m 和总效率 η。

(3) 某轴向柱塞泵,柱塞直径 $d = 20$ mm,柱塞孔的分布圆直径 $D = 70$ mm,柱塞数 $z = 7$,当斜盘倾角 $\gamma = 22°$,转速 $n = 960$ r/min,输出压力 $p = 18$ MPa,容积效率 $\eta_v = 0.95$,机械效率 $\eta_m = 0.9$,试求理论流量 q_t、实际流量 q 及所需电动机功率 $P_{电}$。

11. 已知液压泵的额定压力和额定流量,若不计管道内的压力损失,试说明图 3-20 所示各种工况下液压泵出口的工作压力。

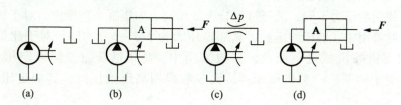

图 3-20　习题 11 图

12. 某液压马达排量 $V = 200$ cm³/s,入口压力为 8 MPa,出口压力为 0.3 MPa,其总效率为 0.8,容积效率为 0.9,当输入流量为 20 L/min 时,试求液压马达的输出转速 n 和输出转矩 T。

项目四 液压缸

学习任务一 液压缸的类型及其特点

液压缸与液压马达一样，也是液压传动系统的执行元件，它是将液压能转换为机械能，实现往复直线运动或摆动的能量转换装置。

液压缸有多种形式，按其结构形式不同，可分为活塞式、柱塞式和摆动式三大类。活塞缸和柱塞缸实现往复直线运动，输出推力和速度；摆动缸则能实现小于360°的往复摆动，输出转矩和角速度。

按作用方式不同，液压缸可分为单作用式和双作用式两种，单作用式液压缸利用液压力实现单方向运动，反方向运动则依靠外力来实现；双作用式液压缸利用液压力实现正、反两个方向的往复运动。

按所使用的压力不同，液压缸可分为低压缸、中压缸和高压缸。对于机床类机械而言，一般采用中、低压液压缸，其额定压力为 2.5~6.3 MPa；对于建筑机械、工程机械和飞机等机械设备而言，多数采用中、高压液压缸，其额定压力为 10~16 MPa；对于油压机一类机械而言，大多数采用高压液压缸，其额定压力为 25~32 MPa。

液压缸除单个使用外，还可以几个组合起来或和其他机构组合起来，以完成特殊的功用。

一、活塞式液压缸

活塞式液压缸可分为双活塞杆式和单活塞杆式两种结构形式，其固定方式有缸体固定和活塞杆固定两种形式。

1. 双活塞杆式液压缸

双活塞式杆液压缸的两腔中都有活塞杆伸出。如图 4-1（a）所示，为缸体固定式结构，又称为实心双活塞杆式液压缸。当液压缸的左腔进油，推动活塞向右移动，右腔活塞杆向外伸出，左腔活塞杆向内缩进，液压缸右腔油液回油箱；反之，活塞向左移动。其工作台的往复运动范围约为有效行程 L 的 3 倍。这种液压缸因运动范围大，占地面积较大，一般用在行程短的小型液压设备上。

如图 4-1（b）所示，为活塞杆固定式结构，又称为空心双活塞杆式液压缸。当液压缸的左腔进油，缸体向左移动；反之，缸体向右移动。其工作台的往复运动范围

约为有效行程 L 的2倍，因运动范围不大，占地面积较小，常用于行程长的大、中型液压设备。

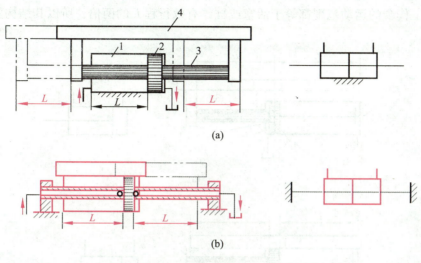

图 4 - 1 双活塞杆液压缸
1—缸筒；2—活塞；3—活塞杆；4—工作台

通常，双杆活塞缸两端的活塞杆直径是相等的，因此它左、右两腔的有效面积也相等，即

$$A_1 = A_2 = A = \frac{\pi}{4} \left(D^2 - d^2 \right) \qquad (4-1)$$

当分别向左、右腔输入相同压力和相同流量的油液时，活塞（或缸体）两个方向的运动速度和推力也都相等，即

$$F_1 = F_2 = F = pA = p \frac{\pi}{4} \left(D^2 - d^2 \right) \qquad (4-2)$$

$$v_1 = v_2 = v = \frac{q}{A} = \frac{4q}{\pi \left(D^2 - d^2 \right)} \qquad (4-3)$$

式中　F_1、F_2——往复运动推力；

　　　v_1、v_2——往复运动速度；

　　　p——缸的供油压力；

　　　q——输入液压缸的流量；

　　　D——活塞的直径；

　　　d——两活塞杆直径。

双杆活塞式液压缸因为具有等速度、等推力的特性，常用于要求往复运动速度和载荷相同的场合，如各种磨床。

2. 单杆活塞式液压缸

单杆活塞式液压缸仅一端有活塞杆伸出。单杆活塞式液压缸按固定方式不同也有缸体固定和活塞杆固定两种形式。如图 4 - 2 （a） 所示为缸体固定式结构，图 4 - 2 （b） 所示为活塞杆固定式结构。单杆活塞式液压缸无论缸体固定还是活塞杆固定，工作台的运动范围都等于活塞或缸体有效行程 L 的两倍，所以其结构紧凑，应用广泛。

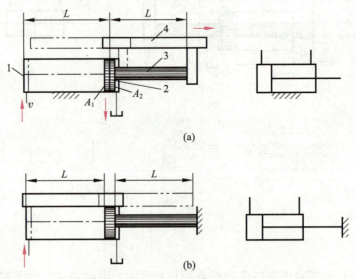

图 4 - 2　单杆活塞式液压缸
1—缸筒；2—活塞；3—活塞杆；4—工作台

设缸筒内径为 D，活塞杆直径为 d，则液压缸无杆腔和有杆腔有效作用面积 A_1、A_2 分别为

$$A_1 = \frac{\pi D^2}{4} \tag{4-4}$$

$$A_2 = \frac{\pi\left(D^2 - d^2\right)}{4} \tag{4-5}$$

由于两腔有效作用面积不相等，当向液压缸两腔分别供油，且压力和流量都不变时，活塞在两个方向上的运动速度和推力都不相等。

（1）无杆腔进油

如图 4 - 3 （a） 所示，当无杆腔进油，有杆腔回油时，活塞的推力 F_1 和运动速度 v_1 分别为

$$F_1 = pA_1 = \frac{\pi D^2}{4}p \tag{4-6}$$

$$v_1 = \frac{q}{A_1} = \frac{4q}{\pi D^2} \tag{4-7}$$

此时，活塞的运动速度较慢，能克服的负载较大，常被用于实现机床的工作进给。

（2）有杆腔进油

如图 4 – 3（b）所示，当有杆腔进油，无杆腔回油时，活塞的推力 F_2 和运动速度 v_2 分别为

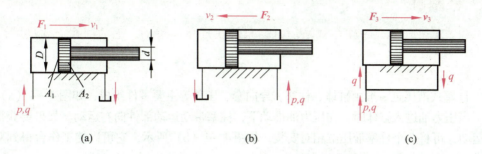

图 4 – 3　单活塞杆液压缸的三种不同进油方式

$$F_2 = pA_2 = \frac{\pi}{4} \left(D^2 - d^2 \right) p \tag{4-8}$$

$$v_2 = \frac{q}{A_2} = \frac{4q}{\pi \left(D^2 - d^2 \right)} \tag{4-9}$$

此时，活塞的运动速度较快，能克服的负载较小，常被用于实现机床的快速退回。

（3）差动连接

工程中，经常遇到单活塞杆式液压缸左右两腔同时接通压力油的情况，这种连接方式称为差动连接，进行差动连接的单活塞杆式液压缸称为差动缸。

在图 4 – 3（c）中，当单杆活塞式液压缸两腔同时进压力油时，尽管此时液压缸两腔压力相等（不计管路压力损失），但两腔活塞的有效工作面积不相等，活塞两侧所受的作用力也不相等。因此，活塞将向有杆腔方向运动（缸体固定时），活塞杆向外伸出。与此同时，有杆腔排出的油液和油源输入的油液一起进入无杆腔，增加了进入无杆腔的流量，从而提高了活塞的运动速度，加快了活塞杆的伸出。

差动连接时，活塞的推力 F_3 为

$$F_3 = pA_1 - pA_2 = pA_3 = \frac{\pi}{4} d^2 p \tag{4-10}$$

若差动连接时，活塞的运动速度为 v_3，则无杆腔的进油量 $q_1 = v_3 A_1$，有杆腔的出油量 $q_2 = v_3 A_2$，因为：$q_1 = q + q_2$ 即 $v_3 A_1 = q + v_3 A_2$。

所以，活塞的运动速度 v_3 为

$$v_3 = \frac{q}{A_1 - A_2} = \frac{q}{A_3} = \frac{4q}{\pi d^2} \tag{4-11}$$

由式（4 – 1）可知，差动连接时液压缸的推力比非差动连接时小，速度比非差动连接时大，可在不加大油源流量的情况下得到较快的运动速度，因此，这种连接方式被广泛应用于组合机床的液压动力滑台和其他机械设备的快速运动中，实现机床的

快速进给。实际应用中，如果要求快速运动和快速退回速度相等即 $v_3 = v_2$，则必须使
$D = \sqrt{2}\,d$。

二、柱塞缸

柱塞式液压缸是单作用式液压缸，只能实现单向运动，它的回程需要借助外力
（如重力或弹力等）来完成。

1. 工作原理

柱塞式液压缸一般由缸体、柱塞、导向套、压盖等主要零件组成，如图4-4（a）所
示。当压力油进入缸体时，在压力油推动下，柱塞带动运动部件向右运动。如果要获得双
向运动，可将两个柱塞液压缸相对安装，如图4-4（b）所示，它可以使工作台得到双向
运动。

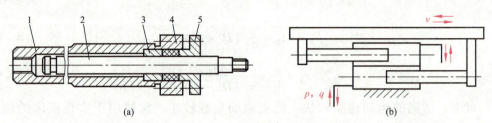

图4-4 柱塞式液压缸
1—缸筒；2—柱塞；3—导向套；4—密封圈；5—压盖

2. 推力和速度

若柱塞直径为 d，则柱塞缸的有效作用面积为

$$A = \frac{\pi}{4}d^2$$

柱塞缸输出的推力 F 和速度 v 分别为

$$F = pA = \frac{\pi}{4}d^2 p \qquad\qquad (4-12)$$

$$v = \frac{q}{A} = \frac{4q}{\pi d^2} \qquad\qquad (4-13)$$

柱塞式液压缸的柱塞端面是受压面，其面积大小决定了柱塞伸出的速度和推力。
为保证柱塞缸有足够的推力和稳定性，一般柱塞较粗，质量较大。柱塞缸水平安装时
易产生单边摩擦损失，故适宜于垂直安装使用。为减轻柱塞的质量，有时制成空心柱
塞。由于柱塞与缸筒无配合要求，柱塞缸筒内壁不需要精加工，甚至可以不加工，运
动时由缸盖上的导向套来导向，而且结构简单，制造容易，所以它特别适用在行程较
长的场合，如龙门刨床、导轨磨床、大型拉床等大行程设备的液压系统中。

三、摆动缸

摆动式液压缸也称为摆动液压马达，是输出转矩并实现往复摆动的液压缸。摆动

式液压缸在结构上有单叶片和双叶片**两种形式**。

1. 工作原理

如图 4-5 所示，摆动式液压缸主要由叶片、摆动轴、定子块、缸体等主要零件组成。定子块固定在缸体上，而叶片和摆动轴联结在一起，当两油口相继通以压力油时，叶片即带动摆动轴做往复摆动。图 4-5（a）为单叶片式摆动液压缸，图 4-5（b）为双叶片式摆动液压缸。

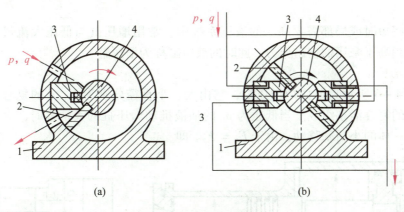

图 4-5　摆动式液压缸
1—缸体；2—叶片；3—定子块；4—摆动轴

2. 转矩和角速度

当考虑到机械效率时，单叶片摆动缸的摆动轴输出转矩为

$$T_{单} = \frac{b}{8}\left(D^2 - d^2\right) p\eta_{m} \qquad (4-14)$$

当考虑到容积效率时，单叶片摆动缸的输出角速度为：

$$\omega_{单} = \frac{8q}{b\left(D^2 - d^2\right)}\eta_{v} \qquad (4-15)$$

单叶片摆动缸的输出功率为

$$P_{单} = T_{单}\,\omega_{单} = pq\eta_{m}\eta_{v}$$

式中　D——缸体内径；

　　　d——摆动轴直径；

　　　b——叶片宽度；

　　　p——进油压力；

　　　q——进油流量；

　　　η_{v}——容积效率；

　　　η_{m}——机械效率。

双叶片摆动液压缸（摆角一般不超过 150°），当输入压力和流量不变时，双叶片摆动液压缸摆动轴输出转矩是相同参数单叶片摆动缸的两倍，而摆动角速度则是单叶片的一半。

摆动液压缸的结构紧凑，输出转矩大，但密封困难，一般只用于中低压系统。如机床的送料装置、间歇进给机构、回转夹具、工业机器人手臂和手腕的回转机构等液压系统。

四、其他液压缸

1. 增压缸

在某些短时或局部需要高压的液压系统中，常用增压缸与低压大流量泵配合作用，来得到高于泵压的输出压力，此时的液压缸称为增压缸。增压缸有单作用和双作用增压缸两种结构。

如图4-6所示为单作用增压缸，它由大、小直径分别为 D、d 的复合缸筒及有特殊功能的复合活塞组成。当低压为 p_1 的油液推动增压缸的大活塞时，大活塞带动与其连成一体的小活塞移动，由于 $F_1 = F_2$，即

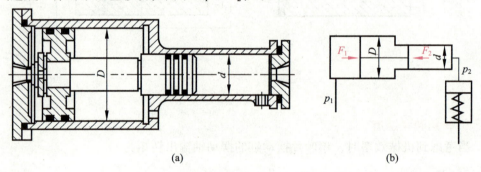

(a)   (b)

图4-6 单作用增压缸

$$p_1 A_1 = p_2 A_2$$

所以，小活塞输出压力 p_2 为 $\dfrac{A_1}{A_2}p_1$

即
$$p_2 = p_1 \left(\frac{D}{d}\right)^2 = Kp_1 \tag{4-16}$$

式中 $K = \dfrac{D^2}{d^2}$，称为增压比，它代表其增压能力。

单作用增压缸在小活塞运动到终点时，不能再输出高压液体，需要将活塞退回到左端位置，再向右运行时才输出高压液体，即只能在一次行程中输出高压液体。

增压缸的特点如下：

①在不提高输入压力 p_1 的前提下，靠减少 A 来提高输出压力 p_2，其中单作用增压缸断续增压、双作用增压缸连续增压。

②增压缸只能将高压油输入其他液压缸以获得大的推力，其本身不能直接作为执行元件，所以安装时应尽量使它靠近执行元件。

2. 伸缩式液压缸

伸缩式液压缸又称多级液压缸，它是由二级或多级活塞缸（或柱塞缸）套装而成，前一级活塞就是后一级的缸体，这种伸缩缸的各级活塞依次伸出，可获得很长的行程。

如图 4-7 所示，为二级伸缩式液压缸的结构示意图，图中前一级的大活塞 2 与后一级的缸筒 3 连为一体，即前一级活塞杆是后一级活塞缸的缸筒。伸缩式液压缸工作时外伸动作是逐级进行的，首先是一级活塞外伸，当其达到行程终点的时候，二级活塞开始外伸，即活塞伸出的顺序是先大后小。工作时由于有效工作面积逐次减小，当输入流量相同时，活塞外伸速度为由慢到快，相应的推力也是由大到小；当负载恒定时液压缸的工作压力逐级增高。空载缩回时，活塞缩回的顺序一般是从小活塞到大活塞，即顺序是先小后大。收缩后液压缸的长度较短，占用空间较小，结构紧凑，适用于工程机械和其他行走机械，如自卸汽车、起重机等设备。

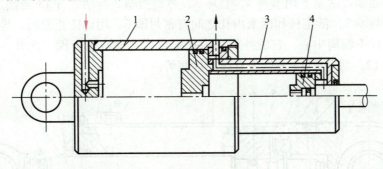

图 4-7 伸缩式液压缸

1——级缸筒；2——级活塞；3—二级缸筒；4—二级活塞

3. 齿条活塞液压缸

齿条活塞液压缸又称无杆式活塞缸，如图 4-8 所示，它由带有一根齿条杆的双活塞缸 1 和一套齿轮齿条传动机构 2 组成。当压力油推动活塞左右往复运动时，经齿条推动齿轮轴往复转动，齿轮便驱动工作部件做周期性的往复旋转运动。齿条缸多用于自动线、组合机床等转位或分度机构的液压系统中。

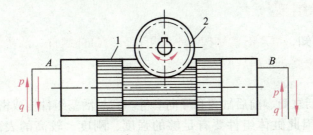

图 4-8 齿条液压缸

1—活塞缸；2—齿轮齿条传动机构

学习任务二　液压缸的结构

一、液压缸的典型结构

液压缸有多种结构形式，下面以一种典型液压缸——单杆活塞式液压缸为例，说明液压缸的基本组成。

由图4-9可知，无缝钢管制成的缸筒8和缸底1焊接在一起，另一端缸盖11与缸筒则采用螺纹连接，以便拆装检修。两端进出油口A和B都可通压力油或回油，以实现双向运动。活塞5用卡环4、套环3、弹簧挡圈2与活塞杆13连接。活塞和缸筒之间有密封圈7，活塞杆和活塞内孔之间有密封圈6，用以防止泄漏。导向套10用以保证活塞杆不偏离中心，它的外径和内孔配合处也都有密封圈。此外，缸盖11上还有防尘圈12，活塞杆13左端带有缓冲柱塞等。

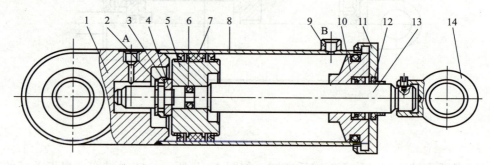

图4-9　单活塞杆液压缸结构

1—缸底；2—弹簧挡圈；3—套环；4—卡环；5—活塞；6、7—密封圈；8—缸筒；
9—管接头；10—导向套；11—缸盖；12—防尘圈；13—活塞杆；14—耳环

二、液压缸的组成

由图4-9可知，液压缸的结构基本上可以分为缸体组件、活塞组件、密封装置、缓冲装置和排气装置5个组成部分。

1. 缸体组件

缸体组件包括缸筒、前后缸盖和导向套等。它与活塞组件构成密封的油腔，承受很大的液压力，因此缸体组件要有足够的强度、刚度，较高的表面质量和可靠的密封。

（1）缸筒、前后缸盖和导向套

缸筒是液压缸的主体，其内孔一般采用镗削、磨削、研磨等精密加工方法，表面

粗糙度 Ra 值为 0.01 ~ 0.04 μm，以保证活塞及密封件、支承件的顺利滑动，减少磨损。缸筒要承受很大的液压力，要有足够的强度和刚度。

缸盖安装在缸筒的两端，同样承受较大的液压力，既要保证密封的可靠，又要使连接有足够的强度，因此设计时要选择工艺性好的连接结构。

导向套对活塞起支承和导向作用，其材料应耐磨且有足够的长度，有些液压缸不设导向套，直接用端盖孔导向，这种结构简单，但磨损后要更换端盖。

（2）缸体组件的连接方式

液压缸缸筒与端盖的连接方式很多，其结构形式和使用的材料有关，一般工作压力 $p < 10$ MPa 时使用铸铁；工作压力为 10 MPa $< p < 20$ MPa 时，使用无缝钢管；工作压力为 $p > 20$ MPa 时，使用铸钢或锻钢。常用的缸筒与端盖连接的方式，如图 4 - 10 所示。

如图 4 - 10（a）所示为法兰连接式，这种结构容易加工和装拆，其缺点是外形尺寸和质量都较大，常用于铸铁制的缸筒上。

如图 4 - 10（b）所示为螺纹连接式，它的质量较轻、外形较小，但端部结构复杂，装卸要用专门工具，常用于无缝钢管或铸钢制作的缸筒上。

如图 4 - 10（c）所示为半环连接式，它结构简单、易装卸，但它的缸筒壁因开了环形槽而削弱了强度，为此有时要加厚缸壁，常用于无缝钢管或锻钢制的缸筒上。

如图 4 - 10（d）所示为拉杆连接式，缸筒易加工和装拆，结构通用性大，质量较重，外形尺寸较大，主要用于较短的液压缸。

如图 4 - 10（e）所示为焊接连接式，其结构简单，尺寸小，但缸筒有可能变形，缸底内径不易加工。

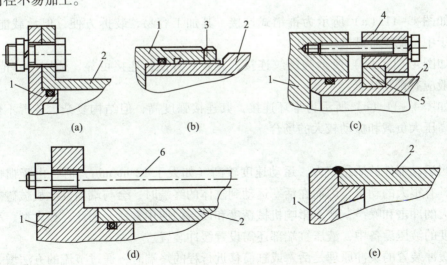

图 4 - 10 缸筒与端盖的连接形式

1—端盖；2—缸筒；3—防松螺母；4—压板；5—半环；6—拉杆

2. 活塞组件

活塞组件由活塞、活塞杆和连接件等组成。

（1）活塞、活塞杆和连接件

活塞在缸筒内受油压作用实现往复直线运动，因此，必须具有良好的耐磨性和一定的强度，一般用耐磨铸铁制造，有整体式和组合式两种。

活塞杆是连接活塞和工作部件的传力零件，必须有足够的强度和刚度，通常都是钢料制造。活塞杆外圆表面应耐磨并有防锈能力，有时需镀铬，活塞杆头部有耳环式、球头式和螺纹式等几种。

（2）活塞和活塞杆的连接方式

活塞和活塞杆的连接方式很多，如图4-11所示，常见的有锥销连接、螺纹连接和半环连接。

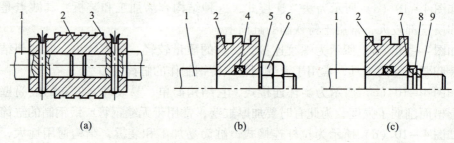

图4-11 活塞与活塞杆的连接形式
1—活塞杆；2—活塞；3—销；4—密封圈；5—弹簧圈；
6—螺母；7—半环；8—套环；9—弹簧卡圈

如图4-11（a）所示为锥销式连接，其加工容易，装拆方便，但承载能力小，多用于中、低压轻载液压缸中。

如图4-11（b）所示为螺纹连接，其装卸方便，连接可靠，适用尺寸范围广，但一般应有锁紧装置。

如图4-11（c）所示为半环连接，其连接强度高，但结构复杂，装拆不便，多用于高压大负载和振动较大的场合。

3. 缓冲装置

当运动部件的质量较大，运动速度较高（如大于12 m/min）时，由于惯性力较大，具有很大的动量，因而在活塞运动到缸体的终端时，会与端盖发生机械碰撞，产生很大的冲击和噪声，严重影响机械精度和设备的使用寿命。为此，在大型、高速或高精度的液压设备中，液压缸端部还需设置缓冲装置。

缓冲装置的缓冲原理是活塞或缸筒移近行程的终端时，通过节流的方法增大回油阻力，降低活塞或缸筒的运动速度，使工作部件因运动受阻而减速，从而避免活塞与缸盖相撞，以达到缓冲目的。

如图4-12所示，常见的缓冲装置主要有下述几种。

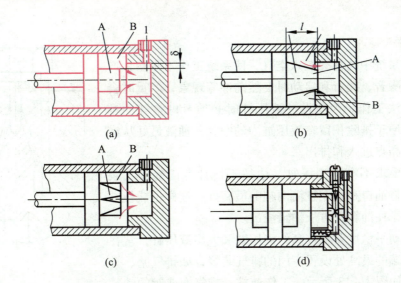

图 4 - 12　液压缸缓冲装置
（a）圆柱形环间隙式；（b）圆锥形环间隙式；（c）可变节流槽式；（d）可调节流孔式
A—缓冲柱塞；B—缓冲油腔；C—节流阀；D—单向阀

（1）环状间隙式缓冲装置

环状间隙式缓冲装置又称固定节流式缓冲装置，可分为圆柱形环间隙式和圆锥形环间隙式缓冲装置两种。如图 4 - 12（a）所示，为圆柱形环间隙式缓冲装置，当缓冲柱塞 A 进入缸盖上的内孔时，缸盖和柱塞间形成环形缓冲油腔 B，被封闭的油液只能经环状间隙 δ 排出，产生缓冲压力，从而实现减速缓冲。这种装置效果很差，液压冲击很大且实现减速所需行程较长，但这种装置结构简单，便于设计和降低成本，所以，常被采用在一般系列的成品液压缸中。如图 4 - 12（b）所示为圆锥形环隙式缓冲装置，由于缓冲柱塞 A 为圆锥形，所以缓冲环状间隙 δ 随位移量不同而改变，即节流面积随缓冲行程的增大而缩小，使机械能的吸收较均匀，其缓冲效果好，但仍有液压冲击。

（2）可变节流槽式缓冲装置

如图 4 - 12（c）所示，在缓冲柱塞 A 上开有三角节流沟槽，节流面积随着缓冲行程的增加而逐渐减小，其缓冲压力变化较平缓。

（3）可调节流孔式缓冲装置

如图 4 - 12（d）所示，当缓冲柱塞 A 进入到缸盖内孔时，回油口被柱塞堵住，只能通过节流阀 C 回油，调节节流阀的开度，可以控制回油量，从而控制活塞的缓冲速度。当活塞反向运动时，压力油通过单向阀 D 很快进入到液压缸内，并作用在活塞的整个有效面积上，故活塞不会因推力不足而产生启动缓慢现象。这种缓冲装置可以根据负载情况调整节流阀开度的大小，改变缓冲压力的大小，因而使用范围

4. 排气装置

液压系统中往往会混入空气，使系统工作不平稳，产生振动、噪音、爬行和启动时突然前冲等现象，严重时会使系统无法工作。为此设计液压缸时必须考虑空气的排除。为了便于排除积留在液压缸内的空气，油液最好从液压缸的最高点进入和排出。

对于要求不高的液压缸，往往不设计专门的排气装置，而是将油口布置在缸筒两端的最高处，这样也能使空气随油液排往油箱，再从油箱溢出。

对运动平稳性要求较高的液压缸和大型液压缸，常在液压缸两端的最高处设置专门的排气装置，如排气塞、排气阀等。如图 4 - 13 所示，工作前拧开排气塞或阀的锁紧

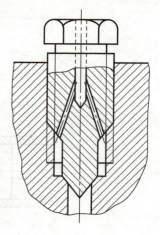

图 4 - 13　排气塞

螺钉，让液压缸全行程空载往复运动若干次，带有气泡的油液就会被排出。然后再拧紧排气塞或阀的锁紧螺钉，液压缸便可正常工作。

学习任务三　液压缸常见故障及排除方法

液压缸常见故障及排除方法见表 4 - 1。

表 4 - 1　液压缸常见故障及排除方法

故障现象	产生原因	排除方法
爬行	(1) 液压缸内有空气混入	(1) 设置排气装置或开动系统强迫排气
	(2) 运动密封件装配过紧	(2) 调整密封圈，使之松紧适当
	(3) 活塞杆与活塞不同轴，活塞杆不直	(3) 校正、修正或更换
	(4) 导向套与缸筒不同轴	(4) 修正调整
	(5) 液压缸安装不良，其中心线与导轨不平行	(5) 重新安装
	(6) 缸筒内壁锈蚀、拉毛	(6) 去除锈蚀、毛刺或重新镗缸
	(7) 活塞杆两端螺母拧得过紧，使其同轴度降低	(7) 略松螺母，使活塞杆处于自然状态
	(8) 活塞杆刚性差	(8) 加大活塞杆直径
冲击	(1) 缓冲间隙过大	(1) 减小缓冲间隙
	(2) 缓冲装置中的单向阀失灵	(2) 修理单向阀

续表

故障现象	产生原因	排除方法
推力不足或工作速度下降	（1）缸体和活塞间的配合间隙过大，或密封件损坏，造成内泄漏 （2）缸体和活塞的配合间隙过小，密封过紧，运动阻力大 （3）缸盖与活塞杆密封压得太紧或活塞杆弯曲，使摩擦阻力增加 （4）油温太高，黏度降低，泄漏增加，使缸速降低 （5）液压油中杂质过多，使活塞或活塞杆卡死	（1）修理或更换不合精度要求的零件，重新装配、调整或更换密封件 （2）增加密封间隙，调整密封件的压紧程度 （3）调整密封件的压紧程度，校直活塞杆 （4）检查温升原因，采取散热措施，改进密封结构 （5）清洗液压系统，更换液压油
外泄漏	（1）活塞杆表面损伤或密封件损坏造成活塞杆处密封不严 （2）密封件方向装反 （3）缸盖处密封不良，缸盖螺钉未拧紧	（1）检查并修复活塞杆，更换密封件 （2）更正密封件方向 （3）检查并修理密封件，拧紧螺钉

习　题　四

1. 液压缸有何功用？按其结构不同主要分为哪几类？

2. 什么是差动连接？它适用于什么场合？

3. 在某一工作循环中，若要求快进与快退速度相等，此时，单杆活塞缸需具备什么条件才能保证？

4. 柱塞缸、伸缩缸和摆动缸各有何特点？简述其应用场合。

5. 伸缩缸活塞伸出、缩回的顺序是怎样的？

6. 液压缸由哪几部分组成？缓冲和排气的作用是什么？

7. 液压缸缸体与端盖有哪些连接方式？

8. 如图 4－14 所示液压缸，输入压力为 p_1，活塞直径为 D，柱塞直径为 d，求输出压力 p_2 为多大？

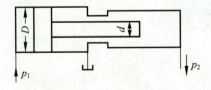

图 4－14　习题 8 图

9. 如图 4－15 所示为一柱塞式液压缸，其柱塞固定，缸筒运动。压力油从空心柱塞通入，若压力 $p = 3$ MPa，流量 $q = 20$ L/min，柱塞外径 $d = 70$ mm，内径 $d_0 = 30$ mm，试求缸筒运动速度 v 和推力 F。

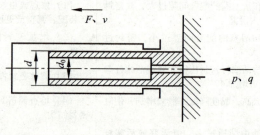

图 4 – 15

10. 如图 4 – 16 所示，两个结构相同的液压缸串联，已知液压缸无杆腔面积 A_1 为 100 cm^2，有杆腔面积 A_2 为 80 cm^2，缸 1 的输入压力为 $p_1 = 1.8$ MPa，输入流量 $q_1 = 15$ L/min，若不计泄漏和损失，试求：

（1）当两缸承受相同的负载时（$F_1 = F_2$）该负载为多少？两缸的运动速度 v_1、v_2 各是多少？

（2）缸 2 的输入压力为缸 1 的一半（$p_2 = p_1 / 2$）时，两缸各承受的负载 F_1、F_2 为多大？

（3）当缸 1 无负载（$F_1 = 0$）时，缸 2 能承受多大负载？

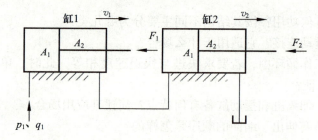

图 4 – 16

液压控制元件

学习任务一　液压控制阀概述

1. 液压控制阀的作用

液压控制阀是液压系统中的控制调节元件，它通过控制和调节液体的流动方向、压力高低、流量大小，从而控制执行元件的运动方向、输出推力（或转矩）及输出速度。

2. 液压控制阀的分类

液压控制阀可按不同的特征进行分类，如表 5 – 1 所示。

表 5 – 1　液压控制阀按不同特征的分类

分类方法	种类	详细分类
按机能分类	压力控制阀	溢流阀、顺序阀、卸荷阀、平衡阀、减压阀、比例压力控制阀、缓冲阀、仪表截止阀、限压切断阀、压力继电器
	流量控制阀	节流阀、单向节流阀、调速阀、分流阀、集流阀、比例流量控制阀
	方向控制阀	单向阀、液控单向阀、换向阀、行程减速阀、充液阀、梭阀、比例方向阀
按结构分类	滑阀	圆柱滑阀、旋转阀、平板滑阀
	座阀	锥阀、球阀、喷嘴挡板阀
	射流管阀	射流阀
按操作方法分类	手动阀	手把及手轮阀、踏板阀、杠杆阀
	机动阀	挡块及碰块阀、弹簧阀、液压阀、气动阀
	电动阀	电磁铁控制阀、伺服电动机和步进电动机控制阀
按连接方式分类	管式连接	螺纹式连接阀、法兰式连接阀
	板式及叠加式连接	单层连接板式阀、双层连接板式阀、整体连接板式阀、叠加阀
	插装式连接	螺纹式插装（二通、三通、四通插装）阀、法兰式插装（二通插装）阀
按其他方式分类	开关或定值控制阀	压力控制阀、流量控制阀、方向控制阀

续 表

分类方法	种类	详细分类
按控制方式分类	电液比例阀	电液比例压力阀、电液比例流量阀、电液比例换向阀、电液比例复合阀、电液比例多路阀、三级电液流量伺服阀
	伺服阀	单、两级（喷嘴挡板式、动圈式）电液流量伺服阀，三级电液流量伺服阀
	数字控制阀	数字控制压力控制流量阀与方向阀

3. 液压控制阀的连接方式

常见的液压控制阀的连接方式有以下五种。

（1）螺纹连接

阀体油口上带螺纹的阀称为管式阀。将管式阀的油口用螺纹管接头和管道连接，并由此固定在管路上。这种连接方式适用于小流量的简单液压系统。其优点是连接方式简单，布局方便，系统中各阀间油路一目了然。其缺点是元件分散布置，所占空间较大，管路交错，接头繁多，不便于装卸维修。

（2）法兰连接

法兰连接是通过阀体上的螺钉孔（每个油口多为 4 个螺钉孔）与管件端部的法兰用螺钉连接在一起，这种阀称为法兰连接式阀。适用于通径 32 mm 以上的大流量液压系统。其优缺点与螺纹连接相同。

（3）板式连接

板式连接的液压阀的各油口均布置在同一安装平面上，并留有连接螺钉孔，这种阀称为板式阀，电磁换向阀多为板式阀。将板式阀用螺钉固定在与阀有对应油口的平板式或阀块式连接体上，再通过板上的孔道或与板连接的管接头和管道同其他元件连接。还可把几个阀用螺钉分别固定在一个集成块的不同侧面上，由集成块上加工出的孔道连接各阀组成回路。由于这种连接方式更换元件方便，不影响管路，并且有可能将阀集中布置，故这种连接方式应用广泛。与板式阀相连的连接体有连接板和集成块两种形式。

① 连接板。将板式阀固定在连接板上面，阀间油路在板后用管接头和管子连接。这种连接板简，检查油路较方便，但板上油管多，装配极为麻烦，占空间也大。

② 集成块。集成块是一个正六面连接体。将板式阀用螺钉固定在集成块的三个侧面上，通常三个侧面各装一个阀，有时在阀与集成块间还可以用垫板安装一个简单的阀，如单向阀、节流阀等。剩余的一个侧面则安装油管，连接执行元件。集成块的上、下面是块与块的接合面，在各集成块的结合面上同一坐标位置的垂直方向钻有公共通油孔，如压力油孔、回油孔、泄漏油孔以及安装螺栓孔，有时还有测压油路孔。块与块之间及块与阀之间接合面上的各油口用 O 形密封圈密封。在集成块内钻孔，沟通各阀组成回路。每个集成块与装在其周围的阀类零件构成一个集成块组。每个集成块组就是一个典型回路。根据各种液压系统的不同要求，选择若干不同的集成块组叠加在一

起，即可构成整个集成块式液压装置（见图5-1）。这种集成方式的优点是结构紧凑，占地面积小，便于装卸和维修，可把液压系统的设计简化为集成块组的选择，因而得到广泛应用。但它也有设计工作量大，加工复杂，不能随意修改系统等缺点。

（4）叠加式连接

将各种液压阀的上、下面都做成像板式阀底面那样的连接面，相同规格的各种液压阀的连接面中，油口位置、螺钉孔位置、连接尺寸都相同（按相同规格的换向阀的连接尺寸确定），这种阀称为叠加阀。按系统的要求，将相同规格的各种功能的叠加阀按一定次序叠加起来，即可组成叠加阀式液压装置，如图5-2所示。叠加阀式液压装置的最下面一般为底块，底块上开有进油口、回油口及通往执行元件的油口和压力表油口。一个叠加阀组一般控制一个执行元件。若系统中有几个执行元件需要集中控制，可将几个垂直叠加阀组并安装在底板上。用叠加阀组成的液压系统，元件间的连接不使用管子，也不使用其他形式的连接体，因而结构紧凑，体积小，系统的泄漏损失及压力损失较小，尤其是液压系统更改较方便、灵活。叠加阀为标准化元件，设计中仅需绘出叠加阀式液压系统原理图，即可进行组装，因而设计工作量小，应用广泛。

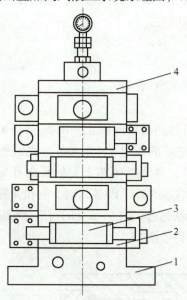

图5-1　集成块式液压装置图
1—底板；2—集成块；3—阀；4—盖板

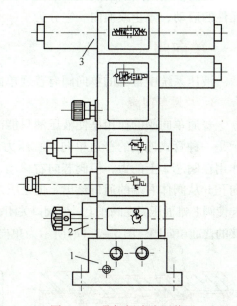

图5-2　叠加阀式液压装置
1—底板；2—压力表开关；3—换向阀

（5）插装式连接

插装阀是取消了阀体的圆筒形专用元件。将插装阀直接插入布有孔道的阀块（集成块）的插座孔中，构成液压系统。其结构十分紧凑。各种压力阀、流量阀、方向阀、比例阀等均可制成插装阀形式。

2. 液压控制阀的基本要求

液压控制阀尽管存在着各种各样的类型，它们还是具有一些基本的共同点，例如在结构上，所有的阀都由阀体、阀芯（转阀或滑阀）和驱使阀芯动作的零部件（如弹簧、电磁铁）组成。在工作原理上，所有阀的开口大小，阀进出口间压差以及流过阀的流量之间的关系都符合孔口流量公式，仅是各种阀控制的参数各不相同而已。液压系统对阀的基本要求如下。

① 动作灵敏，使用可靠，工作时冲击和振动小。

② 液压油流过的压力损失小。

③ 密封性能好。

④ 结构紧凑，安装、调整、使用、维护方便，通用性强。

<h1 style="text-align:center">学习任务二　方向控制阀</h1>

方向控制阀用以控制液压系统中液压油流动的方向或液流的通断，从而控制执行元件的启动、停止或换向。它分为单向阀和换向阀两类。

一、单向阀

液压系统中常见的单向阀有普通单向阀和液控单向阀两种。

1. 普通单向阀

普通单向阀的作用是使液压油只能沿一个方向流动而反向截止。图 5-3 （a）所示是一种管式连接的普通单向阀。压力油从阀体左端的通口 P_1 流入时，克服弹簧 3 作用在阀芯 2 上的力，使阀芯向右移动，打开阀口，并通过阀芯 2 上的径向孔 a、轴向孔 b 从阀体右端的通口流出。但是压力油从阀体右端的通口 P_2 流入时，它和弹簧力一起使阀芯锥面压紧在阀座上，使阀口关闭，液压油无法通过。图 5-3 （b）所示为板式连接的普通单向阀。图 5-3 (c)所示为单向阀的图形符号图。

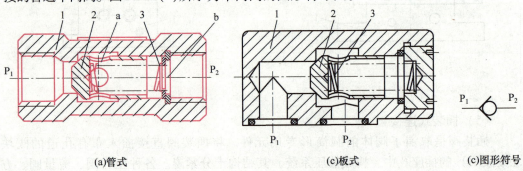

(a)管式　　　　　　　　　(c)板式　　　　　　　(c)图形符号

图 5-3　普通单向阀
1—阀体；2—阀芯；3—弹簧

2. 液控单向阀

图5-4（a）所示是液控单向阀的结构。当控制口 K 处无压力油通入时，它的工作机制和普通单向阀一样，压力油只能从通口 P_1 流向通口 P_2，不能反向倒流。当控制口 K 有控制压力油时，因控制活塞1右侧 a 腔通泄油口，控制活塞1右移，推动顶杆2顶开阀芯3，使通口 P_1 和 P_2 接通，液压油就可在两个方向自由通流。当控制油口不通控制油液时，液控单向阀的反向密封性能较好，多用于锁紧回路，也常被称为"液压锁"。图5-4（b）所示是液控单向阀的图形符号。

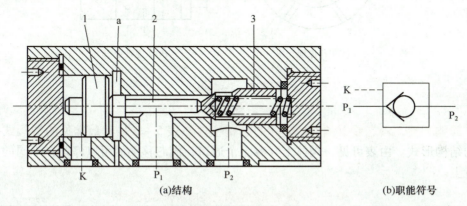

(a)结构　　　　　　　　　　　　　　(b)职能符号

图5-4　液控单向阀

1—控制活塞；2—顶杆；3—阀芯

二、换向阀

换向阀利用阀芯相对于阀体的相对运动，使油路接通、断开或变换液压油的流动方向，从而使液压执行元件启动、停止或改变运动方向。

1. 换向阀的分类

换向阀有多种分类方式，按阀芯相对于阀体的运动方式可分为滑阀和转阀；按操作方式有手动控制式阀、机动控制式阀、电磁动控制式阀、液动控制式阀和电液动控制式阀等；按阀芯在阀体中所处的工作位置数可分为二位式阀和三位控制式阀；按换向阀所控制的通路数不同有二通式阀、三通式阀、四通式阀和五通式阀等。

（1）转阀

图5-5（a）所示为转动式换向阀（简称转阀）的工作原理图。

该阀由阀体1、阀芯2和使阀芯转动的操作手柄3组成，在图示位置，通口 P 和 A 相通、B 和 T 相通。当操作手柄转换到"止"位置时，通口 P、A、B 和 T 均不相通。当操作手柄转换到另一位置时，则通口 P 和 B 相通，A 和 T 相通。图5-5（b）所示是它的图形符号。

（2）滑阀式换向阀

滑阀式换向阀在液压系统中远比转阀用得广泛。

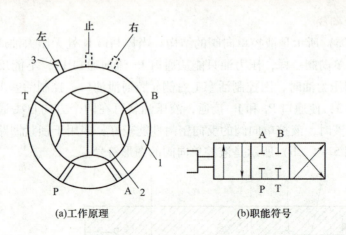

(a)工作原理　　　　　　　(b)职能符号

图 5 - 5　转阀
1—阀体；2—阀芯；3—操作手柄

阀体和滑动阀芯是滑阀式换向阀的结构主体。表 5 - 2 是其最常见的滑阀式换向阀的结构形式。由表可见，阀体上开有多个通口，阀芯移动后可以停留在不同的工作位置上。

表 5 - 2　最常见的滑阀式换向阀的结构形式

名　称	结构原理图	图形符号
二位二通	A　P	
二位三通	A　P　B	
二位四通	B　P　A　T	
三位四通	A　P　B　T	

1）换向阀的图形符号

① 方格数即"位"数，三格即三位。

② 箭头表示两油口连通，但不表示流向。"⊥"表示油口不通流。在一个方格内，箭头或"⊥"符号与方格的交点数为油口的通路数，即"通"数。

③ 控制方式和复位弹簧的符号应画在方格的两端。如图5-7（a）和图5-8（b）所示。

④ P表示压力油的进口，T表示与油箱连通的回油口，A和B表示连接其他工作油路的油口。

⑤ 三位阀的中格及两位阀的侧面画有弹簧的那一方格为常态位。在液压原理图中，换向阀的符号与油路的连接一般应画在常态位上。二位二通阀有常开型（常态位置两油口连通）和常闭型（常态位置两油口不连通），应注意区分。

2）滑阀的操纵方式。滑阀的操纵方式很多，常见的有手动控制式、电磁控制式、弹簧控制式、液动控制式、电液控制式等，其图形符号如图5-6所示。

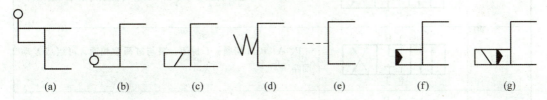

（a）　　　　（b）　　　　（c）　　　　（d）　　　　（e）　　　　（f）　　　　（g）

图5-6　滑阀操纵方式

（a）手动控制式；（b）机动控制式；（c）电磁控制式；（d）弹簧控制式；（e）液动控制式；
（f）液压先导控制式；（g）电液控制式

2. 换向阀的中位机能

三位换向阀的阀芯在中间位置时，各通口间有不同的连通方式，可满足不同的使用要求。这种连通方式称为换向阀的中位机能。三位四通换向阀常见的中位机能、型号、符号及其特点见表5-3。三位五通换向阀的情况与此相似。不同的中位机能是通过改变阀芯的形状和尺寸得到的。

表5-3　三位四通换向阀常见的中位机能、型号、符号及特点

型　号	符号	中位油口状况、特点及应用
O 型	A B P T	P、A、B、T四口全封闭，液压缸闭锁，可用于多个换向阀并联工作
H 型	A B P T	P、A、B、T口全通，活塞浮动，在外力作用下可移动，泵卸荷

型　号	符号	中位油口状况、特点及应用
Y 型	A B P T	P 封闭，A、B、T 口相通，活塞浮动，在外力作用下可移动，泵不卸荷
K 型	A B P T	P、A、T 口相通，B 口封闭，活塞处于闭锁状态，泵卸荷
M 型	A B P T	P、T 口相通，A 与 B 口均封闭，活塞闭锁不动，泵卸荷，也可用多个 M 型换向阀并联工作
X 型	A B P T	四油口处于半开启状态，泵基本上卸荷，但仍保持一定压力
P 型	A B P T	P、A、B 口相通，T 封闭，泵与缸两腔相通，可组成差动回路
J 型	A B P T	P 与 A 封闭，B 与 T 相通，活塞停止，但在外力作用下可向一边移动，泵不卸荷
C 型	A B P T	P 与 A 相通，B 与 T 封闭，活塞处于停止位置
U 型	A B P T	P 和 T 封闭，A 与 B 相通，活塞浮动，在外力作用下可移动，泵不卸荷

在分析和选择阀的中位机能时，通常考虑以下几点。

① 系统保压。当 P 口被堵塞，系统保压，液压泵能用于多缸系统。当 P 口不太通畅地与 T 口接通时（如 X 型），系统能保持一定的压力供控制油路使用。

② 系统卸荷。P 口通畅地与 T 口接通时，系统卸荷。

③ 启动平稳性。阀在中位时，液压缸某腔如通油箱，启动时因无液压油起缓冲作用，启动不太平稳。

④ 液压缸"浮动"和在任意位置上的停止。阀在中位，当 A、B 两口互通时，卧式液压缸呈"浮动"状态，可利用其他机构移动工作台，调整其位置。当 A、B 两口堵塞或与 P 口连接（在非差动情况下），则可使液压缸在任意位置处停下来。

3. 典型换向阀示例

在液压传动系统中广泛采用滑阀式换向阀，在这里主要介绍这类换向阀的几种典型结构。

（1）手动换向阀

图5-7为自动复位式手动换向阀。放开手柄1，阀芯2在弹簧3的作用下自动回复中位。该阀适用于动作频繁、工作持续时间短的场合，操作比较安全，常用于工程机械的液压传动系统中。如果将该阀阀芯左端弹簧3的部位改为可自动定位的结构形式，即成为可在三个位置定位的手动换向阀。图5-7（a）所示为图形符号图。

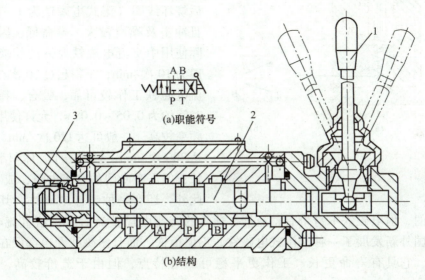

(a)职能符号

(b)结构

图5-7　自动复位式手动换向阀
1—手柄；2—阀芯；3—弹簧

（2）机动换向阀

机动换向阀又称行程阀，主要用来控制机械运动部件的行程，它是借助于安装在工作台上的挡铁或凸轮来迫使阀芯移动，从而控制液压油的流动方向。机动换向阀通常是二位的，有二通、三通、四通和五通。其中二位二通机动阀又分常闭和常开两种。图5-8所示为滚轮式二位三通常闭式机动换向阀，在图示位置阀芯2被弹簧1压向上端，油腔P和A通，B口关闭。当挡铁或凸轮压住滚轮4，使阀芯2移动到下端时，就使油腔P和A断开，P和B接通，A口关闭。图5-8（b）所示为其图形符号。

（3）电磁换向阀

电磁换向阀包括换向滑阀和电磁铁两部分，它是利用电磁铁的吸力控制阀芯换位的换向阀。电磁换向阀操作方便，布局灵活，有利于提高设备的自动化程度，因而应用广泛。

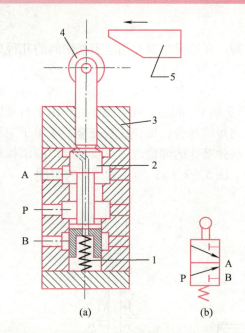

图 5 – 8　滚轮式二位三通常闭式机动换向阀
1—弹簧；2—阀芯；3—阀体；4—滚轮；5—挡铁

电磁铁按使用电源的不同，可分为交流和直流两种。按衔铁工作腔是否有液压油又可分为"干式"和"湿式"。交流电磁铁启动力较大，不需要专门的电源且吸合、释放快，动作时间约为 0.01 ~ 0.03 s。其缺点是若电源电压下降 15% 以上，则电磁铁吸力明显减小，若衔铁不动作，干式电磁铁会在 10 ~ 15 min 后烧坏线圈（湿式电磁铁为 1 ~ 1.5 h），且冲击及噪声较大，寿命低，因而在实际使用中交流电磁铁允许的切换频率一般为 10 次/min，不得超过 30 次/min。直流电磁铁工作较可靠，吸合、释放动作时间约为 0.05 ~ 0.08 s，允许使用的切换频率较高，一般可达 120 次/min，最高可达 300 次/min，且冲击小、体积小、寿命长，但需有专门的直流电源，成本较高。此外，还有一种整体电磁铁，其电磁铁是直流的，但电磁铁本身带有整流器，通入的交流电经整流后再供给直流电磁铁。目前，国外新发展了一种油浸式电磁铁，不但衔铁，而且激磁线圈也都浸在液压油中工作，它具有寿命更长、工作更平稳可靠等特点，但由于造价较高，应用面不广。

如前所述，电磁换向阀就其工作位置来说，有二位式和三位式等。二位电磁阀有一个电磁铁，靠弹簧复位，图 5 – 9（a）所示为二位三通交流电磁换向阀结构。在图示位置，油口 P 和 A 相通，油口 B 断开。当电磁铁通电吸合时，推杆 1 将阀芯 2 推向右端，这时油口 P 和 A 断开，而与 B 相通。而当磁铁断电释放时，弹簧 3 推动阀芯复位。图 5 – 9（b）所示为其图形符号。

（4）液动换向阀

电磁换向阀布置灵活，易实现程序控制，但受电磁铁尺寸限制，难以用于切换大流量（63 L/min 以上）的油路。当阀的通径大于 10 mm 时常用压力油操纵阀芯换位。这种利用控制油路的压力油推动阀芯改变位置的阀，即为液动换向阀。

图 5 – 10（a）所示为三位四通液动换向阀的结构原理图。当其两端控制油口 K_1 和 K_2 均不通入压力油时，阀芯在两端弹簧的作用下处于中位；当 K_1 进压力油、K_2 接油箱时，阀芯移至右端，阀左位工作，其通油状态为 P 通 A，B 通 T；反之，当 K_2 进压力油、K_1 接油箱时，阀芯移至左端，阀右位工作，其通油状态为 P 通 B，A 通 T。图 5 – 10（b）为三位四通液动换向阀的图形符号。

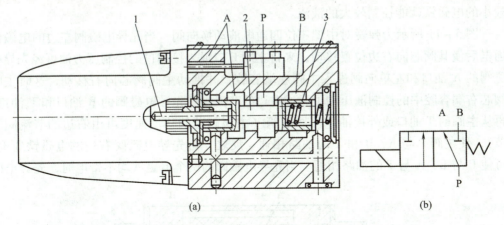

图 5 – 9　二位三通电磁换向阀

（a）结构；（b）图形符号

1—推杆；2—阀芯；3—弹簧

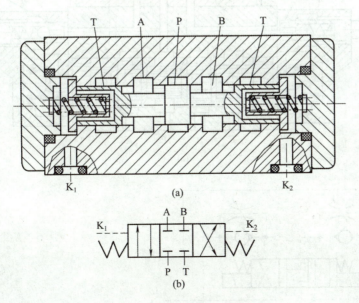

图 5 – 10　三位四通液动换向阀

（a）结构原理图；（b）图形符号

（5）电液动换向阀

　　在大中型液压设备中，当通过阀的流量较大时，作用在滑阀上的摩擦力和液动力较大，此时电磁换向阀的电磁铁推力相对较小，需要用电液动换向阀来代替电磁换向阀。电液动换向阀是由电磁滑阀和液动滑阀组合而成。电磁滑阀起先导作用，它可以改变控制液流的方向，从而改变液动滑阀阀芯的位置。由于操纵液动滑阀的液压推力可以很大，所以主阀芯的尺寸可以做得很大，允许有较大的液压油流量通过。这样用较小的电磁铁就能控制较大的液流。

图 5-11 所示为弹簧对中型三位四通电液动换向阀，当先导电磁阀左边的电磁铁通电后使其阀芯向右边位置移动，来自主阀 P 口或外接油口的控制压力油可经先导电磁阀的 A′ 油口和左单向阀进入主阀左端容腔，并推动主阀阀芯向右移动，这时主阀阀芯右端容腔中的控制液压油可通过右边的节流阀经先导电磁阀的 B′ 油口和 T′ 油口，再从主阀的 T 油口或外接油口流回油箱（主阀阀芯的移动速度可由右边的节流阀调节），使主阀 P 与 A，B 和 T 的油路相通。反之，由先导电磁阀右边的电磁铁通电，可使 P 与 B，A 与 T 的油路相通。当先导电磁阀的两个电磁铁均不带电时，先导电磁

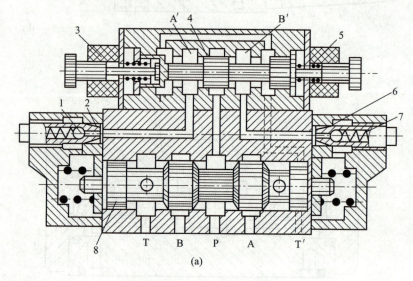

(a)

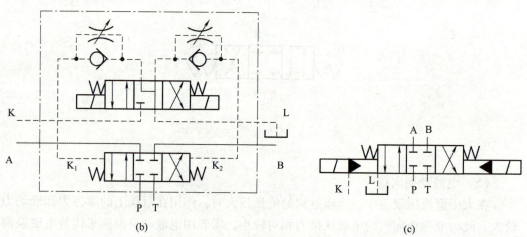

(b)   (c)

图 5-11 弹簧对中型三位四通电液动换向阀
(a) 结构；(b) 详细符号；(c) 简化符号
1、6—节流阀；2、7—单向阀；3、5—电磁铁；4—电磁阀阀芯；8—主阀阀芯

阀阀芯在其对中弹簧作用下回到中位，此时来自主阀 P 口或外接油口的控制压力油不再进入主阀芯的左、右两容腔，主阀芯左、右两腔的液压油通过先导电磁阀中间位置的 A′、B′两油口与先导电磁阀 T′油口相通，如图 5 - 11（b）所示，再从主阀的 T 口或外接油口流回油箱。主阀阀芯在两端对中弹簧的预压力的推动下，依靠阀体定位，准确地回到中位，此时主阀的 P、A、B 和 T 油口均不通。电液动换向阀除了上述的弹簧对中以外还有液压对中的。在液压对中的电液换向阀中，先导式电磁阀在中位时，A′、B′两油口均与油口 P 连通，而 T′ 则封闭，其他方面与弹簧对中的电液换向阀基本相似。

（6）多路换向阀

多路换向阀是一种集中布置的组合式手动换向阀，常用于工程机械等要求集中操纵多个执行元件的设备中。多路换向阀的组合方式有并联式、串联式和顺序单动式三种，其符号如图 5 - 12 所示。

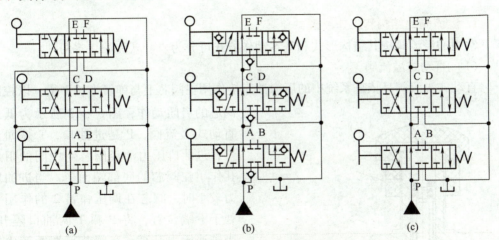

图 5 - 12　多路换向阀组合形式的符号
（a）并联式；（b）串联式；（c）顺序单动式

当多路换向阀为并联式组合时，如图 5 - 12（a）所示，泵可以同时对三个或单独对其中任一个执行元件供油。在对三个执行元件同时供油的情况下，由于负载不同，三者将先后动作。当多路换向阀为串联式组合时，如图 5 - 12（b）所示，泵依次向各个执行元件供油，第一个阀的回油口与第二个阀的进油口相连。各执行元件单独动作，也可同时动作。在三个执行元件同时动作的情况下，三个负载压力之和不应超过泵压。当多路换向阀为顺序单动式组合时，如图 5 - 12（c）所示，泵按顺序向各个执行元件供油。操作前一个阀时，就切断了后面阀的油路，从而可以防止各执行元件之间的动作干扰。

学习任务三　压力控制阀

在液压传动系统中，控制液压油压力高低的液压阀称之为压力控制阀，简称压力阀。这类阀的共同点是利用作用在阀芯上的液压力和弹簧力相平衡的原理工作的。在具体的液压系统中，根据工作需要的不同，对压力控制的要求是各不相同的。有的需要限制液压系统的最高压力，如安全阀；有的需要稳定液压系统中某处的压力值（或者压力差、压力比等），如溢流阀、减压阀等定压阀；还有的是利用液压力作为信号控制其动作，如顺序阀、压力继电器等。

一、溢流阀

1. 溢流阀的结构和工作原理

常用的溢流阀按其结构形式和基本动作方式可分为直动式和先导式两种。

（1）直动式溢流阀

直动式溢流阀是依靠系统中的压力油直接作用在阀芯上与弹簧力相平衡，以控制阀芯的启闭动作，图 5-13 所示为低压直动式溢流阀，P 是进油口，T 是回油口，进油口压力油经阀芯 4 中间的阻尼孔作用在阀芯的底部端面上。当进油压力较小时，阀芯在调压弹簧 2 的作用下处于下端位置，将 P 和 T 两油口隔开。当进油压力升高，在阀芯下端所产生的作用力超过弹簧的压紧力 F，此时，阀芯上升，阀口被打开，将多余的液压油排回油箱。阀芯上的阻尼孔用来对阀芯的动作产生阻尼，以提高阀的工作平衡性，调整螺母 1 可以改变弹簧的压紧力，这样也就调整了溢流阀进口处的液压油压力 p。

溢流阀是利用被控压力作为信号来改变弹簧的压缩量，从而改变阀口的流通面积和系统的溢流量来达到定压目的。当系统压力升高时，阀芯上升，阀口流通面积增加，溢流量增大，进而使系统

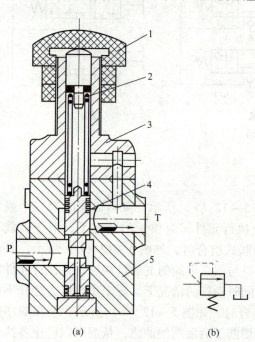

（a）　　　　　　　　　　（b）

图 5-13　低压直动式溢流阀
（a）结构图；（b）图形符号
1—螺母；2—调压弹簧；3—上盖；4—阀芯；5—阀体

压力下降。溢流阀内部通过阀芯的平衡和运动构成的这种负反馈作用是其定压作用的基本原理，也是所有定压阀的基本工作原理。由分析可知，弹簧力的大小与控制压力成正比，因此如果提高被控压力，一方面可用减小阀芯的面积来达到，另一方面则需增大弹簧力，因受结构限制，需采用大刚度的弹簧。这样，在阀芯相同位移的情况下，弹簧力变化较大，因而该阀的定压精度就低。所以，这种低压直动式溢流阀一般用于压力小于2.5 MPa的小流量场合，图5－13（b）所示为直动式溢流阀的图形符号。由图5－13（a）还可看出，在常位状态下，溢流阀进、出油口之间是不相通的，而且作用在阀芯上的液压力是由进油口液压油压力产生的，经溢流阀阀芯的泄漏液压油经内泄漏通道进入回油口 T。

（2）先导式溢流阀

图5－14所示为先导式溢流阀的结构示意图，该阀由先导阀和主阀两部分组成。先导阀用于控制和调节溢流压力，主阀通过控制溢流口的启闭而稳定压力。

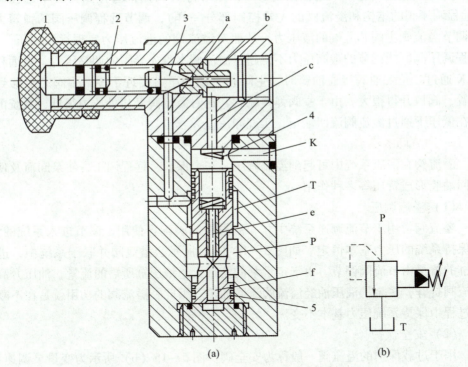

图5－14　先导式溢流阀的结构示意图

（a）结构原理图；（b）图形符号

1—螺母；2—调压弹簧；3—锥阀芯；4—主阀弹簧；5—主阀芯

a，b，f—小孔；e—阻尼小孔

压力油从进油口（图中未画出）进入进油腔 P 后，经主阀芯5的轴向孔 f 进入主阀芯的下端，同时油液又经阻尼小孔 e 进入主阀芯上端，再经孔 c 和 b 作用于先导阀的锥阀芯3上，此时远程控制口 K 不接通。当系统压力较低时，先导阀关闭，主阀芯两端压力相等，主阀芯在平衡弹簧的作用下处于最下端（图示位置），主阀溢流口封闭。若系统压力升高，主阀上腔压力也随之升高，直至大于先导阀调压弹簧2的调定压力时，先导阀被打开，主阀上腔的压力油经锥阀阀口、小孔 a、油腔 T 流回油箱。由于阻尼小孔 e 的作用，主阀芯在两端形成的一定压力差的作用下，克服平衡弹簧的弹力而上移，主阀溢流阀口开启，P 和 T 接通实现溢流作用。调节螺母1即可调节调压弹簧2的预压缩量，从而调整系统压力。

由于需要通过先导阀的流量较小，锥阀的阀孔尺寸也较小，调压弹簧的刚度也就不大，因此调压比较轻便。主阀芯因两端均受油液压力作用，平衡弹簧只需很小刚度，当溢流量变化而引起主阀平衡弹簧压缩量变化时，溢流阀所控制的压力变化也就较小，故先导式溢流阀稳压性能优于直动式溢流阀。但先导式溢流阀必须在先导阀和主阀都动作后才能起控制压力作用，因此不如直动式溢流阀反应快。

先导式溢流阀有一个远程控制口 K，如果将 K 口用油管接到另一个远程调压阀（远程调压阀的结构和溢流阀的先导控制部分一样），调节远程调压阀的弹簧力，即可调节溢流阀主阀芯上端的液压力，从而对溢流阀的溢流压力实现远程调压。但是，远程调压阀所能调节的最高压力不得超过溢流阀本身先导阀的调整压力。当远程控制口 K 通过二位二通阀接通油箱时，主阀芯上端的压力接近于零，主阀芯上移到最高位置，阀口开得很大。由于主阀弹簧较软，这时溢流阀 P 口处压力很低，系统的液压油在低压下通过溢流阀流回油箱，实现卸荷。

2. 溢流阀的应用

溢流阀在液压系统中可起到溢流调压、安全保护、远程调压、使泵卸荷及使液压缸回油腔形成背压等多种作用。

（1）溢流调压

溢流阀常用于节流调速系统中，和流量控制阀配合使用，调节进入系统的流量，并保持系统的压力基本恒定。如图 5 – 15（a）所示，溢流阀并联于系统中，进入液压缸的流量由节流阀调节。由于定量泵的流量大于液压缸所需的流量，油压升高，将溢流阀打开，多余的液压油经溢流阀流回油箱。因此，溢流阀的功用就是在不断的溢流过程中保持系统压力基本不变。

（2）安全保护

用于过载保护的溢流阀一般称为安全阀。图 5 – 15（b）所示为变量泵调速系统。在正常工作时，安全阀关闭，不溢流，只有在系统发生故障，压力升至安全阀的调整值时，阀口才打开，使变量泵排出的液压油经安全阀流回油箱，以保证液压系统的安全。

（3）使泵卸荷

采用先导式溢流阀调压的定量泵系统，当阀的外控口 K 与油箱连通时，其主阀芯在进油口压力很低时即可迅速抬起，使泵卸荷，以减少能量损耗。图 5 – 16（a）中，当电磁铁通电时，溢流阀外控口通油箱，因而能使泵卸荷。

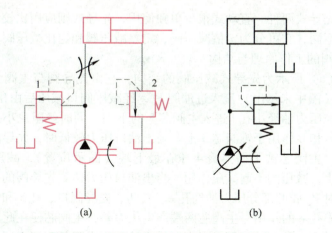

图 5 – 15　溢流阀的溢流调节和安全保护作用

（4）远程调压

当先导式溢流阀的外控口 K（远程控制口）与调压较低的溢流阀（或远程调压阀）连通时，其主阀芯上腔的油压只要达到低压阀的调整压力，主阀芯即可抬起溢流，其先导阀不再起调压作用，即实现远程调压。图 5 – 16（b）中，当电磁铁不通电右位工作时，将先导式溢流阀的外控口 K 与低压阀连通，实现远程调压。

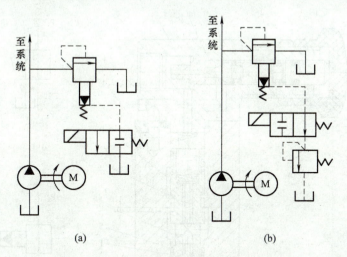

图 5 – 16　溢流阀的使泵卸荷和远程调压作用

二、减压阀

减压阀是使出油口压力低于进油口压力的一种压力控制阀。其减压原理是利用油液流经孔口时产生压力损失而导致阀出口压力低于进口压力。减压阀的作用是降低液压系统中某一回路的液压油压力，使用一个油源能同时提供两个或几个不同压力的输出。减压阀在各种液压设备的夹紧系统、润滑系统和控制系统中应用较多。此外，当液压油压力不稳定时，在回路中串入一减压阀可得到一个稳定的较低的压力。减压阀也有直动式和先导式两种。直动式很少单独使用，先导式则应用比较多。根据减压阀所控制的压力不同，它可分为定值减压阀、定差减压阀和定比减压阀。

（1）减压阀的工作原理与结构

图5－17（a）所示为先导式减压阀的结构，它由先导阀与主阀组成。压力油由主阀的进油口（图中未示出）流入进油腔 P_1，经减压阀口减压后由出油腔 P_2 和出油口流出，出油腔压力油经小孔 f 进入主阀芯5的下端，同时经阻尼小孔 e 流入主阀芯上端，再经孔 c 和 b 作用于锥阀芯3上。当出油口压力较低时，先导阀关闭，主阀芯两端压力相等，主阀芯被平衡弹簧4压在最下端（图示位置），减压阀口开度为最大，压降为最小，减压阀不起减压作用。当出油口压力达到先导阀的调定压力时，先导阀开启，此时 P_2 腔的部分压力油经孔 e、c、b、先导阀口、孔 a 和泄漏口 L 流回油箱。由于阻尼小孔 e 的作用，主阀芯两端产生压力差，主阀芯便在此压力差作用下克服平衡弹簧的弹力上移，减压阀口减小，使出油口压力降低至调定压力。若由于外界干扰（如负载变化）使出油口压力变化，减压阀将会自动调整减压阀口的开度以保持出油压力稳定。因此，它也被称为定值减压阀。调节螺母1即可调节调压弹簧2的预压缩量，从而调定减压阀出油口压力。中压先导式减压阀的调压范围为 $2.5 \sim 8.0$ MPa，适用于中、低压系统。图5－17（b）所示为直动式减压阀的图形符号，也是减压阀的一般符号；图5－17（c）所示为先导式减压阀的图形符号。

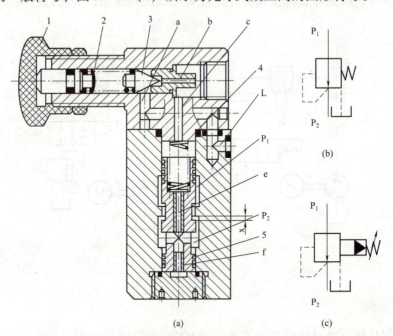

图5－17　先导式减压阀

（a）结构原理图；（b）直动式减压阀的图形符号；（c）先导式减压阀的图形符号
1—调整螺母；2—先导阀弹簧；3—锥阀芯；4—主阀弹簧；5—主阀芯

将先导式减压阀和先导式溢流阀进行比较，它们之间有如下几点不同之处。

① 减压阀保持出口压力基本不变，而溢流阀保持进口处压力基本不变。

② 在不工作时，减压阀进、出油口互通，而溢流阀进、出油口不通。

③ 为保证减压阀出口压力调定值恒定，它的先导阀弹簧腔需通过泄油口单独外接油箱。而溢流阀的出油口是通油箱的，所以它的先导阀的弹簧腔和泄漏油可通过阀体上的通道和出油口相通，不必单独外接油箱。

（2）减压阀的应用

减压阀在夹紧油路、控制油路和润滑油路中应用较多。图 5 - 18 所示为减压阀用于夹紧油路的原理图，液压泵除供给主油路压力油外，还经分支油路上的减压阀为夹紧缸提供较泵供油压力低的稳定压力油，其夹紧力大小由减压阀来调节控制。

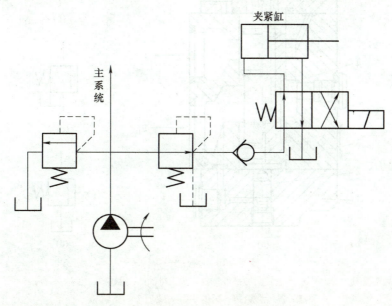

图 5 - 18　减压阀的应用

三、顺序阀

顺序阀是用来控制液压系统中各执行元件动作的先后顺序。依控制压力的不同，顺序阀又可分为内控式和外控式两种。前者用阀的进口压力控制阀芯的启闭，后者用外来的控制压力油控制阀芯的启闭（即液控顺序阀）。顺序阀也有直动式和先导式两种，前者一般用于低压系统，后者用于中高压系统。

（1）顺序阀的工作原理与结构

图 5 - 19 所示为直动式顺序阀的结构原理图和图形符号。当进油口压力 p_p 较低时，阀芯在弹簧作用下处于下端位置，进油口和出油口不相通。当作用在阀芯下端的液压油的液压力大于弹簧的预紧力时，阀芯向上移动，阀口打开，液压油便经阀口从出油口流出，从而操纵另一执行元件或其他元件动作。若其下部的控制油口 K 通入压力油，如图 5 - 20 所示，阀芯的启闭即依靠外部控制油来控制，内控式顺序阀就可

变为外控式顺序阀。

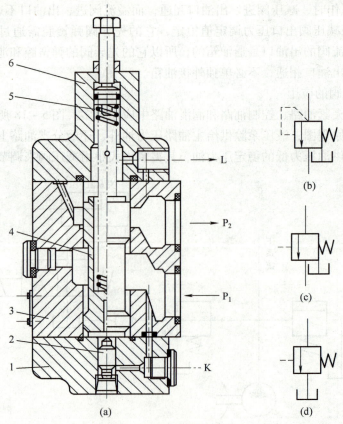

图 5 − 19　直动式顺序阀

（a）结构原理图；（b）内控外泄式图形符号；（c）外控外泄式图形符号；（d）外控内泄式图形符号

1—下盖；2—活塞；3—阀体；4—阀芯；5—弹簧；6—上盖

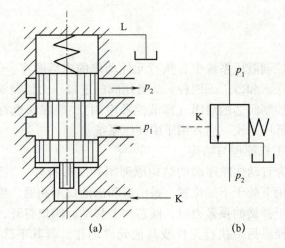

图 5 − 20　直动式外控顺序阀的工作原理和图形符号

先导式顺序阀的工作原理与前述先导式溢流阀相似，在此不再重复。

将先导式顺序阀和先导式溢流阀进行比较，它们之间有以下不同之处。

① 溢流阀的进油口压力在流通状态下基本不变，而顺序阀在流通状态下其进油口压力由出油口压力决定，如果出油口压力 p_2 比进油口压力 p_1 低的多时，p_1 基本不变，而当 p_2 增大到一定程度，p_1 也随之增加，则 $p_1 = p_2 + \Delta p$，Δp 为顺序阀上的损失压力。

② 溢流阀为内泄漏，而顺序阀需单独引出泄漏通道，为外泄漏。

③ 溢流阀的出油口必须回油箱，顺序阀出油口可接负载。

（2）顺序阀的应用

图 5 - 21 所示为机床夹具上用顺序阀实现工件先定位后夹紧的顺序动作回路。当换向阀右位工作时，压力油首先进入定位缸下腔，完成定位动作以后，系统压力升高。当达到顺序阀调定压力（为保证工作可靠，顺序阀的调定压力应比定位缸最高工作压力高0.5～0.8 MPa）时，顺序阀打开，压力油经顺序阀进入夹紧缸下腔，实现液压夹紧。当换向阀左位工作时，压力油同时进入定位缸和夹紧缸上腔，拔出定位销，松开工件，夹紧缸通过单向阀回油。此外，顺序阀还可用作卸荷阀、平衡阀和背压阀。

四、压力继电器

压力继电器是一种将液压油的压力信号转换成电信号的电液控制元件，当液压油压力达到压力继电器的调定压力时，即发出电信号，以控制电磁铁、电磁离合器、继电器等元件动作，使油路卸压、换向、执行元件实现顺序动作或关闭电动机使系统停止工作，起安全保护作用等。图 5 - 22 所示为常用柱塞式压力继电器的结构示意图和图形符号。如图所示，当从压力继电器下端进油口通入的液压油压力达到调定压力值时，推动柱塞 1 上移，此位移通过杠杆 2 放大后推动开关 4 动作。改变弹簧 3 的压缩量即可以调节压力继电器的动作压力。

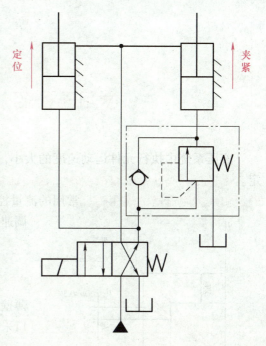

图 5 - 21 　顺序阀的应用

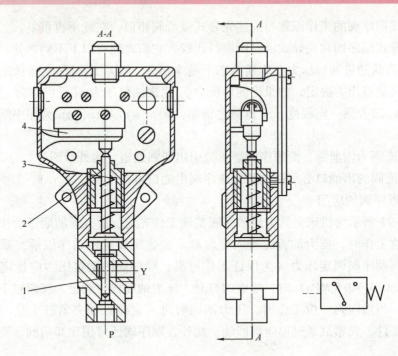

图 5 – 22　单柱塞式压力继电器
1—柱塞；2—顶杆；3—弹簧；4—微动开关

学习任务四　流量控制阀

液压系统中执行元件运动速度的大小，由输入执行元件的液压油流量的大小来确定。流量控制阀就是依靠改变阀口流通面积（节流口局部阻力）的大小或流通通道的长短来控制流量的液压阀。常用的流量控制阀有普通节流阀、压力补偿和温度补偿调速阀、溢流节流阀等。

一、流量控制原理及节流口形式

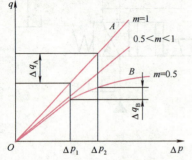

图 5 – 23　三种节流口的流量特性曲线

节流阀的节流口通常有三种基本形式，即薄壁小孔、细长小孔和厚壁小孔，但无论节流口采用何种形式，通过节流口的流量 q_v 及其前后压力差 Δp 的关系均可用方程式 $q = KA\Delta q^m$ 来表示，三种节流口的流量特性曲线如图 5 – 23 所示。

由该图可知，影响流量稳定性的因素主要有以下几个方面。

① 压差对流量的影响。节流阀两端压差 Δp 变化时，通过它的流量要发生变化。三种结构形式的节流口中，通过薄壁小孔的流量受到压差改变的影响最小。

② 温度对流量的影响。油温影响到液压油黏度，对于细长小孔，油温变化时，流量也会随之改变。对于薄壁小孔，黏度对流量几乎没有影响，故油温变化时，流量基本不变。

③ 节流口的堵塞。节流阀的节流口可能因液压油中的杂质或由于液压油氧化后析出的胶质、沥青等而局部堵塞，这就改变了原来节流口流通面积的大小，使流量发生变化，尤其是当开口较小时，这一影响更为突出，严重时会完全堵塞而出现断流现象。因此节流口的抗堵塞性能也是影响流量稳定性的重要因素，尤其会影响节流阀的最小稳定流量。一般节流口流通面积越大，节流通道越短，水力直径越大，越不容易堵塞，当然液压油的清洁度也对堵塞产生影响。一般节流阀的最小稳定流量为 0.05 L/min。

综上所述，为保证流量稳定，节流口的形式以薄壁小孔最为理想。图 5 – 24 为典型节流口的结构形式。图 5 – 24（a）所示为针阀式节流口，它通道长，湿周大，易堵塞，流量受油温影响较大，一般用于对性能要求不高的场合。图 5 – 24（b）所示为偏心槽式节流口，其性能与针阀式节流口相同，但容易制造，其缺点是阀芯上的径

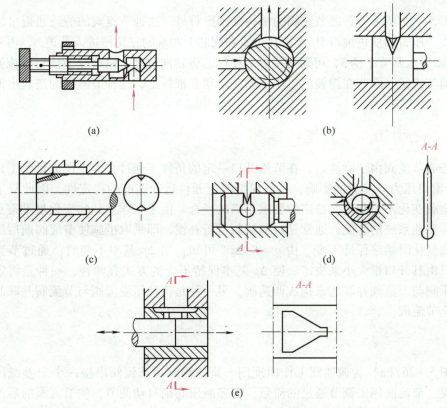

图 5 – 24　典型节流口的结构形式

向力不平衡，旋转阀芯时较费力，一般用于压力较低、流量较大和流量稳定性要求不高的场合。图 5 - 24（c）所示为轴向三角槽式节流口，其结构简单，水力直径中等，可得到较小的稳定流量，且调节范围较大，但节流通道有一定的长度，油温变化对流量有一定的影响，目前被广泛应用。图 5 - 24（d）所示为周向缝隙式节流口，沿阀芯周向开有一条宽度不等的狭槽，转动阀芯就可改变开口大小。阀口做成薄刃形，通道短，水力直径大，不易堵塞，油温变化对流量影响小，因此其性能接近于薄壁小孔，适用于低压小流量场合。图 5 - 24（e）所示为轴向缝隙式节流口，在阀孔的衬套上加工出薄壁阀口，阀芯做轴向移动即可改变开口大小，其性能与图 5 - 24（d）所示节流口相似。为保证流量稳定，节流口的形式以薄壁小孔最为理想。

液压传动系统对流量控制阀的主要要求如下：

① 较大的流量调节范围且流量调节要均匀。

② 当阀前后压力差发生变化时，通过阀的流量变化要小，以保证负载运动的稳定。

③ 油温变化对通过阀的流量影响要小。

④ 液流通过全开阀时的压力损失要小。

⑤ 当阀口关闭时，阀的泄漏量要小。

二、节流阀的结构及特点

图 5 - 25 所示为普通节流阀的结构和图形符号。这种节流阀的节流通道呈轴向三角槽式。压力油从进油口 P_1 流入孔道 a 和阀芯 1 左端的三角槽进入孔道 b，再从出油口 P_2 流出。调节手柄 3，可通过推杆 2 使阀芯做轴向移动，以改变节流口的流通截面积来调节流量。阀芯在弹簧的作用下始终贴紧在推杆上，这种节流阀的进、出油口可互换。

三、调速阀和温度补偿调速阀

普通节流阀由于刚性差，在节流开口一定的条件下通过它的工作流量受工作负载（即其出口压力）变化的影响，不能保持执行元件运动速度的稳定性，因此只适用于工作负载变化不大和速度稳定性要求不高的场合。由于工作负载的变化很难避免，为了改善调速系统的性能，通常是对节流阀进行补偿，即采取措施使节流阀前后压力差在负载变化时始终保持不变。由 $q = KA\Delta p^m$ 可知，当 Δp 基本不变时，通过节流阀的流量只由其开口量大小来决定。使 Δp 基本保持不变的方式有两种，一种是将定压差式减压阀与节流阀并联起来构成调速阀，另一种是将稳压溢流阀与节流阀并联起来构成溢流节流阀。这两种阀是利用流量的变化所引起的油路压力的变化，通过阀芯的负反馈动作来自动调节节流部分的压力差，使其保持不变。

1. 调速阀

图 5 - 26（a）为调速阀工作原理图。调速阀是由节流阀串接一个定差减压阀组合而成。节流阀用来调节通过的流量，定差减压阀则自动调节，使节流阀前后的压差为定值，消除了负载变化对流量的影响。

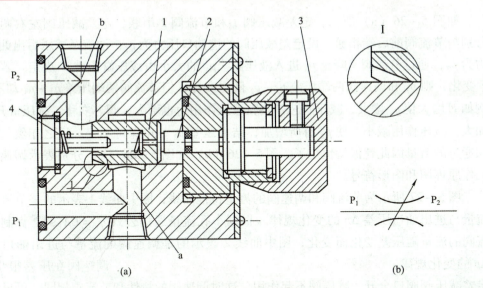

图 5 - 25　普通节流阀的结构和图形符号

（a）结构原理图；（b）图形符号

1—阀芯；2—推杆；3—调节手柄；4—弹簧

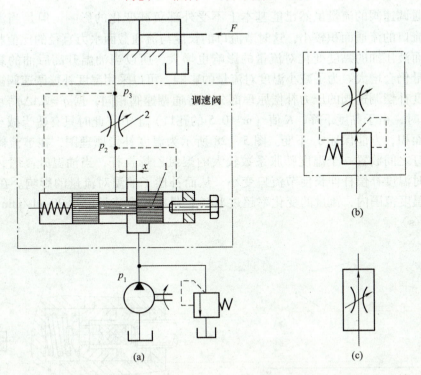

图 5 - 26　调速阀

（a）工作原理图；（b），（c）图形符号

1—定差减压阀；2—节流阀

如图 5-26（a）所示，定差减压阀 1 和节流阀 2 串联，定差减压阀左右两腔也分别与节流阀前后端相通。设定差减压阀的进油口压力为 p_1，油液经减压后出油口压力为 p_2，通过节流阀又降至 p_3 进入液压缸。p_3 的大小由液压缸负载 F 决定。若负载 F 变化，则 p_3 和调速阀两端压差 p_1-p_2 随之变化，但节流阀两端压差 p_2-p_3 却不变。例如 F 增大使 p_3 增大，减压阀芯弹簧腔液压作用力也增大，阀芯右移，减压口开度 x 加大，减压作用减小，使 p_2 有所增加，结果压差 p_2-p_3 保持不变。反之亦然，调速阀通过的流量因此就保持恒定了。图 5-26（b）和图 5-26（c）分别表示调速阀的工作原理图和图形符号。

图 5-27 所示为节流阀和调速阀的流量特性曲线，图中曲线 1 表示的是节流阀的流量与进出油口压差 Δp 的变化规律。根据小孔流量通用公式 $q_v = CA_T\Delta V^m$ 克制，节流阀的流量随压差变化而变化；图中曲线 2 表示的是调速阀的流量与进出油口压差 Δp 的变化规律。调速阀在压差大于一定值后流量基本稳定。调速阀在压差很小时，定差减压阀阀口全开，减压阀不起作用，这时调速阀的特性和节流阀相同。可见要是调速阀正常工作，应保证其最小压差（一般为 0.5 MPa 左右）。

2. 温度补偿调速阀

普通调速阀的流量虽然已能基本上不受外部负载变化的影响，但是当流量较小时，节流口的流通面积较小，这时节流口的长度与流通截面水力直径的比值相对地增大，因而液压油的黏度变化对流量的影响也增大，所以当油温升高后油的黏度变小时，流量仍会增大。为了减小温度对流量的影响，可以采用温度补偿调速阀。

温度补偿调速阀的压力补偿原理部分与普通调速阀相同，据 $q = KA\Delta q^m$ 可知，当 Δp 不变时，由于黏度下降，K 值（$m\neq0.5$ 的孔口）上升，此时只有适当减小节流阀的开口面积，方能保证 q_v 不变。图 5-28 所示为温度补偿原理图，在节流阀阀芯和调节螺钉之间放置一个温度膨胀系数较大的聚氯乙烯推杆，当油温升高时，流量增加，这时温度补偿杆伸长使节流口变小，从而补偿了油温对流量的影响。在 20℃ ～ 60℃ 的温度范围内，流量的变化率超过 10%，最小稳定流量可达 20 mL/min（3.3×10^{-7} m³/s）。

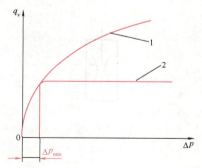

图 5-27　节流阀和调速阀的流量特性曲线
1—节流阀；2—调速阀

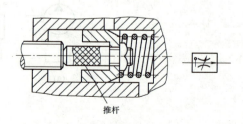

推杆

图 5-28　温度补偿原理

学习任务五　电液比例控制阀

　　前面介绍的压力控制阀和流量控制阀，其压力和流量都是手动调节的。随着自动化的发展，近十几年研制出一种新型的液压控制阀——电液比例控制阀。电液比例控制阀是一种按输入的电气信号连续地、按比例地对液压油的压力、流量或方向进行远距离控制的阀。比例阀一般都具有压力补偿性能，所以它的输出压力和流量可以不受负载变化的影响。与手动调节的普通液压阀相比，电液比例控制阀能够提高液压系统参数的控制水平。电液比例控制阀结构简单、成本低，所以它广泛应用于要求对液压参数进行连续控制或程序控制，但对控制精度和动态特性要求不太高的液压系统中。

　　电液比例控制阀的构成，从原理上讲相当于在普通液压阀，装上一个比例电磁铁以代替原有的控制（驱动）部分。根据用途和工作特点的不同，电液比例控制阀可以分为电液比例压力阀、电液比例流量阀和电液比例方向阀三大类。下面对三类比例阀作简要介绍。

一、比例电磁铁

　　比例电磁铁是一种直流电磁铁，与普通换向阀用电磁铁的不同主要在于比例电磁铁的输出推力与输入的线圈电流基本成比例。这一特性使比例电磁铁可作为液压阀中的信号发出元件。

　　普通电磁换向阀所用的电磁铁只要求有吸合和断开两个位置，并且为了增加吸力，在吸合时磁路中几乎没有气隙。而比例电磁铁则要求吸力（或位移）和输入电流成比例，并在衔铁的全部工作位置上，磁路中保持一定的气隙。图 5-29 所示为比例电磁铁的结构。

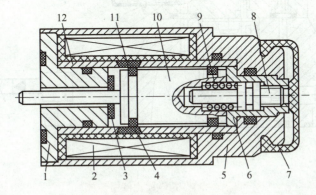

图 5-29　比例电磁铁的结构

1—轭铁；2—线圈；3—限位环；4—隔磁环；5—壳体；6—内盖；7—外盖；
8—调节螺钉；9—弹簧；10—衔铁；11—（隔磁）支承环；12—导向套

二、电液比例压力阀

　　用比例电磁铁取代先导式溢流阀先导阀的手调装置（调压手柄），便成为先导式比例溢流阀，如图5-30所示。该阀下部与普通溢流阀的主阀相同，上部则为比例先导式压力阀。该阀还附有一个手动调整的先导阀（安全阀）9，用以限制比例溢流阀的最高压力，以避免因电子仪器发生故障使得控制电流过大、压力超过系统允许最大压力的可能性。比例电磁铁的推杆向先导阀芯施加推力，该推力作为先导级压力负反馈的指令信号。随着输入电信号强度的变化，比例电磁铁的电磁力将随之变化，从而改变指令力 $p_{指}$ 的大小，使锥阀的开启压力随输入信号的变化而变化。若输入信号连续地、按比例地或按一定程序变化，则比例溢流阀所调节的系统压力也连续地、按比例地或按一定的程序进行变化。因此比例溢流阀多用于系统的多级调压或实现连续的压力控制。直动型比例溢流阀作先导阀与其他普通的压力阀的主阀相配，便可组成先导式比例溢流阀、比例顺序阀和比例减压阀。图5-31为先导式比例溢流阀的工作原理简图。

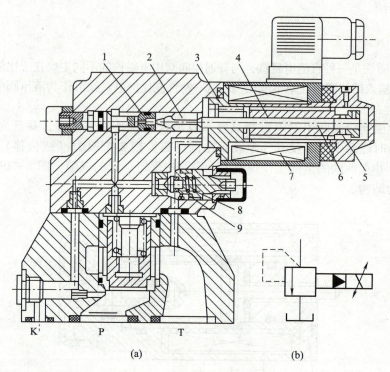

(a)　　　　　　　　(b)

图5-30　先导式比例溢流阀

（a）结构图；（b）图形符号

1—阀座；2—先导锥阀；3—轭铁；4—衔铁；5—小孔；6—推杆；

7—线圈；8—弹簧；9—先导阀

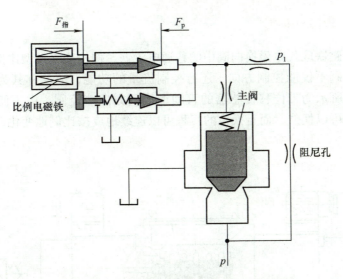

图 5 - 31　先导式比例溢流阀的工作原理简图

三、电液比例流量阀

　　用比例电磁铁取代节流阀或调速阀的手调装置，以输入电信号控制节流口开度，便可连续地或按比例地远程控制其输出流量，实现执行部件的速度调节。图 5 - 32 所示为电液比例调速阀的结构原理及图形符号。图中的节流阀芯由比例电磁铁的推杆操纵，输入的电信号不同，则电磁力不同，推杆受力不同，与阀芯左端弹簧力平衡后，便有不同的节流口开度。由于定差减压阀已保证了节流口前后压差为定值，所以一定的输入电流就对应一定的输出流量，不同的输入信号变化，就对应着不同的输出流量变化。

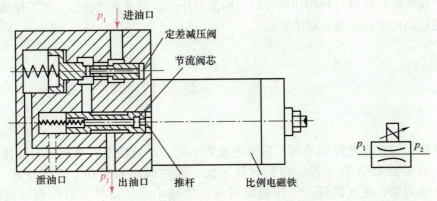

图 5 - 32　电液比例调速阀的结构原理及图形符号

四、电液比例方向阀

用比例电磁铁取代电磁换向阀中的普通电磁铁，便构成直动型比例方向阀。由于电液比例换向阀不仅能控制方向，还有控制流量的功能，故又称其为比例方向节流阀。图 5－33 所示为带位移传感器的直动型比例方向节流阀。由于使用了比例电磁铁，阀芯不仅可以换位，而且换位的行程可以连续地或按比例地变化，因而连通油口间的流通面积也可以连续地或按比例地变化，所以比例方向节流阀不仅能控制执行元件的运动方向，而且能控制其速度。

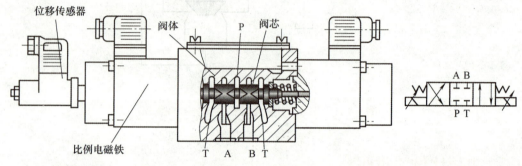

图 5－33　带位移传感器的直动型比例方向节流阀

部分比例电磁铁前端还附有位移传感器（或称差动变压器），这种比例电磁铁称为行程控制比例电磁铁。位移传感器能准确地测定电磁铁的行程，并向放大器发出电反馈信号。放大器将输入信号和反馈信号加以比较后，再向电磁铁发出纠正信号以补偿误差，因此阀芯位置的控制更加精确。

总之，如系统的某液压参数（如压力）的设定值超过三个，使用比例阀对其进行控制是最恰当的。另外，利用斜坡信号作用在比例方向阀上，可以对机构的加速和减速实现有效的控制。利用比例方向阀和压力补偿器实现负载补偿，便可精确地控制机构的运动速度而不受负载的影响。

学习任务六　电液数字阀

用数字信息直接控制的阀，称为电液数字阀。电液数字阀可直接与计算机接口相连，不需要 D/A 转换器。与比例阀相比，此种阀结构简单，工艺性好，价廉，抗污染能力强，重复性好，工作稳定可靠，功耗小。在微机实时控制的电液系统中，它已部分取代了比例阀或伺服阀，为计算机在液压系统中的应用开拓了一个新的领域。

对计算机而言，最普通的信号可量化为两个量级的信号，即"开"和"关"。用数字量进行控制的方法很多，用得最多的是由脉数调制（PNM）演变而来的增量控制法以及脉宽调制（PWM）控制法。

一、电液数字阀的结构

下面主要介绍采用步进电机做 D/A 转换器，用增量方式进行控制的电液数字阀。

图 5−34 所示为步进电机直接驱动的数字流量阀。步进电机 4 依计算机的指令转动，通过滚珠丝杠 5 把转角变为轴向位移，使节流阀阀芯 6 将阀口开启，从而控制了流量。此阀有两个节流口，它们的面积梯度不同。阀芯移动时首先打开右边节流口，由于非全周界流通，故流量较小。继续移动时打开全周界流通的节流口，流量增大。由于油液从轴向流入，且流出时与轴线垂直，所以阀在开启时的液动力可以将向右作用的液压力部分抵消掉。该阀从节流阀阀芯 6、阀套 1 和连杆 2 的相对热膨胀中获得温度补偿。

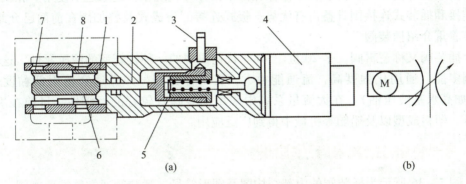

图 5−34　步进电机直接驱动的数字流量阀

（a）结构图；（b）图形符号

1—阀套；2—连杆；3—零位移传感器；4—步进电机；5—滚珠丝杠；
6—节流阀阀芯；7—左节流口；8—右节流口

二、电液数字阀的使用

图 5−35 所示为增量式数字阀的使用原理。步进电机在脉冲信号的基础上，使每个采样周期的步数较前一采样周期增减若干步，以保证所需的幅值。计算机发出需要的脉冲序列，经驱动电源放大后使步进电机工作。每个脉冲使步进电机沿给定方向转动一固定的步距角，再通过凸轮或螺纹等机构使旋转角转换成位移量，带动液压阀的阀芯（或挡板等）移动一定的距离。因此根据步进电机原有的位置和实际行走的步数，便可得到数字阀的开度。

电液数字阀目前在注塑机、压铸机、机床、飞行器等方面得到了应用。由于它将计算机和液压技术紧密地结合起来，所以它的应用前景极为广阔。

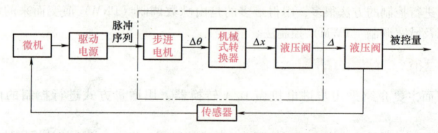

图 5－35　增量式数字阀的使用原理

学习任务七　叠加阀及二通插装阀

根据安装形式的不同，阀类元件可制成各种结构形式。管式连接和法兰连接的阀，占用的空间较大，拆装和维修保养都不太方便，现在已越来越少使用。相反，板式连接和插装式连接则日益占有优势。板式连接的集成式及叠加阀在前面已介绍过，本节着重介绍插装阀。

插装阀又称逻辑阀，是 20 世纪 70 年代初出现的一种较新型的液压元件。这种阀一阀多能，通用化程度高，流通能力大，密封性能好，并且适宜使用低黏度介质（例如高水基液压油）。在大流量系统中采用插装阀有较好的经济性。目前在冶金、锻压、塑料成型以及船舶等机械中得到广泛应用。

一、插装阀的结构和工作原理

图 5－36 所示为插装阀的内部结构图及图形符号。插装阀通常是锥形座阀，不包括阀体。它由控制盖板、插装单元（由阀套、弹簧、阀芯及密封件组成）、插装块体和先导控制阀（如先导阀为二位三通电磁换向阀）组成。由于这种阀的插装单元在回路中主要起通、断作用，故又称二通插装阀。二通插装阀的工作原理相当于一个液控单向阀。图 5－36 中 A 和 B 为主油路仅有的两个工作油口，K 为控制油口（与先导阀相接）。当 K 口无液压力作用时，阀芯受到的向上的液压力大于弹簧力，阀芯开启，A 与 B 相通。至于液流的方向，视 A、B 口的压力大小而定。反之，当 K 口有液压力作用时，且 K 口的液压油压力大于 A 和 B 口的液压油压力，才能保证 A 与 B 之间关闭。

如图 5－37 所示，插装阀与各种先导阀组合，便可组成方向控制插装阀、压力控制插装阀和流量控制插装阀。

二、方向控制插装阀

插装阀用作各种方向控制阀如图 5－38 所示。图 5－38（a）为单向阀，当 $P_A >$ P_B 时，阀芯关闭，A 与 B 不通。而当 $P_B > P_A$ 时，阀芯开启，液压油从 B 流向 A。

图 5 – 38（b）为二位二通阀，当电磁阀断电时，阀芯开启，A 与 B 接通。电磁阀通电时，阀芯关闭，A 与 B 不通。图 5 – 38（c）为二位三通阀，当电磁阀断电时，A 与 T 接通。电磁阀通电时，A 与 P 接通。图 5 – 38（d）为二位四通阀，当电磁阀断电时，P 与 B 接通，A 与 T 接通；当电磁阀通电时，P 与 A 接通，B 与 T 接通。

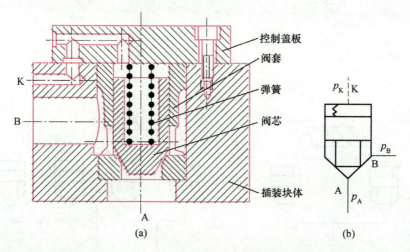

图 5 – 36　插装阀结构
（a）结构图；（b）图形符号

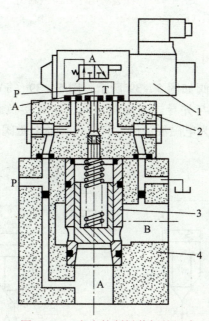

图 5 – 37　方向控制插装阀的组成
1—先导控制阀；2—控制盖板；3—逻辑单元（主阀）；4—阀块体

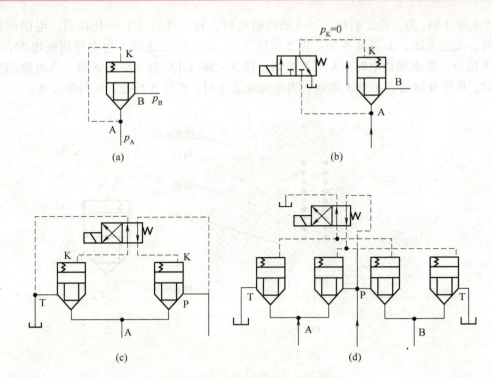

图 5-38　插装阀用作方向控制阀

（a）单向阀；（b）二位二通阀；（c）二位三通阀；（d）二位四通阀

三、压力控制插装阀

插装阀用作压力控制阀如图 5-39 所示。图 5-39（a）中，如 B 接油箱，则插装阀用作溢流阀，其原理与先导式溢流阀相同。如 B 接负载时，则插装阀起顺序阀作用。图 5-39（b)所示为电磁溢流阀，当二位二通电磁阀通电时起卸荷作用。

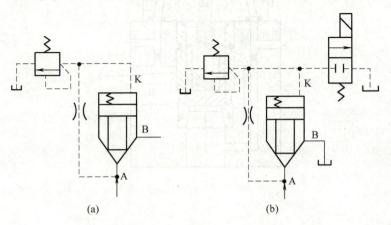

图 5-39　插装阀用作压力控制阀

（a）溢流阀；（b）电磁溢流阀

四、流量控制插装阀

图 5 - 40 所示为二通插装节流阀。在插装阀的控制盖板上有阀芯限位器，用来调节阀芯开度，从而起到流量控制阀的作用。若在二通插装阀前串联一个定差减压阀，则可组成二通插装调速阀。

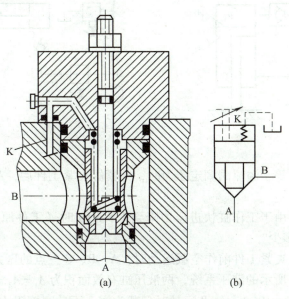

(a)　　　　　(b)

图 5 - 40　二通插装节流阀
(a) 结构图；(b) 图形符号

习　题　五

1. 弹簧对中型三位四通电液换向阀，其先导阀的中位机能及主阀的中位机能能否任意选定？

2. 流量控制阀的节流口为什么要采用薄壁小孔而不采用细长孔？

3. 从结构原理图和图形符号图，说明溢流阀、顺序阀和减压阀的异同点和各自的特点。顺序阀能否当溢流阀使用。

4. 试说明电液比例压力阀和电液比例调速阀的工作原理。与一般压力阀和调速阀相比，它们有何优点？

5. 试说明插装式锥阀的工作原理及特点。

6. 如图 5 - 41 所示液压缸，$A_1 = 30 \times 10^{-4} \ \mathrm{m^2}$，$A_2 = 12 \times 10^{-4} \ \mathrm{m^2}$，$F = 30 \times 10^3 \ \mathrm{N}$，液控单向阀处于闭合状态，以防止液压缸下滑，阀内控制活塞面积 A_k 是阀芯承压面

积 A 的三倍。若摩擦力、弹簧力均忽略不计，试计算需要多大的控制压力才能开启液控单向阀？开启前液压缸中最高压力为多少？

7. 如图 5 - 42 所示回路中，溢流阀的调整压力为 5.0 MPa，减压阀的调整压力为 2.5 MPa。试分析下列各情况，并说明减压阀阀口处于什么状态？

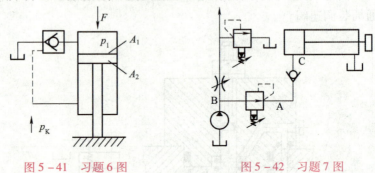

图 5 - 41　习题 6 图　　　图 5 - 42　习题 7 图

（1）当泵压力等于溢流阀调定压力时，夹紧缸夹紧工件后，A、C 点的压力各为多少？

（2）当泵压力由于工作缸快进压力降到 1.5 MPa 时（工件原先处于夹紧状态），A、C 点的压力为多少？

（3）夹紧缸在夹紧工件前作空载运动时，A、B、C 三点的压力各为多少？

8. 如图 5 - 43 所示的液压系统，两液压缸有效面积为 $A_1 = A_2 = 100 \times 10^{-4} \ m^2$，缸 I 上的负载 $F = 3.5 \times 10^4 \ N$，缸 II 运动时负载为零，不计摩擦阻力、惯性力和管路损失。溢流阀、顺序阀和减压阀的调整压力分别为 4.0 MPa、3.0 MPa 和 2.0 MPa。求下列三种情况下 A、B 和 C 点的压力。

（1）液压泵启动后，两换向阀处于中位。

（2）1YA 通电，液压缸 I 活塞移动时及活塞运动到终点时。

（3）1YA 断电，2YA 通电，液压缸 II 活塞运动时及活塞杆碰到固定挡铁时。

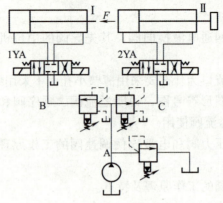

图 5 - 43　习题 8 图

9. 节流阀前后压力差 $\Delta p = 0.3$ MPa，通过的流量为 $q = 25$ L/min，假设节流孔为薄壁小孔，液压油密度为 $\rho_M = 900$ kg/m³。试求流通截面积 A。

10. 如图 5-44 所示回路中，若泵的出口处负载阻力为无限大，溢流阀的调整压力分别为 $p_1 = 6$ MPa，$p_2 = 4.5$ MPa。试问：

(1) 换向阀上位时 A、B、C 点的压力各为多少？

(2) 换向阀下位时 A、B、C 点的压力各为多少？

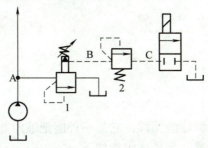

图 5-44　习题 10 图

11. 如图 5-45 所示两系统中各溢流阀的调整压力均分别为 3.0×10^6 Pa、2.0×10^6 Pa、4.0×10^6 Pa，问在外负载趋于无限大时，两系统的压力各为多少？

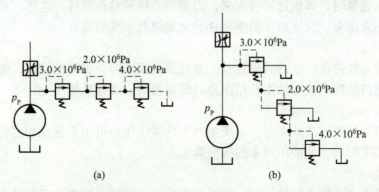

图 5-45　习题 11 图

项目六　液压辅助元件

学习任务一　蓄　能　器

一、蓄能器的功用

蓄能器是液压系统中的储能元件，它是一种能把液压能贮存在耐压容器里，待需要时再将其释放出来的装置，其具体用途如下。

1. 作辅助动力源

这是蓄能器最常见的用途，用于短时间内系统需要大量压力油的场合。例如，在间歇动作的压力系统中，当系统不需要大量油液时，蓄能器将液压泵输出的压力油储存起来，在需要时，再快速释放出来，以实现系统的动作循环。这样，系统可采用小流量规格的液压泵，既能减少功率损耗，又能降低系统的温升。

2. 保持系统压力

当执行元件停止运动的时间较长，并且需要保压时，为降低能耗，使泵卸荷，可以利用蓄能器贮存的液压油来补偿油路的泄漏损失，维持系统压力。

3. 缓冲和吸收压力脉动

当阀门突然关闭或换向时，系统中产生的冲击压力可由安装在冲击源和脉动源附近的蓄能器来吸收，使液压冲击的峰值降低。

4. 应急动力源

液压泵发生故障中断供油时，蓄能器能提供一定的油量作为应急动力源，使执行元件能继续完成必要的动作。

二、蓄能器的类型及特点

蓄能器按储能方式分，主要有重力加载式、弹簧加载式和气体加载式三种类型。其中重力加载式因体积大、结构笨重、反应迟钝，目前工业上已很少使用了。弹簧加载式虽结构较简单，反应较灵敏，但容量小，目前也已很少使用，只在个别低压系统中还能见到。因此本小节主要介绍气体加载式蓄能器。

气体加载式蓄能器是利用压缩气体（通常为氮气）来储存能量的。它包括气瓶式、活塞式和气囊式几种形式，在此主要介绍气囊式蓄能器。

如图 6-1 所示为气囊式蓄能器及其图形符号，它由充气阀 1、壳体 2、气囊 3、提升阀 4 等部分组成。气囊用耐油橡胶制成，固定在壳体 2 的内部，囊内充入惰性气体（一般为氮气）。提升阀是一个用弹簧加载的具有菌形头部的阀，压力油由该阀通入。在液压油全部排出时，该阀能防止气囊膨胀挤出油口。

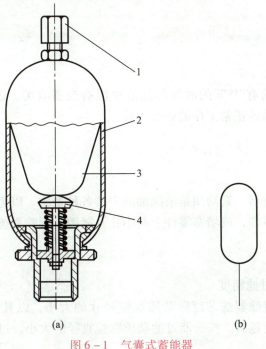

图 6 - 1　气囊式蓄能器
（a）结构图；（b）图形符号
1—充气阀；2—壳体；3—气囊；4—提升阀

　　这种蓄能器的优点是气囊惯性小，反应灵敏，且结构小、质量轻，容易维护，一次充气后能长时间的保存气体，充气也较方便，故在液压系统中得到广泛的应用。其缺点是容量较小，气囊和壳体的制造比较困难。

三、蓄能器的使用与安装

　　蓄能器在液压回路的安放位置随其功能的不同而不同，具体使用和安装时应注意以下事项。

　　①气体加载式蓄能器应充惰性气体，允许的最高充气压力视蓄能器的结构形式而定，例如气囊式蓄能器的充气压力是 3.5 ~ 32 MPa。

　　②气囊式蓄能器原则上应油口向下垂直安装，只有在空间位置受限制时才考虑倾斜后水平安装。这是因为倾斜或水平安装时气囊会受浮力而与壳体单边接触，妨碍其正常伸缩且加快其损坏。

　　③吸收冲击压力和脉动压力的蓄能器应尽可能装在振源附近。

　　④装在管路上的蓄能器必须用支撑板或支架固定。

　　⑤蓄能器与管路系统之间应安装截止阀，以供充气或检修时使用。

⑥蓄能器与液压泵之间应安装单向阀，以防止液压泵停止工作时蓄能器内储存的压力油倒流。

学习任务二　滤　油　器

在液压系统中约有 75% 的故障与油液中混有杂质有关，因此，保持油液清洁，防止油液的污染是系统正常工作的必要条件。

一、滤油器的功用和要求

1. 滤油器的功用

滤油器又称过滤器，其功用是清除油液中的各种杂质，以免其划伤、磨损、甚至卡死有相对运动的零件，或堵塞零件上的小孔及缝隙，影响系统的正常工作，降低液压元件的寿命。

2. 对滤油器的要求

（1）有适当的过滤精度

过滤精度是指过滤器滤芯滤除杂质颗粒尺寸的大小，以其直径的公称尺寸来表示。粒度越小，精度越高。按所能过滤杂质颗粒直径的大小，过滤器可分为 4 种，如表 6－1 所示。

表 6－1　过滤器的分类及过滤精度

过滤器	粗滤器	普通过滤器	精滤器	特精过滤器
过滤精度/μm	$d > 100$	$d = 10 \sim 100$	$d = 5 \sim 10$	$d = 1 \sim 5$

不同液压系统对过滤精度的要求可参照表 6－2 选择。

表 6－2　各种液压系统的过滤精度

系统类别	润滑系统	传动系统			伺服系统
工作压力 p/MPa	$0 \sim 2.5$	< 14	$14 \sim 32$	> 32	$= 21$
过滤精度/μm	100	$25 \sim 30$	25	10	5

（2）有足够的过滤能力

过滤能力是指在一定压降下允许通过过滤器的最大流量。过滤器的过滤能力应大于通过它的最大流量，允许的压力降一般为 0.03 ~ 0.07 MPa。

（3）有足够的强度

过滤器的滤芯及壳体应有一定的机械强度，不因液压力的作用而破坏。

（4）滤芯要便于清洗和更换

（5）滤芯抗腐蚀性好，能在规定的温度下长期工作

二、滤油器的结构类型

滤油器按过滤精度来分可分为粗过滤器和精过滤器两大类；按滤芯的结构可分为网式、线隙式、烧结式、纸芯式和磁性过滤器等。

1. 网式滤油器

如图6-2（a）所示，网式滤油器由筒形骨架2上包一层或两层铜丝滤网3组成。其特点是结构简单，通油能力大，清洗方便，但过滤精度较低。常用于泵的吸油管路，对油液进行粗过滤。粗滤油器的图形符号如图6-2（b）所示。

2. 线隙式滤油器

线隙式过滤器是靠金属丝之间的缝隙过滤出油液中的杂质，分为吸油管路过滤器［图6-3（a）］和压力管路过滤器［图6-3（b）］。压力管路过滤器主要由外壳1和滤芯2构成，滤芯由铜线或铝线绕在筒形骨架上而形成（骨架上有许多纵向槽和径向孔）。线隙式过滤器结构较简单，过滤精度比网式滤油器高，通油能力较好，其主要缺点是杂质不易清洗，滤芯材料强度较低。

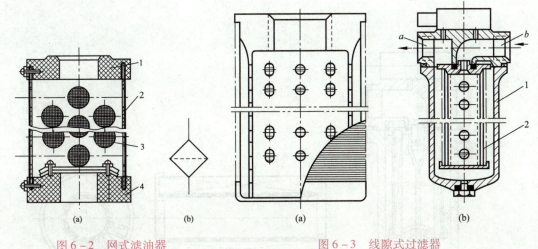

图6-2　网式滤油器　　　　　　　图6-3　线隙式过滤器

（a）网式过滤器；（b）图形符号　　　（a）吸油管路过滤器；（b）压力管路过滤器

1—上盖；2—骨架；3—滤网；4—下盖　　　　　　1—外壳；2—滤芯

3. 烧结式滤油器

如图6-4（a）所示，烧结式滤油器的滤芯3通常由青铜等颗粒状金属烧结而成，工作时利用颗粒间的微孔进行过滤。该滤油器的过滤精度高，适应精密过滤的要求，耐高温、抗腐蚀性强，滤芯强度大，但易堵塞，难于清洗，颗粒易脱落。图6-4（b）所示为精滤油器的图形符号。

4. 纸芯式滤油器

如图6-5（a）所示为纸芯式滤油器，液压油从进油口a流入，在壳体3内自外

向内穿过滤芯 3 而被过滤，然后从出油口 b 流出，滤芯由拉杆 4 和螺母 5 固定。滤芯如图 6-5（b）所示，由微孔滤纸组成，滤纸制成折叠式，以增加过滤面积。滤纸用骨架 7 支撑，以增大滤芯强度。过滤器工作时，杂质逐渐积聚在滤芯上，滤芯压差逐渐增大，为避免将滤芯破坏，防止未经过滤的油液进入液压系统，设置了堵塞状态的发信装置 1，当压差超过 0.3 MPa 时，发信装置发出信号。

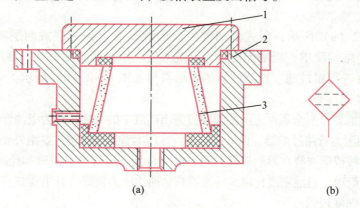

图 6-4　烧结式滤油器

1—顶盖；2—壳体；3—滤芯

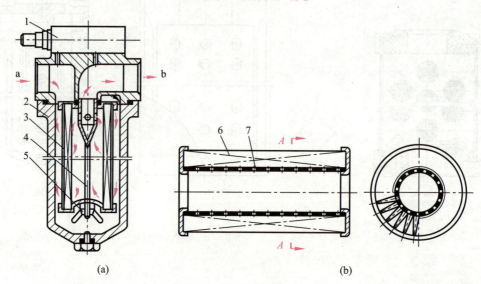

图 6-5　纸芯式滤油器

1—发信装置；2—外壳；3—滤芯；4—拉杆；5—螺母；6—纸芯；7—骨架

a、b—进、出油口

　　纸芯式滤油器过滤精度高，压力损失小，质量轻，成本低，但不能清洗，需定期更换滤芯，主要用于低压小流量的精过滤。

5. 磁性滤油器

如图 6-6 所示，磁性滤油器是利用永久磁铁来吸附油液中的铁屑、铸铁粉末等铁磁性物质。

过滤器也可以做成复式的，例如，液压挖掘机液压系统中的过滤器，在纸质过滤器的纸芯内放置一个圆柱形的永久磁铁，便于进行两种方式的过滤。

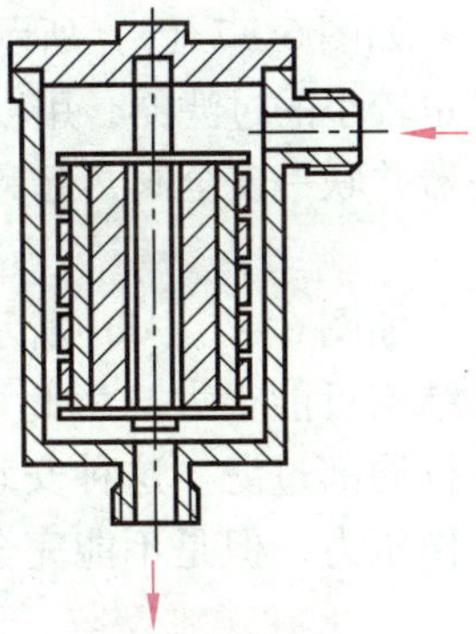

图 6-6　磁性过滤器

三、滤油器的安装

滤油器一般安装在液压泵的吸油口、压油口及重要元件的前面。通常，液压泵吸油口安装粗滤油器，压油口与重要元件前装精滤油器。

1. 安装在泵的吸油口

如图 6-7（a）所示，泵的吸油路上一般都安装粗过滤器，并浸没在油箱液面以下，目的是滤去较大的杂质微粒以保护液压泵，并防止空气进入液压系统。为不影响泵的吸油性能，防止气穴现象，过滤器的过滤能力应为泵流量的两倍以上，压力损失不得超过0.02 MPa。因此，一般采用过滤精度较低的网式过滤器，并应经常进行清洗。

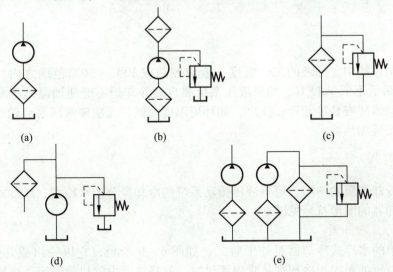

(a)　　　　(b)　　　　(c)

(d)　　　　(e)

图 6-7　滤油器的安装

2. 安装在泵的出口油路上

如图 6-7（b）所示，在中、低压系统的压力油路上，常安装各种形式的精滤器，用以保护系统中的精密液压元件或防止小孔、缝隙堵塞。这样安装的过滤器应能承受油路上的工作压力和冲击压力，其压力降应小于 0.35 MPa，并应有安全阀和堵塞状态发信装置，以防泵过载和滤芯损坏。

3. 安装在系统的回油路上

如图 6-7（c）所示，由于回油路压力低，可采用强度较低、刚度较小、体积和质量也较小的过滤器，用以对液压元件起间接保护作用。为防止过滤器堵塞，一般都与过滤器并联一安全阀，起旁通作用，该阀的开启压力应略高于滤油器的最大允许压差。

4. 安装在系统的分支油路上

如图 6-7（d）所示，当液压泵的流量较大时，若采用上述各种方式过滤，过滤器结构可能很大，为此可在只有泵流量 20%～30% 的支路上安装一小规格过滤器，进行局部过滤。这种安装方式不会在主油路中造成压力损失，过滤器也不必承受系统工作压力，但是不能完全保证液压元件的安全，仅间接保护系统。

5. 单独过滤系统

如图 6-7（e）所示，大型液压系统可专设一液压泵和过滤器组成独立的过滤回路，专门用来清除系统中的杂质，还可与加热器、冷却器、排气器等配合使用。

此外，安装过滤器还应注意，一般过滤器只能单向使用，即进出油口不可反用，以利于滤芯清洗和安全。因此，过滤器不要安装在液流方向可能变换的油路上。作为过滤器的新进展，目前双向过滤器也已问世。

学习任务三　热交换器

在液压系统中，油液的工作温度一般应控制在 30℃～50℃ 范围之内，最高不超过 65℃，最低不低于 15℃。如果液压系统靠自然冷却仍不能使油温低于允许的最高温度时，就需要安装冷却器；反之，如环境温度太低，无法使液压泵启动或正常运转时，就需安装加热器。

一、冷却器

根据冷却介质的不同，可将液压传动系统的冷却器分为水冷式、风冷式和冷媒式三种。冷却器的图形符号见图 6-8。

1. 水冷式冷却器

最简单的水冷式冷却器是蛇形管式，如图 6-9 所示，它以一组或几组的形式，直接装在液压油箱内。冷却水从管内流过时，就将油液中的热量带走。这种冷却器的散热面积小，油的流动速度很低，冷却效率较低。

图 6-8　冷却器的图形符号

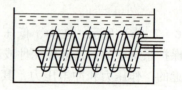

图 6-9　蛇形管式水冷却器

2. 风冷式冷却器

在水源不方便的地方（如在行走设备上）可以用风冷式冷却器。图 6-10 所示是一种强制风冷板翅式冷却器，其优点是散热效率高、结构紧凑、体积小、强度大；缺点是易堵塞、清洗困难。图 6-11 所示为翅片管式（圆管、椭圆管）冷却器，其圆管外嵌入大量的散热翅片，翅片一般用厚度为 0.2 ~ 0.3 mm 的铜片或铝片制成，散热面积可达光管的 8 ~ 10 倍，而且体积和质量相对较小。椭圆管因涡流区小，空气流动性好，散热系数高。

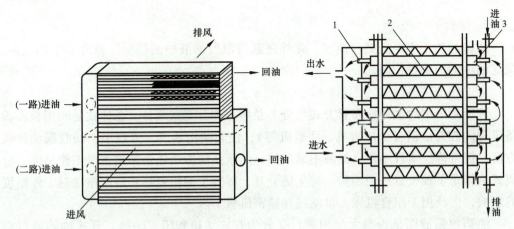

图 6-10　强制风冷板翅式冷却器　　图 6-11　翅片管式冷却器

1—水管；2—翅片；3—油管

二、加热器

加热器的作用将油温升高到 15℃ 以上。在液压试验设备中，用加热器和冷却器可一起进行油温的精确控制。加热器的图形符号如图 6-12 所示。

液压系统中一般常用的是电加热器，其安装方式如图 6-13 所示。加热器 2 通过法兰固定在油箱 1 的侧壁上，其发热部分全部浸在油液内。由于油是热的不良导体，故单个加热器的功率不能太大，而且应装在油箱内油液流动处，以免周围油液因过热而老化变质。

图 6-12　加热器的图形符号

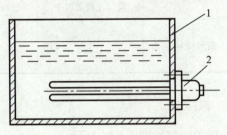

图 6-13　电加热器安装示意图

1—油箱；2—加热器

学习任务四　油　　箱

一、油箱的功用及类型

1. 油箱的功用

油箱的功用主要是储存油液，此外还起着散发油液中的热量、分离油中的气体、沉淀油中的污物等作用。

2. 油箱的类型

液压系统中的油箱按布置方式可分为总体式和分离式两种。总体式是利用机器设备机身内腔为油箱（如压铸机、注塑机等），使其结构紧凑，体积小，回收漏油比较方便，但维修、清理不便，油液不易散热，液压系统振动还会影响主机工作精度。分离式油箱是单独设置一个油箱，与主机分开，减少了油箱发热和液压振动对工作精度的影响，广泛用于组合机床、自动线和精密机械上。

油箱根据液面是否与大气相通，又分为开式油箱和闭式油箱。开式油箱通过空气滤清器与大气连通，油箱中的液体受到大气压的作用，在液压系统中应用广泛。闭式油箱完全与大气隔绝，有隔离式和充气式两种。箱体内设置气囊或者弹簧活塞对箱中油液施加一定压力，适用于水下作业机械或海拔较高地区及飞行器的液压系统中。

3. 油箱的图形符号

油箱的图形符号见表6－3。

表6－3　油箱的图形符号

油箱类型	开式			闭式
	管口在液面以上	管口在液面以下	管口连接于液面底部	
图形符号	⊥	⊥	⊢	⬯

二、油箱的结构

开式油箱如图6－14所示，一般由吸油管、回油管、滤清器、隔板、放油塞和箱盖等部分组成。

为了保证油箱的功能，油箱在结构上应注意以下几个方面。

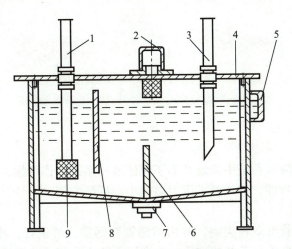

图 6-14　油箱结构
1—吸油管；2—滤清器；3—回油管；4—箱盖；5—液位计；
6、8—隔板；7—放油塞；9—滤油器

① 油箱底部应有适当斜度，并在最低处设置放油塞，换油时可使油液和污物顺利排出，以便于清洗。

② 在易见的油箱侧壁上设置液位计（俗称油标），以指示油位高度。在开式油箱的上部通气孔上必须配置兼做注油口的空气滤清器，还应装温度计，以便随时观察系统油温的情况。

③ 吸油管和回油管之间需用隔板隔开，以增加循环距离和改善散热效果。隔板高度一般不低于液面高度的 3/4。

④ 泵的进油管和系统的回油管应插入最低液面以下，以防吸入空气和回油冲溅产生气泡。吸油管口离油箱底面距离应大于 2 倍油管外径，离油箱箱边距离应大于 3 倍油管外径。吸油管和回油管的管端应切成 45° 的斜口，回油管的斜口应朝向箱壁。

⑤ 阀的泄油管口应在液面之上，以免产生背压；液压马达和泵的泄油管则应引入液面之下，以免吸入空气。

⑥ 油箱的有效容积（油面高度为油箱高度 80% 时的容积）一般按液压泵的额定流量估算。在低压系统中取额定流量的 2~4 倍，中压系统为 5~7 倍，高压系统为 6~12 倍。

⑦ 油箱正常工作温度应在 15℃~65℃，在环境温度变化较大的场合要安装热交换器。

⑧ 箱壁应涂耐油防锈涂料。

学习任务五　油管与管接头

一、油管

1. 油管的功用与要求

油管用于输送液压系统中油液。为了保证液压系统工作可靠、要求油管应有足够的强度和良好的密封性，并且要求压力损失小、拆装方便。

2. 油管的类型

液压系统中油管有多种类型，常用的油管有钢管、紫铜管、橡胶软管、尼龙管、塑料管等。考虑到配管和工艺的方便，在高压系统中常用无缝钢管；中、低压系统一般用紫铜管；橡胶软管的主要优点是可用于两个相对运动件之间的连接；尼龙管和塑料管价格便宜，但承压能力差，可用于回油路、泄油路等处。

二、管接头

1. 管接头的功用与要求

管接头是油管与油管、油管与液压元件之间的可拆卸连接件。它必须具备装拆方便、连接牢固、密封可靠、外形尺寸小、通流能力大、压降小等特点。

2. 管接头的类型

管接头的种类很多，图6-15所示为常用的几种类型：

图6-15（a）所示为扩口式管接头，用油管管端的扩口在管套的压紧下进行密封，结构简单，适用于铜管、薄壁钢管等中、低压管道的连接。

图6-15（b）所示为焊接式管接头，连接牢固，简单可靠，但拆装不方便，用来连接管壁较厚的钢管。

图6-15（c）所示为卡套式管接头，用卡套卡住油管进行密封，装拆方便，对轴向尺寸要求不严，对油管径向尺寸精度要求较高，适应于高压系统中无缝钢管的连接。

图6-15（d）所示为扣压式管接头，用于中、低压系统软管的连接。

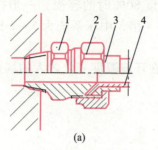
(a)

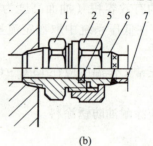
(b)

图6-15　管接头

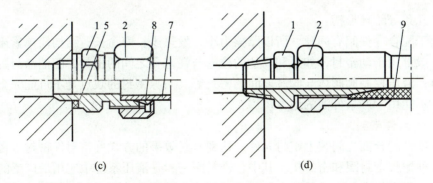

(c)　　　　　　　　　　(d)

图 6 – 15　管接头（续）

1—接头体；2—螺母；3—管套；4—扩口薄管；5—密封垫；
6—接管；7—钢管；8—卡套；9—橡胶软管

学习任务六　密封装置

一、密封的作用与要求

在液压系统中，密封的作用不仅是防止液压油的泄漏，还要防止空气和尘埃进入液压系统。对密封装置的要求如下。

①在一定压力、温度范围内具有良好的密封性能。

②对运动表面产生的摩擦力小，磨损小，磨损后能自动补偿。

③密封性能可靠，能抗腐蚀，不易老化，工作寿命长。

④结构简单，便于制造和拆装。

二、密封元件的种类及特点

按工作状态的不同，密封分为静密封和动密封两种。静密封指正常工作时，无相对运动的配合表面间的密封；动密封指正常工作时，有相对运动的配合表面间的密封。按其工作原理不同，密封分为间隙密封和密封件密封两种。

1. 间隙密封

如图 6 – 16 所示，间隙密封是利用运动件之间的微小间隙（0.02 ~ 0.05 mm）起密封作用，是最简单的一种密封形式，其密封的效果取决于间隙的大小、压力差、密封长度和零件表面质量。为增加泄漏油的阻力，减少泄漏量，通常还在圆柱

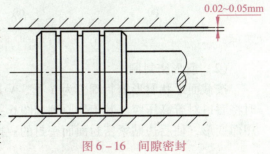

0.02~0.05mm

图 6 – 16　间隙密封

面上开几条等距环形槽。

由于配合零件间有间隙，所以摩擦力小，发热少，寿命长，结构简单紧凑。间隙密封一般都用于动密封，如泵和马达的柱塞与柱塞孔之间的密封，配油盘与缸体之间的密封；液压控制阀阀体与阀芯之间的密封等。间隙密封的缺点是不可能完全达到无泄漏，不能用于严禁外泄的地方。

2. 密封件密封

在零件配合面之间装上密封元件，达到密封效果的方式称密封件密封。密封件通常指各种橡胶密封圈和密封垫。其中，密封圈密封是液压系统中应用最广泛的一种密封方法。按密封圈的组成及断面的形状，可将密封圈分为 O 形密封圈、唇形密封圈、旋转轴密封圈和组合密封圈等。

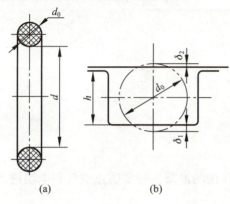

图 6 – 17　O 形密封圈

（1）O 形密封圈

如图 6 – 17 所示，O 形密封圈是一种断面形状为圆形的耐油橡胶环，它是液压设备中使用得最多、最广泛的一种密封件，既可以用于外径或内径密封，又可以用于端面密封；既可用于静密封，又可用于动密封。如图 6 – 18 所示，O 形密封圈在安装时要有合理的预压缩量 δ_1 和 δ_2，当油液压力超过 10 MPa 时，O 形密封圈在往复运动中容易被油液压力挤入间隙而提早损坏，为此，要在它的低压侧设置 1.2 ～ 1.5 mm 厚的挡环。双向受力时则在两侧各放一个挡环。

O 形密封圈的特点是结构简单、制造容易、成本低、拆卸方便、动摩擦阻力小，对油液、压力和温度的适应性好。其缺点是动密封时，静摩擦系数大，摩擦产生的热量不易散去，易引起橡胶老化，使密封失效，密封圈磨损后不能自动补偿。

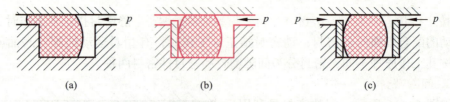

（a）　　　　　　　　（b）　　　　　　　　（c）

图 6 – 18　O 形密封圈挡环安装

（2）唇形密封圈

按截面形状唇形密封圈分为 Y 形、V 形、U 形、L 形等，主要用于动密封，安装时将唇口对着高压腔。其工作原理如图 6 – 19 所示，是依靠密封圈的唇边受液压力作用而变形，使唇边贴紧密封面而密封的。这里主要介绍 Y 形和 V 形密封圈两种。

①Y 形密封圈。如图 6-20 所示为 Y 形密封圈，分为普通 Y 形和 Y_x 形两种。如图 6-20（a）所示，普通 Y 形的截面呈 Y 形，用耐油橡胶制成。Y 形密封圈结构简单，适用性很广，密封效果好，常用于活塞和液压缸之间、活塞杆与液压缸端盖之间的密封。一般情况下，Y 形密封圈可

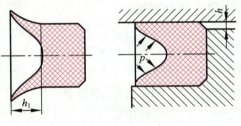

图 6-19　唇形密封圈的工作原理

直接装入沟槽使用，但在压力变动较大、运动速度较高时易翻转而损坏，应使用支承环固定 Y 形密封圈，如图 6-21 所示。

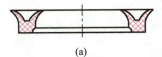 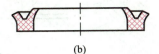 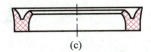

(a)　　　　　　　　　　(b)　　　　　　　　　　(c)

图 6-20　Y 形密封圈

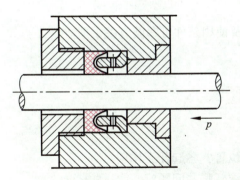 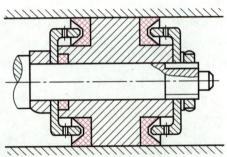

图 6-21　Y 形密封圈支承环安装

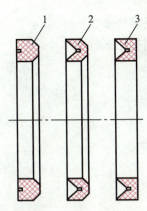

图 6-22　V 形密封圈
1—支撑环；2—密封环；3—压环

Y_x 形密封圈是由 Y 形密封圈改进而成，内、外唇不相等，如图 6-20（b）、（c）所示，分孔用和轴用两种，由聚氨酯橡胶制成，它可以避免摩擦力造成的密封圈的翻转和扭曲，比普通 Y 形适用于更高的压力和更高的温度。

②V 形密封圈。如图 6-22 所示为 V 形密封圈，由形状不同的支撑环 1、密封环 2，压环 3 组成。当压力小于 10 MPa 时，使用一套三件已足够保证密封。压力更高时，可以增加中间密封环的个数。

V 形密封圈的接触面较长，密封性能好，耐高压（可达 50 MPa），寿命长，但摩擦力较大，主要用于移动速度不高的液压缸中（如磨床工作台液压缸）。

（3）组合密封圈

组合密封圈是两个以上元件组成的密封装置。如图 6-23 所示，由聚四氟乙烯滑环 2 和 O 形密封圈 1 组成的组合密封圈。滑环紧贴密封面，O 形圈为滑环提供弹性预压力，从而使滑环产生微小变形而与配合件表面贴合。图 6-23（a）为孔用组合密封，图 6-23（b）为轴用组合密封。因滑环与金属的摩擦系数小耐磨，故组合式密封装置的使用寿命比单独使用普通橡胶密封圈提高了近百倍，在工程上的应用日益广泛。

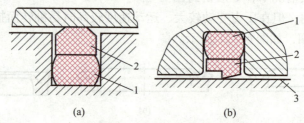

(a)　　　　　　　　(b)

图 6-23　组合密封圈

1—O 形密封圈；2—滑环；3—被密封件

密封圈为标准件，选用时其技术规格及使用条件可参阅有关手册。

习 题 六

1. 过滤器在液压系统中应安装在什么位置？各起什么作用？

2. 油箱的功用是什么？设计油箱时应注意哪些问题？

2. 油管和管接头有哪些类型？各适用于什么场合？

3. 蓄能器有哪些主要功用？安装和使用蓄能器应注意哪些事项？

4. 密封的作用是什么，常用的密封方法有哪些，分别有什么特点？

5. 热交换器的作用是什么？类型有哪些？

6. 试画出各种液压辅助元件的图形符号。

项目七　液压基本回路

　　各种机床和设备的液压系统，虽然各不相同并且比较复杂，但是它们都是由一个或多个具有一定功能的液压基本回路组成的。所谓液压基本回路就是由一些液压元件组成的完成特定功能的油路结构。例如，用来调节执行元件（液压缸和液压马达）速度的调速回路；用来调节系统整体或局部压力的压力控制回路；来改变执行元件运动方向的换向回路等都是最常见的基本液压回路。熟悉和掌握这些回路的构成、工作原理和性能，有助于更好地分析、设计和使用各种液压系统。

学习任务一　压力控制回路

　　压力控制回路是利用压力控制阀来控制系统整体或局部压力，以使执行元件获得所需的力或转矩、或者保持受力状态的回路，主要有调压回路、减压回路、增压回路、卸荷回路、保压回路和平衡回路等。

一、调压回路

　　调压回路是使液压系统整体或某一部分的压力保持恒定或者不超过某个数值。

1. 单级调压回路

　　如图 7 - 1 所示，在液压泵的出口处设置并联的溢流阀来控制回路的最高压力为恒定值。在工作过程中溢流阀是敞开的，液压泵的工作压力决定了溢流阀的调整压力，溢流阀的调整压力必须大于液压缸最大工作压力和油路中各种压力损失的总和，一般为系统工作压力的 1.1 倍。

2. 双向调压

　　执行元件正反行程需不同的供油压力时，可采用双向调压回路，如图 7 - 2 所示。当换向阀在左位工作时，活塞为工作行程，泵出油口由溢流阀 1 调定为较高压力，缸右腔油液通过换向阀回油箱，溢流阀 2 此时不起作用。当换向阀如图示在右位工作时，缸作空行程返回，泵出油口由溢流阀 2 调定为较低压力，溢流阀 1 不起作用。缸退抵终点后，泵在低压下回油，功率损耗小。

3. 多级调压回路

　　如果某些液压系统需要两种以上的压力，如压力机、塑料注射机在工作过程的不同阶段往往需要不同的工作压力，这时就应采用多级调压回路。

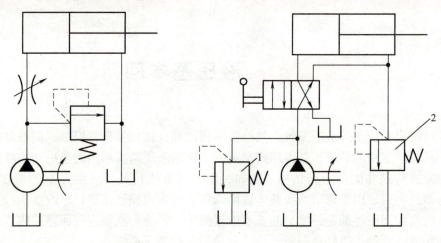

图 7-1 单级调压回路 　　　　　　　　图 7-2 双向调压回路

（1）两级调压回路

如图 7-3（a）所示，先导式溢流阀 1 的外控口 K 串接一个二位二通电磁换向阀 2 和一个溢流阀 3。在图示位置，二位二通电磁换向阀 2 断电，系统压力由先导式溢流阀 1 调定；当二位二通电磁换向阀 2 通电时，系统压力由溢流阀 3 调定，即实现了两种不同的系统压力。但是溢流阀 3 的调定压力必须低于先导式溢流阀 1 的调定压力，否则溢流阀 3 不起作用。如果溢流阀 3 不经过换向阀，而是直接与先导式溢流阀 1 的外控口串接，即可组成远程调压回路，由溢流阀 3 作远程调压。

图 7-3（b）是应用于压力机的一种两级调压回路的实例。图中，活塞 4 下降为工作行程，其压力由高压溢流阀 6 调节。活塞上升为非工作行程，其压力由低压溢流

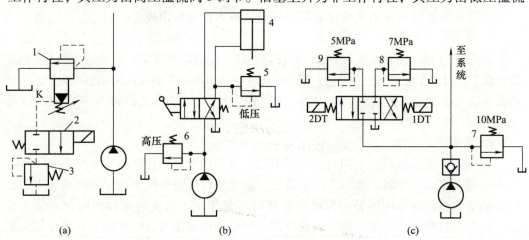

图 7-3 两级和三级调压回路

1—先导式溢流阀；2—二位二通电磁换向阀；3、7、8、9—溢流阀；
4—活塞；5—低压溢流阀；6—高压溢流阀

阀 5 调节，且只需克服运动部件自身的质量和摩擦阻力即可。低压溢流阀 5 和高压溢流阀 6 的规格都必须按液压泵最大供油量来选择。

（2）多级调压回路

图 7-3（c）为三级调压回路。在图示位置，系统压力由溢流阀 7 调节（为 10 MPa）；当电磁阀 1DT 通电时，系统压力由溢流阀 8 调节（为 7 MPa）；当电磁阀 2DT 通电时，系统压力由溢流阀 9 调节（为 5 MPa）。因此，系统可以得到三级压力。在此，三个溢流阀的规格都必须按照泵的最大供油量来选择。这种调压回路能调节三级压力的条件是溢流阀 7 的调定压力必须大于其余两个溢流阀的调定压力，否则溢流阀 8、9 将不起作用。

另外，利用电液比例溢流阀的调压回路可以通过调节比例溢流阀的输入电流，按比例连续地实现多级压力控制。

二、减压回路

减压回路是使系统中的某一部分油路具有较低的稳定压力。减压回路在控制油路、夹紧回路和润滑油路中应用较多。常用的减压方法是在需要减压的油路前串联一个定值减压阀。

如图 7-4 所示，供油压力根据主油路的负载由溢流阀 1 调定，夹紧液压缸 4 的工作压力根据负载由定值输出减压阀 2 调定。回路中的单向阀 3 用于主油路压力降低（低于减压阀 2 的调整压力）时防止液压油倒流，起短时保压的作用。为了保证二次压力的稳定，减压阀的最低调整压力不应小于 0.5 MPa，最高调整压力至少应该比系统压力小 0.5 MPa。如果减压回路上的执行元件需要调速时，调速元件应该放在减压阀的后面，这样可以避免减压阀的泄漏对执行元件的速度产生影响。

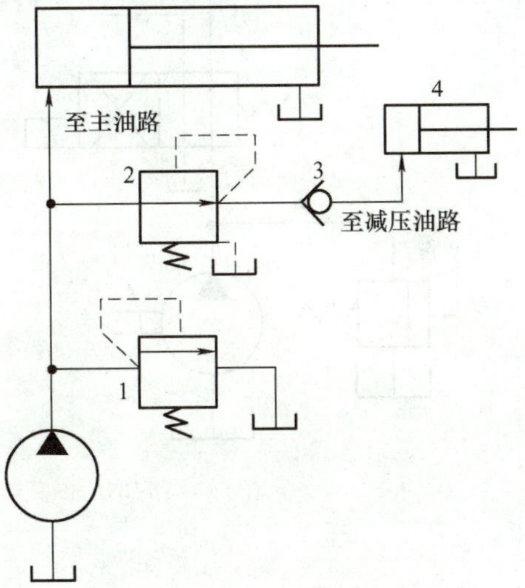

图 7-4 减压回路
1—溢流阀；2—定值输出减压阀；
3—单向阀；4—液压缸

三、增压回路

在液压系统中，若某部分的工作压力需要高于主油路的压力时，可采用增压回路。增压回路压力的增高是由增压器实现的。

（1）单作用增压器的增压回路

图 7-5 所示为单作用增压器的增压回路。当系统处于图示位置时，压力为 p_1 的液压油进入增压器的大活塞腔，此时在小活塞腔即可得到压力为 p_2 的高压液压油，

增压的倍数等于增压器大、小活塞的工作面积之比。当二位二通电磁换向阀的右位接入系统时，增压器的活塞返回，补油箱中的液压油经过单向阀补入小活塞腔。这种回路只能间断增压。

单作用增压器的增压回路不能获得连续的高压油，因此只适用于液压缸需要较大的单向作用力而行程较短的液压系统中。

（2）双作用增压器的增压回路

图7-6所示为双作用增压器的增压回路。在图示位置时，泵输出的液压油经过换向阀5和单向阀1进入增压器的左端大、小活塞腔，右端大活塞腔的回油通油箱，右端小活塞腔增压后的高压油经过单向阀4输出，此时单向阀2、3被关闭；当活塞移到右端时，换向阀5通电换向，活塞向左移动，左端小活塞腔输出的高压油经过单向阀3输出。这样，增压器的活塞不断地往复运动，两端便交替输出高压油，实现连续增压。

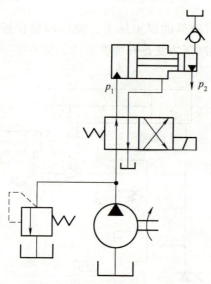

图7-5　单作用增压器的增压回路

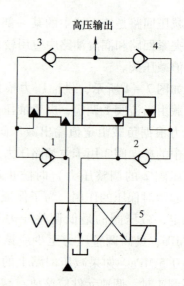

图7-6　双作用增压器的增压回路

四、卸荷回路

卸荷回路的作用是在液压泵驱动的电动机不需频繁起停的情况下，当执行件在短时间内停止运动时，使液压泵在零压或者很低的压力下运转，以提高系统效率，降低液压油发热，延长液压泵和电机的使用寿命。

所谓卸荷，就是指泵的功率损耗接近于零的运转状态。功率为流量与压力之积，两者任一近似为零，功率损耗即近似为零，故卸荷的方法分为流量卸荷和压力卸荷。流量卸荷法用于变量泵，此法简单，但泵处于高压状态，磨损比较严重；压力卸荷法是使泵在接近零压下进行工作。

下面介绍几种常用的卸荷回路。

（1）用三位换向阀中位机能的卸荷回路

利用三位四通换向阀的中位机能，如 M 型、H 型、K 型的换向阀处于中位时，使泵的输出液压油经换向阀的油口 P、T 直接流回油箱而卸载。如图 7-7（a）所示，这种卸荷回路的切换压力冲击大，适应于低压小流量系统。

如果在高压大流量的系统中采用 M 型、H 型、K 型的电液换向阀对泵进行卸荷，如图 7-7（b）所示，由于这种换向阀装有换向时间调节器，所以切换时压力冲击小，但是必须在换向阀前设置单向阀（或在换向阀回油口设置背压阀），从而使系统保持 0.2~0.3 MPa 的压力供给控制油路使用。

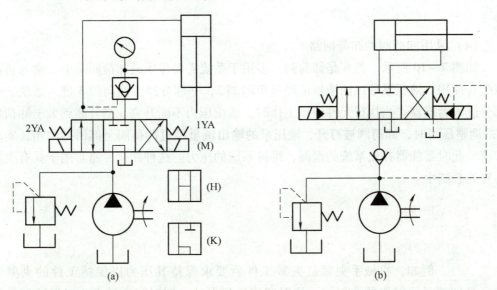

图 7-7　利用三位换向阀中位机能的卸荷回路

（2）用二位二通换向阀的卸荷回路

图 7-8 是一个采用了二位二通换向阀的卸荷回路。当执行元件停止工作时，二位二通换向阀通电，泵的输出液压油经过二位二通换向阀的左侧直接流回油箱，实现卸载。图中二位二通换向阀的规格必须和液压泵的额定流量相匹配。

（3）用先导式溢流阀的卸荷回路

图 7-9 所示为采用二位二通电磁换向阀控制先导式溢流阀的卸荷回路。先导式溢流阀的遥控口通过二位二通电磁换向阀与油箱相通。当执行元件停止工作，二位二通电磁换向阀通电时，先导式溢流阀遥控口直接通油箱，其主阀全部打开，泵输出的流量全部回到油箱而卸载。图中的二位二通电磁换向阀只需采用小流量规格的即可。

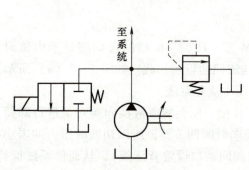

图 7 - 8　采用二位二通换向阀的卸荷回路

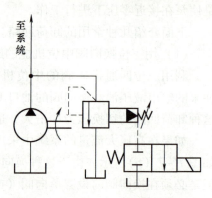

图 7 - 9　采用二位二通电磁换向阀
　　　　控制先导式溢流阀的卸荷回路

（4）采用卸荷阀的卸荷回路

如图 7 - 10 所示，阀 6 是卸荷阀，多用于系统需要保压的卸荷回路中，常与蓄能器配合使用。液压泵输出的液压油经过单向阀 2，一部分经过换向阀 3 进入系统，一部分进入蓄能器。当执行元件停止工作时，系统压力不断升高，当升高到大于卸荷阀 6 的调整压力时，卸荷阀被打开，液压泵的输出流量经过卸荷阀全部回到油箱，实现卸荷。此时蓄能器补充系统的泄漏，维持系统的压力。这种卸荷回路常用于具有夹紧装置的系统中。

五、保压回路

保压回路的作用是使系统在液压缸不动或仅有微小位移的情况下，仍能保持其工作压力。例如，机械手夹紧缸夹紧工件后要求保持其压力以保持工件的夹紧状态；又如塑料注射机的注射缸，注射完成后要保持一定时间的压力，以保证塑料制品的质量。保压回路需要满足保压时间、压力稳定、工作可靠、经济性等多方面的要求。

在定量泵系统中，可以通过溢流阀实现系统保压，但是此时泵的流量除供给系统的微小泄漏外，全部通过溢流阀回到油箱，所以泵的效率很低，且液压油容易发热。

（1）采用液控单向阀的保压回路

常用的最简单的保压回路是采用密封性较好的液控单向阀的回路。图 7 - 11 所示为液控单向阀保压回路，当换向阀 3 右位接入回路时，压力油经换向阀 3、液控单向阀 4 进入液压缸 6 的上腔。当压力达到保压要求的调定值时，电接触式压力表 5 发出电信号，使换向阀 3 切换至中位，这时液压泵卸荷，液压缸上腔由液控单向阀 4 进行保压。当液压缸上腔的压力下降到预定值时，电接触式压力表 5 又发出电信号并使换向阀 3 右位接入回路，液压泵又向液压缸上腔供油，使其压力回升，实现补油保压。当换向阀 3 左位接入回路时，液控单向阀 4 打开，活塞向上快速退回。这种保压回路保压时间长，压力稳定性较高，适用于保压性能要求较高的液压系统。

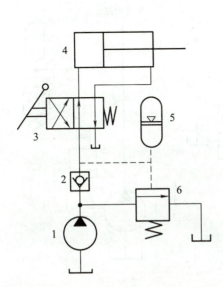

图 7-10　采用卸荷阀的卸荷回路

1—液压泵；2—单向阀；3—二位四通换向阀

4—液压缸；5—蓄能器；6—卸荷阀

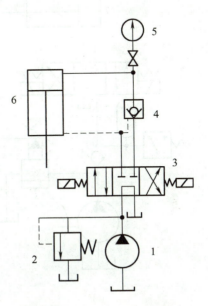

图 7-11　液控单向阀保压回路

1—液压泵；2—溢流阀；3—换向阀；4—液
控单向阀；5—电接触式压力表；6—液压缸

（2）利用蓄能器的保压回路

如果系统需要保压时间更长且压力稳定性更高时，可采用蓄能器来保压，它以蓄能器中的压力油来补偿回路中的泄漏而保持其压力。如图 7-12（a）所示回路，当主换向阀在左位工作时，液压缸前进压紧工件，油路压力升高至调定值，压力继电器发出信号使二通阀通电，泵即卸荷，单向阀自动关闭，液压缸则由蓄能器保压。蓄能器压力不足时，压力继电器复位使泵重新工作。保压时间的长短取决于蓄能器的容量，调节压力继电器的通断区间即可调节缸中压力的最大值和最小值。图 7-12（b）所示为多缸系统保压回路，进给缸快进时，泵压力下降，单向阀 8 关闭，把夹紧油路和进给油路隔开。蓄能器 5 用来给夹紧缸保压并补充泄漏，压力继电器 4 的作用是当夹紧缸压力达到预定值时发出信号，使进给缸动作。

六、平衡回路

平衡回路的作用是，防止垂直或倾斜放置的液压缸及其工作部件在上位停止时因自重的作用而下滑或在下行运动中超速而使运动不平稳。平衡回路的工作原理就是在液压缸下行回路的回油路上设置适当的阻力，给液压缸下腔提供一定的压力，用以平衡自重。

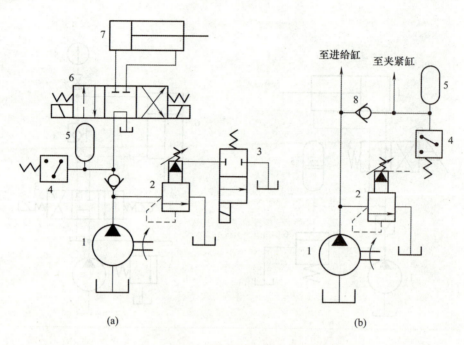

图 7-12 采用蓄能器的保压回路

（a）泵卸荷的保压回路；（b）多缸系统保压回路

1—液压泵；2—先导式溢流阀；3—二位二通电磁阀；4—压力继电器；5—蓄能器

6—三位四通电磁换向阀；7—液压缸；8—单向阀

图 7-13（a）是一种采用单向顺序阀的平衡回路。当三位四通换向阀的左位接入回路时，液压缸活塞向下运动。由于顺序阀的存在，在回油路上存在一定的背压。只要使顺序阀的调整压力稍大于工作部件在液压缸下腔产生的压力，就可以使活塞平稳下落。当三位四通换向阀处于中位时，活塞停止运动。这种回路在活塞向下快速运动时功率损失较大，锁住时，由于顺序阀的泄漏，活塞仍会缓慢下移，因而只适应于工作部件质量不大、活塞锁住时定位要求不高的场合。

如果要求活塞停止时定位精度好，则可以采用图 7-13（b）所示的单向节流阀的平衡回路。图中的单向节流阀不仅可以起到在液压缸活塞下行时，使液压缸下腔形成背压以平衡自重的作用，还可以起到调速的作用。当换向阀处于中位时，液压缸上腔失压，液控单向阀迅速关闭，运动部件立即停止运动并锁紧。这种回路由于液控单向阀是锥面密封，泄漏极小，因此密封性能很好。

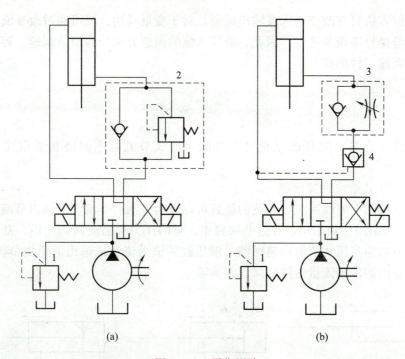

图 7 – 13　平衡回路

（a）用单向顺序阀的平衡回路；（b）用单向节流阀的平衡回路

1—溢流阀；2—单向顺序阀；3—单向节流阀；4—液控单向阀

学习任务二　速度控制回路

速度控制回路是用来控制调节执行件运动的，是液压系统中应用最多的一种基本控制回路，它包括调速回路、快速运动回路和速度换接回路。

一、调速回路

对任何液压系统来说，调速回路都是它的核心部分。一般的调速回路应满足以下要求：调速范围，即在额定负载下满足执行机构所要求的速度范围；速度刚度（速度－负载特性），即当负载变化时，已调好的速度不变或仅在允许范围内变化；回路效率，即要求功率损失要少、回路效率要高，同时还要求回路结构简单、工作可靠等。

调速回路的功能是调节执行元件的运动速度。根据执行元件允许的速度表达式可知：液压缸 $v = \dfrac{q_v}{A}$，液压马达 $n = \dfrac{q_v}{V}$。对于液压缸（A 一定）和定量马达（V 一定），改变速度的方法只有改变输入或输出流量。对于变量马达，既可通过改变流量又可通过改变自身排量来调节速度。因此，液压系统的调速方法分为节流调速、容积调速和容积节流调速三种形式。

1. 节流调速回路

节流调速回路的工作原理是用定量泵供油，通过改变回路中流量控制元件的流通截面积的大小来控制流入执行元件或者自执行元件流出的流量，以调节其运动速度。按照其工作压力是否随负载变化可以分成定压式节流调速回路和变压式节流调速回路。

（1）定压式节流调速回路

按照节流阀在液压系统中安装的位置可以分为进油口节流、出油口节流调速回路两种类型，如图 7-14 所示。在这些回路中，泵的压力经溢流阀调定后，基本上恒定不变，所以称为定压式节流调速回路。液压缸的输入流量或输出流量由节流阀调节，而定量泵输出的多余流量由溢流阀流回油箱。

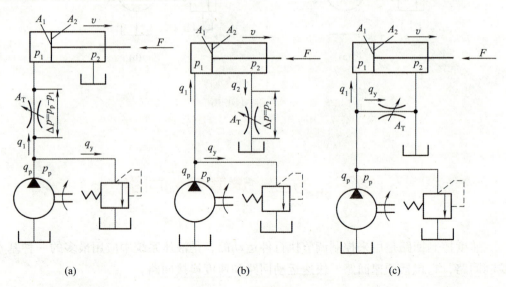

图 7-14　节流调速回路

（a）进油口节流调速回路；（b）出油口节流调速回路；（c）变压式旁路节流调速回路

1）速度负载特性

进油口节流调速回路中，如图 7-14（a）所示，定量泵输出的流量 q_p 在溢流阀调定的供油压力 p_p 下，其中一部分流量 q_1 经节流阀后，压力降为 p_1 进入液压缸的左腔并作用于有效工作面积 A_1 上，克服负载 F，推动液压缸的活塞以速度 v 向右运动；另一部分流量 Δq 经溢流阀流回油箱。当不考虑摩擦力和回油压力（即 $p_2 = 0$）时，活塞的运动速度和受力方程分别为

$$v = \frac{q_1}{A_1} \tag{7-1}$$

$$p_1 A_1 = F \qquad (7-2)$$

若不考虑泄漏，由流量连续性原理，流量 q_1 即为流过节流阀的流量。设节流阀前后压力差为 Δp_T，则进油路上的流量连续性方程为

$$q_1 = CA_T \Delta p_T^{\varphi} = CA_T(p_p - p_1)^{\varphi} \qquad (7-3)$$

式中　v——活塞运动速度；

　　　q_1——流入液压缸的流量；

　　　A_1——液压缸工作腔有效工作面积；

　　　p_p——液压泵的供油压力（即回路工作压力）；

　　　p_1——液压缸工作腔的压力；

　　　Δp_T——进油路上节流阀处的工作压差（节流口前后的压力差）；

　　　A_T——节流阀流通截面积；

　　　C、φ——节流阀的系数和指数；

　　　F——液压缸上的外负载。

由以上三式可得

$$v = \frac{q_1}{A_1} = \frac{CA_T(p_p A_1 - F)^{\varphi}}{A_1^{1+\varphi}} \qquad (7-4)$$

由式（7-4）可见，当其他条件不变时，活塞的运动速度 v 与节流阀流通截面积 A_T 成正比，故调节 A_T 就可调节液压缸的速度。

将式（7-4）按照不同的 A_T 作图，即可得到一组速度-负载曲线，又称为 机械特性曲线，如图7-15所示，定压式进油口节流调速回路的机械特性曲线。将执行元件的速度随负载的变化而变化的特性称为机械特性。

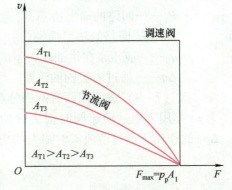

图7-15　定压式进油口节流调速回路的机械特性曲线

由图7-15及式（7-4）可见，当溢流阀的压力 p_p 和节流阀的流通截面积 A_T 调定以后，活塞的工作速度随负载加大而减小；当 $F = A_1 p_p$ 时，工作速度降为零，活塞停止不动；反之，负载减小时活塞速度增大。通常，负载变化对速度的影响程度用速度刚度 k_V 来衡量，它是图7-15机械特性曲线上某点处斜率的倒数。

用公式表示为

$$k_V = -\frac{\partial F}{\partial v} = -\frac{1}{\tan \alpha} \qquad (7-5)$$

斜率越小（机械特性越硬），速度刚度就越大，已调定的速度受负载变化的影响就越小，速度的稳定性就越好；反之则速度的稳定性就越差。

定压式进油口节流调速回路的速度刚度可由式（7-4）和式（7-5）推得

$$k_V = \frac{A_1^{1+\varphi}}{CA_T(p_p A_1 - F)^{\varphi-1}\varphi} = \frac{p_p A_1 - F}{\varphi v} \tag{7-6}$$

由式（7-6）及图 7-15 可以得出如下结论。

① 当 A_T 一定时，负载 F 越小，速度刚度 k_V 越大。

② 当负载 F 一定时，A_T 越小，速度刚度 k_V 越大。

③ 适当增加液压缸的有效工作面积 A_1 和液压泵的供油压力 p_p 都可以提高速度刚度。

④ 在 p_p 调定的情况下，不论 A_T 如何变化，液压缸的最大承载能力是不变的，即 $F_{max} = A_1 p_p$，所以称这种回路为恒推力调速。

2）功率和效率

调速回路的功率特性是以其自身的功率损失（不包括液压泵、液压缸和管路的功率损失）、功率损失分配情况和效率来表示的。定压式进油口节流调速回路的输入功率（即定量泵的输出功率）、输出功率和功率损失分别为

$$P_P = p_p q_P \tag{7-7}$$

$$P_1 = p_1 q_1 \tag{7-8}$$

$$\Delta P = P_P - P_1 = p_p q_p - p_1 q_1 = p_p \Delta q - \Delta p_T q_1 \tag{7-9}$$

式中　P_P——回路的输入功率；

　　　P_1——回路的输出功率；

　　　ΔP——回路的功率损失；

　　　q_p——液压泵在供油压力下的输出流量；

　　　Δq——通过溢流阀的流量。

式（7-9）表明回路有两部分功率损失：一部分是溢流损失，它是流量 Δq 在压力 p_p 作用下通过溢流阀时损失的功率；另一部分是节流损失，它是流量 q_1 在压差 Δp_T 的作用下通过节流阀时损失的功率。而回路的效率

$$\eta_C = \frac{P_1}{P_P} = \frac{p_1 q_1}{p_p q_p} \tag{7-10}$$

由于上述两部分功率损失的存在，使得回路的效率很低，尤其在低速小负载的工况。因此工作时要尽量使液压泵的流量接近液压缸的流量。

由上述分析可知，这种回路在低速小负载时速度刚度比较高，但是功率损失较大，效率较低。

3）调速范围

调速回路的调速特性是以其所驱动的液压缸在某个负载下可能得到的最大工作速度和最小工作速度之比（调速范围）来表示的。由式（7-4）求得定压式进口节流调速回路的调速范围为

$$R_C = \frac{v_{max}}{v_{min}} = \frac{A_{Tmax}}{A_{Tmin}} = R_T \tag{7-11}$$

式中　R_C、R_T——分别是调速回路和节流阀的调速范围；

v_{max}、v_{min}——分别是活塞所能得到的最大和最小工作速度；

A_{Tmax}、A_{Tmin}——分别是节流阀可能的最大和最小流通截面积。

上式表明，定压式进油口节流调速回路的调速范围只受节流阀调节范围的限制。

以上是针对进油口节流调速的分析，出油口节流调速回路的分析与此类似，只是特性表达式不同。

4）进油口节流调速回路特点

在工作中液压泵输出流量和供油压力不变。而选择液压泵的流量必须按执行元件的最高速度和负载情况下所需压力考虑，因此泵输出功率较大。但液压缸的速度和负载却常常是变化的。当系统以低速轻载工作时，有效功率却很小，相当大的功率损失消耗在节流损失和溢流损失上，功率损失转换为热能，使油温升高。特别是节流后的油液直接进入液压缸，由于管路泄漏，会影响液压缸的运动速度。

由于节流阀安装在执行元件的进油路上，回油路无背压。当负载消失时，工作部件会产生向前冲的现象，不能承受负值负载。为提高运动部件的平稳性，常常在回油路上增设一个 0.2～0.3 MPa 的背压阀。由于节流阀安装在进油路上，启动时冲击较小。节流阀节流口通流面积可由最小调至最大，所以调速范围大。

5）回油口节流调速回路特点

回油口节流调速回路的节流阀使液压缸回油腔形成一定的背压，因而能承受一定的负值负载，并可提高缸的速度平稳性。

在回油口节流调速时，进油腔压力没有变化，不易实现压力控制。虽然在工作部件碰到止挡块后，缸的回油腔压力下降为零，可以利用这个变化值使压力继电器实现降压发信号，但电气控制线路比较复杂，且可靠性不高。

若回油口节流调速回路使用单杆缸，无杆腔进油量大于有杆腔回油量，故在缸径、缸速相同的情况下，进油路节流调速回路的流量阀开口较大，低速时不易阻塞。因此，进油路节流调速回路能获得更低的稳定速度。

回油口节流调速广泛用于功率不大，有负值负载和负载变化较大的情况下，或者要求运动平稳性较高的液压系统中，如铣床、钻床、平面磨床、轴承磨床和进行精密镗削的组合机床。从停车后启动冲击小和便于实现压力控制的方便性而言，进油路节流调速比回油路节流调速更方便。又由于回油路节流调速以轻载工作时，背压力很大，影响密封，加大泄漏，故实际应用中普遍采用进油路节流调速，并在回油路上加一背压阀以提高运动的平稳性。

（2）变压式节流调速回路

如图 7－14（c）所示，在这种调速回路中，节流阀接在与主油路并联的分支油路上。使用定量泵，因其工作压力随负载的变化而变化，因而必须并联一个安全阀。因为节流阀在分支回路上，所以又称为旁路节流调速。这种回路通过节流阀调节排回油箱的流量，间接地对进入液压缸的流量进行控制。安全阀只在回路过载时才打开，保护定量泵。

1）速度负载特性

进入缸的流量 q_{v1} 为泵的流量 q_{vp} 与节流阀溢出流量 q_{vT} 之差，而且泵流量中应计入

泵的泄漏流量 Δq_{vp}（缸、阀的泄漏相对于泵可以忽略）。这是因为本回路中泵压随负载变化，泄漏正比于压力也是变量，对速度产生了附加影响，故

$$q_{v1} = q_{vp} - q_{vT} = (q_{vtp} - \Delta q_{vp}) - q_{vT} = (q_{vtp} - k_1 p_p) - CA_T \Delta p^\varphi = q_{vtp} - k_1 \frac{F}{A} - CA_T \left(\frac{F}{A}\right)^\varphi$$

式中，q_{vtp} 为泵的理论流量，k_1 为泵的泄漏系数。故液压缸的工作速度为

$$v = \frac{q_{v1}}{A} = \frac{q_{vtp} - k_1 \dfrac{F}{A} - CA_T \left(\dfrac{F}{A}\right)^\varphi}{A} \tag{7-12}$$

由上式可知，负载变化时其速度变化更为严重，即特性很软，速度稳定性很差。同时，本回路在中高速时速度刚度较高，这与上两回路恰好相反。

2）功率和效率

旁油路节流调速回路只有节流损失而无溢流损失；泵压直接随负载变化，即节流损失和输入功率随负载而增减，因此本回路的效率较高。

3）应用

本回路的速度负载特性很软，低速承载能力差，故其应用比前两种回路少。由于旁路节流调速回路在高速、重负载下工作时功率大、效率高，因此适用于动力较大，速度较高，而速度稳定性要求不高且调速范围小的液压系统中，例如牛头刨床的主运动传动系统，锯床进给系统等。

（3）采用调速阀的节流调速回路

采用节流阀的节流调速回路在负载变化时，缸速随节流阀两端压差变化。如用调速阀代替节流阀，速度平稳性便大为改善，因为只要调速阀两端的压差超过它的最小压差值 Δp_{min}，通过调速阀的流量便不随压差而变化。资料表明，进油和回油节流调速回路采用调速阀后，速度波动量不超过 ±4%。旁路节流调速回路则因泵的泄漏，性能虽差一些，但速度随负载增加而下降的现象已大为减轻，承载能力低和调速范围小的问题也随之得到解决。

在采用调速阀的节流调速回路中，虽然解决了速度稳定性问题，但由于调速阀中包含了减压阀和节流阀的损失，并且同样存在着溢流损失，故此回路的功率损失比节流阀调速回路还要大些。

2. 容积调速回路

容积调速回路的工作原理是通过改变回路中变量泵或者变量马达的排量来调节执行元件的运动速度。与节流调速回路相比，因为液压泵的输出液压油直接进入执行元件，没有溢流损失和节流损失，所以功率损失小；并且其工作压力随负载的变化而变化，所以效率高，发热少，适应于高速、大功率的系统。

按油路循环方式的不同，容积调速回路分为开式和闭式两种回路。开式回路中液压泵直接从油箱吸油供给执行元件，执行元件将油液直接排回油箱，油箱的结构尺寸较大，因此液压油可以得到充分的冷却，但是，空气和脏物容易进入回路。闭式回路中，液压泵将液压油输出，进入执行元件，又从执行元件的回油中吸油。这种回路结

构紧凑，只需很小的补油箱，可以避免空气和脏物的进入，但是冷却条件差。

容积调速回路按照动力元件与执行元件的不同组合，可以分为变量泵和定量执行元件的容积调速回路，定量泵和变量马达的容积调速回路，变量泵和变量马达的容积调速回路三种基本形式。

（1）变量泵和定量执行元件的容积调速回路

图7-16是变量泵和定量执行元件组成的容积调速回路，其中图7-16（a）的执行元件是液压缸，是开式回路；图7-16（b）的执行元件是液压马达，是闭式回路。图7-16（a）中的溢流阀2和图7-16（b）中的溢流阀2都起安全阀的作用，在系统过载时开启工作。在图7-16（b）中，辅助液压泵8用于补偿变量泵和液压马达的泄漏，还可以置换发热液压油，降低系统温升。溢流阀9用来调节辅助泵的工作压力。

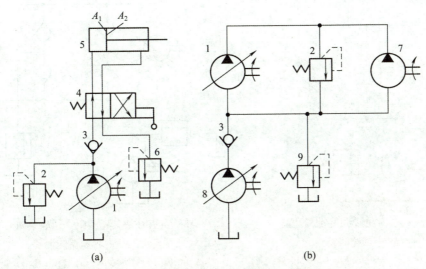

图7-16　变量泵和定量执行元件组成的容积调速回路
（a）变量泵-液压缸回路；（b）变量泵-定量马达回路
1—变量泵；2、9—溢流阀；3—单向阀；4—换向阀；5—液压缸；
6—背压阀；7—定量马达；8—辅助液压泵

调节变量泵的输出流量 q_p，即可对定量马达的转速 n_M 进行调节。如果系统的负载转矩恒定，则回路的工作压力 p 恒定不变，即 Δp_M 不变，此时定量马达的输出转矩 T_M 恒定，输出功率与转速成正比，所以这种回路又称为"恒转矩调速"。

（2）定量泵和变量马达的容积调速回路

图7-17为定量泵和变量马达的容积调速回路。回路由定量泵1、变量马达2、安全阀3、辅助泵4和压力阀5组成。定量泵1输出恒定流量，变量马达的转速通过改变自身的排量 V_M 进行调节。当负载不变时，回路的工作压力 p 和变量马达的输出功率 P_M 都恒定不变，所以这种回路又称为"恒功率调速回路"。这种调速回路的调速范围很

小，这是因为过小地调节液压马达的排量 V_M，使其输出转矩 T_M 降至很低，以致带不动负载，使其高转速受到限制；而低转速又由于变量马达和定量泵的泄漏使其在低速时承载能力差，故其转速不能太低。

这种调速回路在造纸、纺织等行业的卷曲装置中得到应用，它能使卷件在不断加大直径的情况下，基本保持被卷材料的线速度和拉力恒定不变。

（3）变量泵和变量马达的容积调速回路

图 7-18 是带有补油装置的闭式循环双向变量泵和变量马达的容积调速回路。改变双向变量泵 1 的供油方向，可使双向变量马达 2 正向或反向转换。回路左侧的两个单向阀 6 和 8 用于使补油泵 4 能双向地向变量泵吸油腔补油，补油压力由溢流阀 5 调定。右侧两个单向阀 7 和 9 使安全阀 3 在双向变量马达 2 的正反向运动时都能起到过载保护的作用。

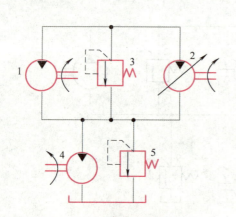

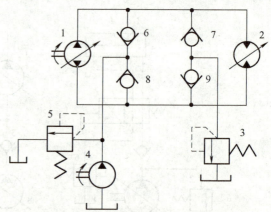

图 7-17　定量泵和变量马达的
容积调速回路

1—定量泵；2—变量马达；3—安全阀

4—辅助泵；5—压力阀

图 7-18　带有补油装置的闭式循环双向变量泵和
变量马达的容积调速回路

1—双向变量泵；2—双向变量马达；3—安全阀；4—补油泵；

5—溢流阀；6，8—左侧单向阀；7，9—右侧单向阀

这种回路实际上是上述两种回路的组合，双向变量马达转速的调节可以分成低速和高速两段进行。一般执行元件都要求启动时具有较低的转速和较大的启动转矩，而在正常工作时具有较高的转速和较小的输出转矩。因此，这种回路在使用时，在低速段，将双向变量马达的排量调到最大，使双向变量马达能够获得最大的输出转矩，然后通过调节双向变量泵的输出流量来调节双向变量马达的转速。随着转速升高，双向变量马达的输出功率也随之增加。在此过程中，双向变量马达的转矩保持不变，这一段是变量泵和定量马达容积调速方式。在高速段，使双向变量泵处于最大排量状态，然后调节双向变量马达的排量来调节双向变量马达转速，随着双向变量马达转速的升高，输出转矩随之降低，双向变量马达的输出功率保持不变，这一段是定量泵和变量马达容积调速方式。

3. 容积节流调速回路

容积节流调速回路采用压力补偿变量泵供油，用流量控制阀调节流入或流出液压缸的流量来控制液压缸的活塞速度，并使变量泵的输出流量自动地与液压缸所需流量相适应。这种回路虽然有节流损失，但没有溢流损失，效率较高。

容积节流调速回路工作效率高，调速范围大，速度刚性好，一般用于空载时需快速、承载时要稳定的中小功率液压系统，如图7-19所示。

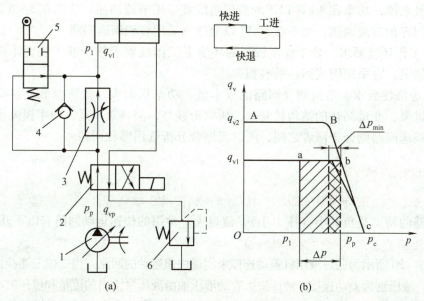

图 7-19 容积节流调速回路
1—变量泵；2—换向阀；3—调速阀；4—单向阀；5—行程阀；6—背压阀

4. 调速回路的比较和选用

（1）调速回路的比较（见表7-1）

表 7-1 调速回路的比较

回路类型 主要性能		节流调速回路				容积调速回路	容积节流调速回路
		用节流阀		用调速阀			
		进、回油	旁路	进、回油	旁路		
机械特性	速度稳定性	较差	差	好		较好	好
	承载能力	较好	较差	好		较好	好
调速范围		较大	小	较大		大	较大
功率特性	效率	低	较高	低	较高	最高	高
	发热	大	较小	大	较小	最小	小
适用范围		小功率，轻载的中、低压系统				大功率，重载高速的中、高压系统	中、小功率的中压系统

（2）调速回路的选用

调速回路的选用主要考虑以下问题。

① 执行机构的负载性质、运动速度、速度稳定性等要求。负载小且工作中负载变化也小的系统可采用节流阀进行节流调速。在工作中负载变化较大且要求低速稳定性好的系统，宜采用调速阀的节流调速或容积节流调速。负载大、运动速度高、油的温升要求小的系统，宜采用容积调速回路。

一般来说，功率在 3 kW 以下的液压系统宜采用节流调速；功率在 3～5 kW 范围内宜采用容积节流调速；功率在 5 kW 以上的宜采用容积调速回路。

② 工作环境要求。处于温度较高的环境下工作且要求整个液压装置体积小、质量轻的情况，宜采用闭式回路的容积调速。

③ 经济性要求。节流调速回路的成本低，功率损失大，效率也低。容积调速回路因变量泵、变量马达的结构较复杂，所以价钱高，但其效率高、功率损失小。而容积节流调速回路则介于两者之间，所以需综合分析选用哪种回路。

二、快速运动回路

快速运动回路又叫增速回路，其功能是加快液压执行元件在空载运行时的速度。快速回路的特点是负载小（压力小），流量大。常用的快速运动回路有以下几种。

1. 液压缸差动连接快速运动回路

图 7-20 所示为通过液压缸差动连接来实现快速运动的回路。当二位三通换向阀处于右位时，液压缸为差动连接。液压缸大腔的液压油由液压泵输出的流量和液压缸小腔的回油共同提供，推动活塞向右快速运动。当活塞两端的面积比为 2∶1 时，其速度将是非差动连接的 2 倍。

2. 双泵供油快速运动回路

图 7-21 所示是通过双泵供油来实现快速运动的回路。图中 1 是高压小流量泵，2 是低压大流量泵。当液压执行元件需要快速运动时，高压小流量泵 1 和低压大流量泵 2 同时向系统供油。当执行元件进入工作行程时，系统压力升高，当压力达到液控顺序阀 3 的调定压力时，液控顺序阀打开，单向阀 4 关闭，使低压大流量泵 2 卸荷，仅由高压小流量泵 1 向系统供油，执行元件缓慢移动。系统的工作压力由溢流阀 5 调定，并且，为保证系统正常工作，必须使液控顺序阀 3 的调定压力小于溢流阀 5 的压力。这种回路的效率较高，适用于空载时需要大流量，而正常工作时只需要小流量的场合。

3. 采用蓄能器辅助供油的快速运动回路

图 7-22 所示为采用蓄能器辅助供油来实现快速运动的回路。在这种回路中，当换向阀 5 处于左位或者右位时，液压泵 1 和蓄能器 4 同时向液压缸 6 供油，使液压缸获得大的流量而快速运动。当换向阀 5 处于中位时，液压缸停止工作，液压泵通过单向阀 3 向蓄能器 4 补油，使蓄能器储存能量。随着蓄能器中油量的增加，蓄能器的压力随之升高，当达到液控顺序阀 2 的调定压力时，液压泵卸荷。

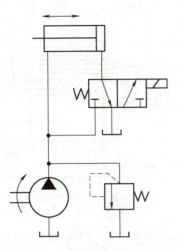

图7-20 液压缸差动连接快速
        运动回路

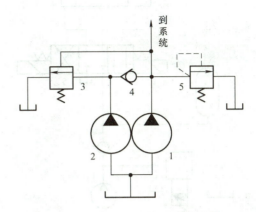

图7-21 双泵供油快速运动回路
1—高压小流量泵；2—低压大流量泵；3—液控顺序阀；
4—单向阀；5—溢流阀

　　这种回路适应于短时间内需要大流量的场合，并可以用小流量液压泵使执行件获得较大的运动速度。在使用这种回路时，需要注意在一个工作循环内，必须有足够的停歇时间使蓄能器中的液压油得到补充。

4. 利用增速缸的快速运动回路

　　图7-23所示是通过增速缸来实现快速运动的回路。其中增速缸的结构如图中6、7所示，柱塞式增速缸6安装在活塞缸7中，并且增速缸的外壳和活塞缸的活塞做成一体。当将换向阀2和3的左位接入回路时，液压泵提供的压力油经过换向阀2的左位进入柱塞式增速缸6，由于柱塞式增速缸的柱塞与活塞缸的缸体连接并固定，因此在压力油的作用下，活塞向右快速运动。活塞缸右腔的回油经过换向阀2回油箱，左腔则通过液控单向阀5从辅助油箱4中吸油。当换向阀3的右位接入回路时，液压泵提供的压力油经过换向阀3进入活塞缸的左腔和柱塞式增速缸，此时液控单向阀5在压力油的作用下关闭，活塞以较先前低的速度缓慢向右运动。当换向阀2的右位接入回路时，液压泵提供的压力油经过换向阀2进入活塞缸的右腔，柱塞式增速缸接通油箱，此时液控单向阀5在压力油的作用下打开，活塞缸左腔的液压油一部分通过液控单向阀5流入辅助油箱4，一部分通过换向阀2流回油箱，推动活塞快速向左运动。

　　这种回路可以在不增加液压泵流量的情况下获得较快的运动速度，功率利用比较合理。它在空行程速度要求比较快的卧式液压机上应用比较广泛。

三、速度换接回路

　　速度换接回路的功能是使液压执行元件在一个工作循环内，从一种运动速度变换到另一种运动速度，这种转换不仅包括快速到慢速的换接，也包括两种慢速之间的换接。例如切削加工时由快进变成工进，或者由一工进变成二工进。

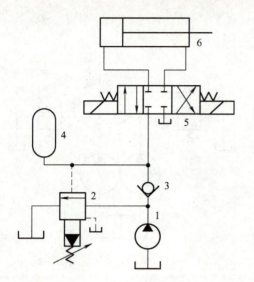

图7-22　采用蓄能器辅助供油的快速运动回路
1—液压泵；2—液控顺序阀；3—单向阀；
4—蓄能器；5—换向阀；6—液压缸

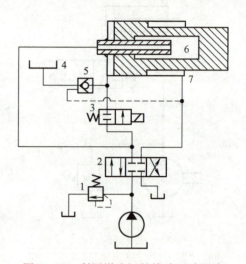

图7-23　利用增速缸的快速运动回路
1—溢流阀；2、3—换向阀；4—辅助油箱；
5—液控单向阀；6—柱塞式增速缸；7—活塞缸

1. 快速转慢速的速度换接回路

图7-24所示为采用行程阀来实现快、慢速换接的回路。当二位四通换向阀2右位和行程阀4的下位接入回路时，液压泵提供的压力油进入液压缸左腔，回油经过行程阀直接回油箱，与行程阀并联的调速阀6被短路，活塞快速向右运动。当活塞移动碰到行程阀的挡铁时，行程阀的上位接入回路，液压缸右腔的回油必须经过调速阀6流回油箱，活塞的运动速度变成慢速工进。当换向阀2的左位接入回路时，液压油经过单向阀5进入液压缸的右腔，活塞快速向左返回。这种回路的快速与慢速的换接过程比较平稳，换接点的位置比较准确。缺点是行程阀的安装位置不能任意布置，管路连接比较复杂。如果将行程阀换成电磁换向阀，并通过

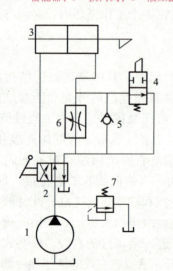

图7-24　采用行程阀来实现快、
慢速换接的回路
1—液压泵；2—二位四通换向阀；3—液压缸；
4—行程阀；5—单向阀；6—调速阀；7—溢流阀

挡铁压下电器行程开关来实现快慢速换接，这种方法安装连接比较方便，但是速度换接的平稳性、可靠性以及换向精度都比较差。这种回路在机床液压系统中较为常见。

2. 两种慢速工进的速度换接回路

图7-25所示是用两个调速阀来实现两种慢速工进速度换接的回路。其中

7-25（a）中两调速阀并联，由换向阀 C 换接，两调速阀各自独立调节流量，互不影响。但一个调速阀工作时，另一个调速阀无油通过，其减压阀居最大开口位置，速度换接时大量液压油通过该处使执行元件突然向前冲。因此，它不宜用于在加工过程中实现速度换接，只能用于速度预选场合。图 7-25（b）为两个调速阀串联的速度换接回路，其中一个调速阀与一个二位二通的换向阀并联。当换向阀 D 的左位进入回路时，调速阀 B 被短路，输入液压缸的流量由调速阀 A 调节。当换向阀 D 的右位接入回路时，液压泵提供的流量经过两个调速阀进入液压缸。显然，只有当调速阀 B 的调整流量比调速阀 A 的调整流量小时，才能获得比先前小的运动速度，否则调速阀 B 将不起作用。在这种回路中，调速阀 A 一直处于工作状态，它在速度换接时限制着进入调速阀 B 的流量，因此这种回路的速度换接平稳性比较好。

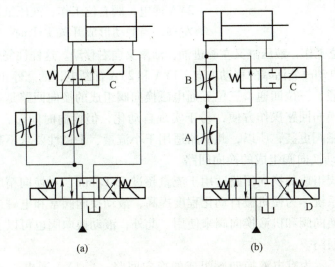

图 7-25　采用两个调速阀实现两种慢速工进速度换接的回路

学习任务三　方向控制回路

方向控制回路的功能是用来控制液压系统中各油路中油液的接通、切断或者改变流向，这类控制回路主要有换向回路和锁紧回路等。

一、换向回路

换向回路主要用来改变液流的方向。换向过程一般包括三个阶段，即执行元件的减速制动、短暂停留和反向启动。这一过程是通过换向阀的阀芯与阀体之间的位置变换实现的。因此选用不同的换向阀组成的换向回路，其换向性能也不相同。对换向回路的基本要求是换向可靠性和灵敏性高，平稳性和换向精度合适。

1. 采用双向变量泵的换向回路

在容积调速的闭式回路中，可以利用双向变量泵来控制流入执行件的液流的方向，从而实现执行元件的换向。图7-26所示的采用双向变量泵的换向回路中，控制实现变量泵的液流方向，就可以改变马达的旋转方向。

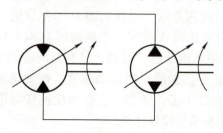

图7-26　采用双向变量泵的换向回路

2. 换向阀组成的换向回路

（1）由电磁换向阀组成的换向回路

图7-27所示为利用行程开关控制三位四通电磁换向阀动作的换向回路。按下启动按钮，1YA通电，阀左位工作，液压缸左腔进油，活塞右移；当触动行程开关2ST时，1YA断电、2YA通电，阀右位工作，液压缸右腔进油，活塞左移；当触动形成开关1ST时，1YA通电，2YA断电，阀又左位工作，液压缸又左腔进油，活塞又向右移动。这样往复变换换向阀的工作位置，就可自动改变活塞的移动方向。1YA和2YA都断电，活塞停止运动。

由二位四通、三位四通、三位五通电磁换向阀组成的换向回路是较常用的。电磁换向阀组成的换向回路操作方便，易于实现自动化，但换向时间短，故换向冲击大，尤其是交流电磁阀更甚，所以，此回路适用于小流量、平稳性要求不高的场合。

（2）由液动换向阀组成的换向回路

液动换向阀组成的换向回路适用于流量超过63 L/min、对换向精度与平稳性有一定要求的液压系统。为使机械自动化程度提高，液动换向阀常和电磁换向阀、机动换向阀组成电液换向阀和机液换向阀来使用。此外，液动换向阀也可以手动换向阀为先导，组成换向回路。

图7-28所示为有电液换向阀组成的换向回路。当1YA通电、2YA断电时，三位四通电磁换向阀左位工作，控制油路的压力油推动液动换向阀的阀芯右移，液动换向阀处于左位工作状态，泵输出的液压油经液动换向阀的左位进入缸左腔，推动活塞右移；当1YA断电、2YA通电时，三位四通电磁换向阀换向，使液动换向阀也换向，主油路的液压油经液动换向阀的右位进入缸右腔，推动活塞左移。

二、锁紧回路

锁紧回路的功能是控制执行元件能在任意位置停留并且停留后不会因为外力作用而移动位置。常见的锁紧回路有以下几种。

（1）利用换向阀的中位机能锁紧

图7-29所示回路是利用三位换向阀的中位机能（O型或M型）封闭液压缸两腔进、出油口，使液压缸锁紧。这种回路结构简单，不需要其他装置即可实现液压缸的锁紧。由于换向阀的泄漏，锁紧精度较差，所以经常用于锁紧精度要求不高、停留时间不长的液压系统中。

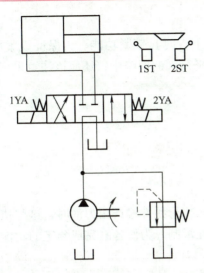

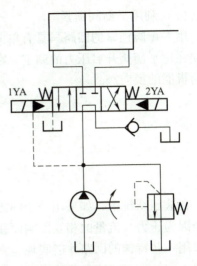

图 7 - 27　由电磁换向阀组成的换向回路　　　　图 7 - 28　由电液换向阀组成的换向回路

（2）利用液控单向阀锁紧

图 7 - 30 所示为采用液控单向阀的锁紧回路。当换向阀处于中位时，由于换向阀的中位机能是 H 型，液压泵卸荷，两个液控单向阀关闭，液压缸双向锁紧。由于液控单向阀的密封性好，泄漏少，所以锁紧精度高，其锁紧精度主要取决于液压缸的泄漏。这种回路常用于锁紧精度要求高且长时间锁紧的液压系统中。

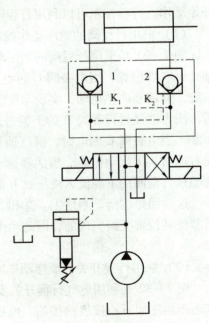

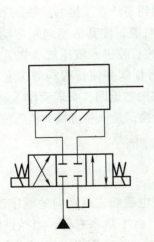

图 7 - 29　利用三位换向阀的中位机能的锁紧回路　　　　图 7 - 30　采用液控单向阀的锁紧回路

（3）利用平衡阀锁紧

用平衡阀锁紧的回路只具有单向（液压缸下行时）锁紧功能。为保证锁紧可靠，必须注意平衡阀开启压力的调定。在采用外控平衡阀的回路中，还应该注意采用合适换向机能的换向阀。

学习任务四　多缸工作控制回路

在液压系统中，如果用一个油源给多个液压执行元件输送压力油时，这些执行元件会因为压力与流量的相互影响而在动作上相互牵制。为使各缸完成预定的功能，需要采用一些特殊的回路才能实现。常见的多缸运动回路包括顺序动作回路、同步动作回路、多缸卸荷回路和互不干涉回路等四种。

一、顺序动作回路

顺序动作回路的功能是使多缸液压系统中的各个液压缸严格按照规定的顺序动作。实现顺序动作的控制回路，一般可分成行程控制、压力控制和时间控制三类。

1. 行程控制顺序动作回路

行程控制就是利用执行元件运动到一定位置时发出控制信号，使下一个执行元件开始动作。行程控制可以利用行程阀和行程开关等来实现。

（1）采用行程阀的顺序动作控制回路

图7-31是采用行程阀的顺序动作控制回路。在图示状态，液压缸A、B的活塞都处于右端位置，当电磁阀C通电后，液压油经过电磁阀C的左腔进入液压缸A的右腔，其活塞向左运动，实现动作①。当活塞运动到与活塞连接的挡铁压下行程阀D后，压力油经过行程阀D的上腔进入液压缸B的右腔，使其活塞向左运动，实现动作②。当电磁阀C断电时，液压油经过电磁阀C的右腔进入液压缸A的左腔，活塞向右返回，实现动作③。当活塞运动到挡铁离开行程阀并使行程阀D复位后，压力油经过行程阀的下腔流入液压缸B的左腔，使活塞向右返回，实现动作④。

这种回路的运动顺序①、②和③、④之间的转换，是依靠机械挡铁压放行程阀的阀芯使其位置变换实现的，因此动作可靠。该回路的缺点是行程阀必须安装在液压缸附近，改变运动顺序比较困难。

（2）采用行程开关的顺序动作回路

图7-32是利用电气行程开关发送信号来控制电磁阀先后换向的顺序动作回路。其动作顺序如下：按启动按钮，电磁铁1DT通电，缸1活塞右行；当挡铁触动行程开关2XK，使2DT通电，缸2活塞右行至行程终点，触动3XK，使1DT断电，缸1活塞左行；而后挡铁触动1XK，使2DT断电，缸2活塞左行。至此完成了缸1、缸2

的全部顺序动作的自动循环。采用电气行程开关控制的顺序回路，调整行程大小和改变动作顺序都很方便，且可利用电气互锁使动作顺序可靠。

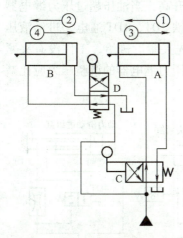

图7-31　采用行程阀的顺序
动作控制回路

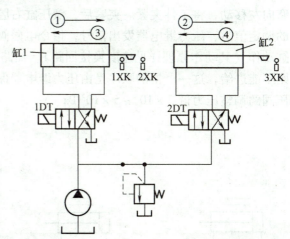

图7-32　利用电气行程开关发送信号来控制电磁阀先后换向的顺序动作回路

这种回路系统简单，调整方便，便于改动运动顺序，应用广泛。回路动作的可靠性主要取决于电气元件的质量。

2. 压力控制顺序动作回路

压力控制就是利用液压系统工作过程中压力的变化来控制执行元件的顺序动作，这是液压系统独有的控制特性。顺序动作可以利用顺序阀、压力继电器来实现。

（1）利用顺序阀控制的顺序动作回路

图7-33所示为采用两个单向顺序阀的压力控制顺序动作回路。其中单向顺序阀4控制两液压缸前进时的先后顺序，单向顺序阀3控制两液压缸后退时的先后顺序。当电磁换向阀左位接入回路时，压力油进入液压缸1的左腔，右腔经单向顺序阀3中的单向阀回油。此时由于压力较低，单向顺序阀4关闭，液压缸1的活塞先动。当液压缸1的活塞运动至终点时，油压升高，达到单向顺序阀4的调定压力时，单向顺序阀开启，压力油进入液压缸2的左腔，右腔直接回油，液压缸2的活塞向右移动。当液压缸2的活塞右移达到终点后，电磁换向阀右位接入回路，此时压力油进入液压缸2的右腔，左腔经单向顺序阀4中的单向阀回油，使液压缸2的活塞向左返回，到达终点时，油压升高，打开单向顺序阀3再使液压缸1的活塞返回。

这种顺序动作回路的可靠性，在很大程度上取决于单向顺序阀的性能及其压力调整值。单向顺序阀的调整压力应比先动作的液压缸的工作压力高 $8 \times 10^5 \sim 10 \times 10^5$ Pa，以免在系统压力波动时，发生误动作。

（2）利用压力继电器控制的顺序动作回路

图7-34所示为利用压力继电器控制的顺序动作回路。其机床的夹紧、进给系统

要求的动作顺序是先将工件夹紧，然后动力滑台进行切削加工。动作循环开始时，二位四通电磁阀处于图示位置，液压泵输出的压力油进入夹紧缸的右腔，左腔回油，活塞向左移动，将工件夹紧。夹紧后，液压缸右腔的压力升高，当油压超过压力继电器的调定值时，压力继电器发出信号，指令电磁阀的电磁铁2DT、4DT通电，进给液压缸动作（其动作原理详见速度换接回路）。油路中要求先夹紧后进给，工件没有夹紧则不能进给，这一严格的顺序是由压力继电器保证的。压力继电器的调整压力应比减压阀的调整压力低 $3 \times 10^5 \sim 5 \times 10^5$ Pa。

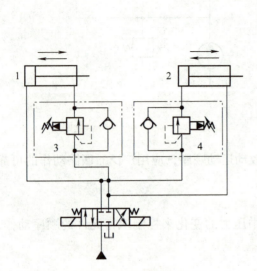

图 7-33　采用两个单向顺序阀的压力
控制顺序动作回路
1、2—液压缸；3、4—单向顺序阀

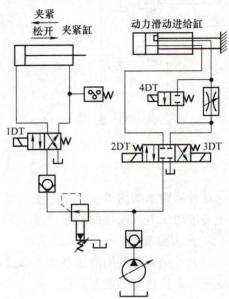

图 7-34　利用压力继电器控制
的顺序动作回路

3. 时间控制顺序动作回路

时间控制的顺序运动回路，是在一个元件开始运动并经过预先设定的时间后，另一个元件再开始运动的回路。时间控制可以利用时间继电器、延时继电器或延时阀等实现。

如图 7-35 所示为用延时阀来实现缸3、4工作行程的顺序动作回路。当阀1电磁铁通电，左位接通回路后，缸3实现动作①。同时，压力油进入延时阀2中的节流阀B，推动换向阀A缓慢左移，延续一定时间后，接通油路a、b，液压油才进入缸4，实现动作②。通过调节节流阀开度，来调节缸3和缸4先后动作的时间差。当阀1电磁铁断电时，压力油同时进入缸3和缸4右腔，使两缸返回，实现动作③。由于通过节流阀的流量受负载和温度的影响，所以延时不准确，一般都与行程控制方式配合使用。

二、同步动作回路

同步动作回路的功能是保证系统中的两个或多个执行元件在运动中以相同的位移或者速度运动，也可以按照一定的速比运动。从理论上讲，对两个工作面积相同的液压缸输入等量的液压油即可以使两者同步。但由于泄漏、摩擦阻力、制造精度、外负载、变形及液体中含有的气体等因素会使同步难以保证。因此，同步运动回路中应该尽量克服或减少上述因素的影响。

同步动作分为位置同步和速度同步两种。所谓位置同步就是在每一瞬间，每个液压缸的相对位置保持固定不变。对于开环控制系统，严格地做到每一瞬间的位置同步很困难，因此常采用速度同步控制方式。如果能保证每一瞬间的速度同步，也就保证了位置同步。为获得高精度的位置同步，需要采用位置闭环控制系统。

1. 容积式同步动作回路

容积式同步动作回路主要是用相同的液压泵、执行元件（液压缸或液压马达）或机械连接的方法来实现同步的。

图7-36所示为采用同步泵的同步动作回路。图中两个同轴等排量的液压泵分别向两个有效工作面积相等的油缸供油，实现两缸的同步动作。

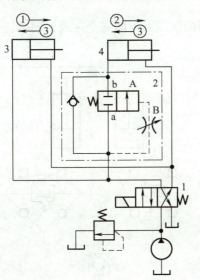

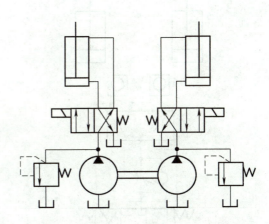

图7-35　采用延时阀的时间控制顺序动作回路
1—阀；2—延时阀；3、4—缸

图7-36　采用同步泵的同步动作回路

这种同步动作回路的同步精度主要取决于由液压泵制造误差而引起排量的差别以及液压缸的加工精度和密封性，一般可达到1%～2%。本回路是容积式的，常用于重载、大功率的同步系统。

2. 采用分流集流阀的同步动作回路

利用分流集流阀可以使两个液压缸得到相同的（或成比例的）流量，因而使两个活塞得到相同的（或成比例的）运动速度。

图 7-37 所示为采用分流集流阀的同步动作回路。当三位四通换向阀 1 左位接回路时，压力油经分流集流阀 3 分成两股等量的液压油进入液压缸 5 和液压缸 6，使两缸活塞同步上升；当换向阀右位接回路时，分流集流阀 3 起集流作用，控制两缸活塞同步下降。回路中的单向节流阀 2 用来控制活塞下降速度，增加背压。分流集流阀只能实现速度同步。若某缸先到达行程终点，则可经分流集流阀内节流孔窜油，使各缸都能到达终点，从而消除累积误差。

这种回路采用分流集流阀自动调节进入两缸的流量，保证同步。该回路使用方便，精度较高，可达 2% ~5% 。但是，分流集流阀的制造精度及造价都比较高。

3. 采用电液比例调速阀的同步动作回路

通过流量阀可以控制进入两个液压缸的流量，从而达到控制其运动速度的目的，实现同步。

图 7-38 所示为采用电液比例调速阀的同步动作回路，回路中使用一个普通调速阀和一个电液比例调速阀（它们各自装在由单向阀组成的桥式节流油路中），分别控制液压缸 3 和液压缸 4 的运动。当两活塞出现位置误差时，检测装置就会发出信号，调节比例调速阀的开度，实现同步。

这种同步方法简单，但是因为两个调速阀的性能不可能完全一致，同时还受到负载变化和泄漏的影响，故其同步精度不高。

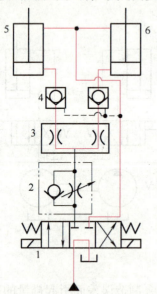

图 7-37　采用分流集流阀的同步动作回路
1—三位四通换向阀；2—单向节流阀；3—分流
集流阀；4—液控单向阀；5、6—液压缸

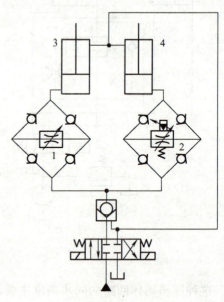

图 7-38　采用电液比例调速阀的同步动作回路
1—调速阀；2—电液比例调速阀；3、4—液压缸

4. 带补偿措施的串联液压缸的同步动作回路

图7-39是带补偿措施的串联液压缸的同步动作回路。在这个回路中，液压缸1有杆腔A的有效工作面积与液压缸2无杆腔B的有效工作面积相等。因而从A腔排出的流量进入B腔后，两液压缸便同步下降。回路中有补偿措施使同步误差在每一次下行运动中都得到消除，避免误差的积累。

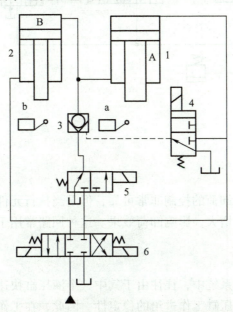

图7-39 带补偿措施的串联液压缸的同步动作回路
1、2—液压缸；3—液控单向阀；4、5—二位三通换向阀；6—三位四通换向阀

其补偿原理如下：当三位四通换向阀6右位工作时，两液压缸活塞同时下行。如果液压缸1的活塞先运动到底，它就会触动行程开关a使二位三通换向阀5的电磁线圈通电，二位三通换向阀5右位工作，压力油经二位三通换向阀5和液控单向阀3向液压缸2的B腔补油，推动活塞继续运动到底部，误差消除。如果液压缸2先运动到底部，则触动行程开关b使得阀4的电磁线圈通电，二位三通换向阀4上位工作，控制压力油使液控单向阀反向通道打开，使液压缸1的A腔通过液控单向阀回油，使其活塞继续运动到底部。这种串联式同步回路只适应于负载较小的液压系统。

三、多缸卸荷回路

多缸卸荷回路的功用在于液压泵在各个元件都处于停止位置时自动卸荷，而当任一元件要求工作时又立即由卸荷状态转换成工作状态。

图7-40所示即为一种多缸卸荷回路。由图可见，液压泵的卸荷回路只在各换向阀都处于中位时才能接通油箱，任一换向阀不在中位时，液压泵都会立即恢复压力油的供应。

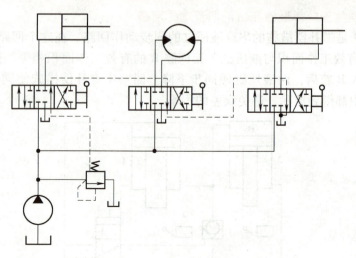

图 7-40　多缸卸荷回路

　　这种回路对液压泵卸荷的控制非常可靠，但是当执行元件数目较多时，卸荷油路较长，使泵的卸荷压力增大，影响卸荷效果。这种回路常用于工程机械上。

四、互不干涉回路

　　在一泵多缸的液压系统中，往往由于其中一个液压缸快速运动时，会造成系统的压力下降，影响其他液压缸工作进给的稳定性。因此，在工作进给要求比较稳定的多缸液压系统中，必须采用快、慢速互不干涉回路。

　　在图 7-41 所示的多缸快、慢速互不干涉回路中，各液压缸分别要完成快进、工作进给和快速退回的自动循环。回路采用双泵的供油系统，液压泵 1 为高压小流量泵，供给各缸工作进给所需的压力油；液压泵 2 为低压大流量泵，为各缸快进或快退时输送低压油。它们的压力分别由溢流阀 3 和 4 调定。

　　当开始工作时，电磁阀 1DT、2DT 和 3DT、4DT 同时通电，液压泵 2 输出的压力油经单向阀 6 和 8 进入液压缸的左腔，此时两泵供油使各活塞快速前进。当电磁铁 3DT、4DT 断电后，由快进转换成工作进给，单向阀 6 和 8 关闭，工进所需压力油由液压泵 1 供给。如果其中某一液压缸（例如缸 A）先转换成快速退回，即换向阀 9 断电换向，液压泵 2 输出的液压油经单向阀 6、换向阀 9 和单向调速阀 11 的单向元件进入液压缸 A 的右腔，左腔经换向阀回油，使活塞快速退回，而其他液压缸仍由液压泵 1 供油，继续进行工作进给。这时，调速阀 5（或 7）使液压泵 1 仍然保持溢流阀 3 的调整压力，不受快退的影响，防止了相互干扰。在回路中调速阀 5 和 7 的调整流量应适当大于单向调速阀 11 和 13 的调整流量，这样工作进给的速度由单向调速阀 11 和 13 来决定。这种回路可以用在具有多个工作部件各自分别运动的机床液压系统中。换向阀 10 用来控制 B 缸换向，换向阀 12、14 分别控制 A、B 缸快速进给。

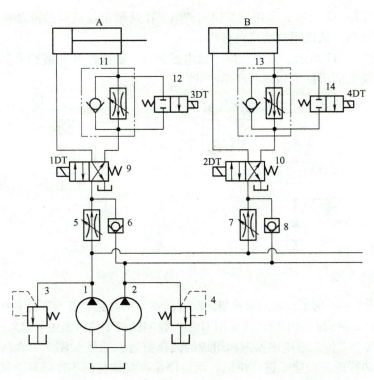

图 7-41　多缸快、慢速互不干涉回路
1、2—液压泵；3、4—溢流阀；5、7—调速阀；6、8—单向阀；
9、10、12、14—换向阀；11、13—单向调速阀

习 题 七

1. 减压回路有什么功能？
2. 在什么情况下需要使用保压回路？
3. 卸荷回路有什么功能？
4. 什么是平衡回路？平衡阀的调定压力如何确定？
5. 进油口节流阀调速回路有什么特点？出油口节流阀调速回路又有什么特点？
6. 为什么采用调速阀能提高调速性能？
7. 试分析三种容积式调速回路的特性。
8. 什么叫差动回路？
9. 如何用行程阀实现两种不同速度的换接？如果用调速阀又该如何实现？
10. 如何分别用行程阀、顺序阀实现执行元件的顺序动作？
11. 如何实现并联液压缸和串联液压缸的同步？

12. 如图 7-42 所示，采用行程换向阀 A、B 及带定位机构的液动换向阀 C 组成的自动换向回路，试说明自动换向过程。

13. 如图 7-43 所示，采用二位三通电磁阀 A、蓄能器 B 和液控单向阀 C 组成换向回路，试说明液压缸是如何实现换向的。

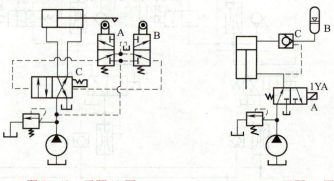

图 7-42　习题 12 图　　　　　　　7-43　习题 13 图

14. 如图 7-44 所示，采用液控单向阀双向锁紧的回路，其液压缸是如何实现双向锁紧的。为什么换向阀的中位机能采用 H 型？换向阀的中位机能还可以采用什么型？

15. 用四个二位二通电磁换向阀组成的液压缸控制系统如图 7-45 所示，可使液压缸实现差动快进、慢速工进、快退、原位停止、泵卸荷的工作循环。试将电磁铁的动作顺序填入表 7-2（通电为 "＋"，断电为 "－"）。

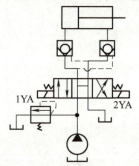

图 7-44　习题 14 图

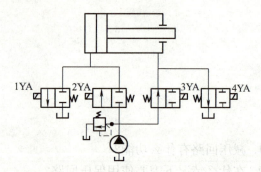

图 7-45　习题 15 图

表 7-2　电磁铁的动作顺序

序号	电磁铁\动作名称	1YA	2YA	3YA	4YA
1	差动快进				
2	慢速工进				
3	快退				
4	停止、泵卸荷				

16. 如图 7-46 所示，液压缸 A、B 并联，若液压缸 A 先动作且速度可调，当液压缸 A 活塞运动到终点后液压缸 B 活塞才动作，那么试问图示回路能否实现要求的顺序动作？为什么？如何改进才能实现 A、B 两液压缸的顺序动作？

17. 在如图 7-47 所示的夹紧回路中，已知溢流阀的调整压力 $p_Y = 5$ MPa，减压阀的调整压力 $p_J = 2.5$ MPa。试分析：

（1）夹紧缸在未夹紧工件前作空载运动时，A、B、C 各点的压力。

（2）夹紧缸使工件夹紧后，泵出油口压力为 5 MPa，A、C 各点的压力。

（3）工件夹紧后，泵的出油口压力突然降至 1.5 MPa，这时 A、C 各点的压力。

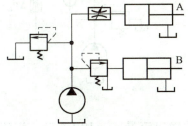
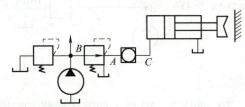

图 7-46　习题 16 图　　　　　　　　图 7-47　习题 17 图

18. 如图 7-48 所示的液压系统，已知各压力阀的调整压力分别是 $p_{Y1} = 6$ MPa，$p_{Y2} = 5$ MPa，$p_{Y3} = 2$ MPa，$p_{Y4} = 1.5$ MPa，$p_J = 2.5$ MPa。图中活塞已经顶在工件上且可以忽略管路和换向阀的压力损失。试问表中电磁铁的通电顺序组合，系统分别处于什么工况，A、B 点的压力值各是多少？（将结果填入表 7-3 中）

表 7-3　电磁铁的通电顺序

	1	2	3	4	5
1YA	-	-	-	-	+
2YA	+	-	-	-	-
3YA	-	+	-	-	+
4YA	+	-	+	-	-
A					
B					

19. 如图 7-49 所示的回路，液压缸活塞直径 $D = 100$ mm，活塞杆外径 $d = 70$ mm，负载 $F = 25\,000$ N。

试求：

（1）为使节流阀前后压差为 0.3 MPa，溢流阀的调整压力应为多少？

（2）溢流阀调定后，若负载降为 15 000 N，则节流阀前后的压差为多少？

（3）节流阀的最小稳定流量为 50 cm³/min，则回路最低稳定速度是多少？

（4）当负载 F 突然降为 0 时，液压缸有杆腔压力为多少？

（5）若把节流阀装在进油路上，液压缸有杆腔接油箱，当节流阀的最小稳定流量不变时，回路的最低稳定速度为多少？

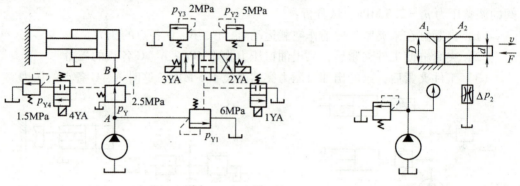

图 7 - 48　习题 18 图　　　　　　　　　图 7 - 49　习题 19 图

20. 如图 7 - 50 所示的液压回路，如果液压泵的输出流量 $q_p = 10$ L/min，溢流阀的调定压力 $p_Y = 2$ MPa，两个薄壁孔型节流阀的流量系数都是 $C_q = 0.67$，开口面积 $A_{T1} = 0.02$ cm²，$A_{T2} = 0.01$ cm²，液压油密度 $\rho = 900$ kg/m³。在不考虑溢流阀的调压偏差时，求：

（1）液压缸无杆腔的最高工作压力。

（2）溢流阀可能出现的最大溢流量。

21. 图 7 - 51 所示为一调速回路。已知，液压缸活塞直径 $D = 60$ mm，活塞杆外径 $d = 20$ mm，工件速度 $v_1 = 0.6$ m/min，负载力 $F_1 = 5\,000$ N；快进速度 $v_2 = 10$ m/min，负载力 $F_2 = 500$ N。试求：

（1）工进时的回路效率。

（2）若用高压小流量、低压大流量双泵并联供油的系统，试选择泵的容量，计算工进时的回路效率。

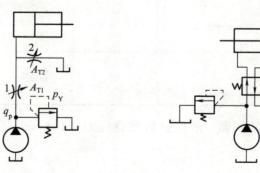

图 7 - 50　习题 20 图　　　　　　　　　图 7 - 51　习题 21 图

项目八　典型液压系统

学习任务一　组合机床动力滑台液压系统

一、概述

组合机床是由通用部件和某些专用部件组成的效率和自动化程度较高的专用机床。

如图 8-1 所示，组合机床通用部件有动力箱 3，动力滑台 4、支承件（侧底座 5、立柱 1、立柱底座 2、中间底座 6）和输送部件（回转和移动工作台，图中未给出）等，而专用部件有多轴箱 8 和夹具 7。组合机床通常采用多轴、多刀、多面、多工位加工，能完成钻、扩、铰、镗、铣、攻螺纹、磨削等加工方法和工件的转位、定位、夹紧、输送等动作。其加工范围广，自动化程度高，在成批和大量生产中得到了广泛的应用，这里只介绍组合机床动力滑台的液压系统。

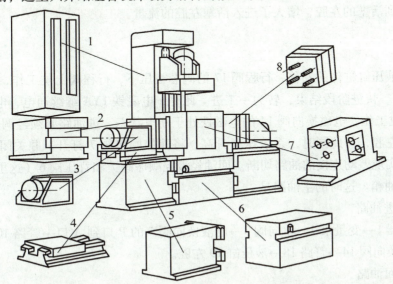

图 8-1　组合机床的基本组成

1—立柱；2—立柱底座；3—动力箱；4—动力滑台；5—侧底座；6—中间底座；7—夹具；8—多轴箱

二、工作原理

以 YT4543 组合机床液压动力滑台为例，它可以实现多种不同的工作循环，其中一种比较典型的工作循环是：快进→一工进→二工进→死挡铁停留→快退→停止。图 8-2 所示为完成这一动作循环的动力滑台液压系统工作原理图。系统中采用限压式变量叶片泵供油，并使液压缸差动连接以实现快速运动。由电液换向阀换向，用行程阀、液控顺序阀实现快进与工进的转换，用二位二通电磁换向阀实现一工进和二工进之间的速度换接。为保证进给的尺寸精度，采用了死挡铁停留来限位。

1. 快进

按下启动按钮，三位五通电液动换向阀 5 的 1YA 得电，先导电磁阀左位进入工作状态，这时的主油路包含两部分。

（1）进油路

滤油器 1→变量泵 2→单向阀 3→管路 4→电液换向阀 5 的 P 口到 A 口→管路 10→管路 11→行程阀 17→管路 18→液压缸 19 左腔；

（2）回油路

液压缸 19 右腔→管路 20→电液换向阀 5 的 B 口到 T 口→管路 8→单向阀 9→管路 11→行程阀 17→管路 18→液压缸 19 左腔。

此时，快进的原因有二：一是因为动力滑台的载荷较小，系统中的压力较低，变量泵 2 输出流量增大；二是因为差动的原因，使活塞右腔的油液没有流回到油箱中，而是进入到活塞的左腔，增大了进入活塞左腔的流量。上述两个原因导致活塞左腔的流量剧增，从而使活塞推动动力滑台快速前进，实现快进动作。

2. 第一次工作进给（一工进）

随着液压缸缸体的左移，行程阀 17 的阀芯被压下，行程阀上位工作，使管路 11 和 18 断开，快进阶段结束，转为一工进。此时，电磁铁 1YA 继续通电，电液换向阀 5 仍在左位工作，电磁换向阀 14 的电磁铁处于断电状态。进油路必须经调速阀 12 进入液压缸左腔，与此同时，系统压力升高，将液控顺序阀 7 打开，并关闭单向阀 9，使液压缸实现差动连接的油路切断。回油经液控顺序阀 7 和背压阀 6（这里采用溢流阀）回到油箱。这时的主油路是：

（1）进油路

滤油器 1→变量泵 2→单向阀 3→电液换向阀 5 的 P 口到 A 口→管路 10→调速阀 12→电磁换向阀 14→管路 18→液压缸 19 左腔。

（2）回油路

液压缸 19 右腔→管路 20→电液换向阀 5 的 B 口到 T 口→管路 8→液控顺序阀 7→背压阀 6→油箱。

因为工作进给时油压升高，所以变量泵 2 的流量自动减小，动力滑台向前作第一次工作进给，进给速度的大小用调速阀 12 调节。

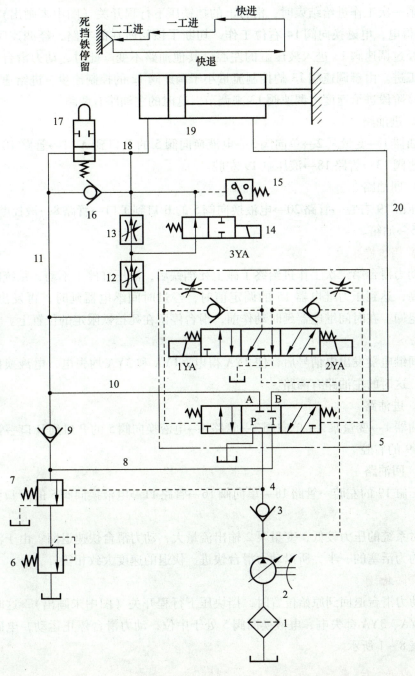

图 8 - 2　YT4543 型组合机床动力滑台液压系统原理图

1—滤油器；2—变量泵；3、9、16—单向阀；4、8、10、11、18、20—管路；5—电液换向阀；6—背压阀；7—液控顺序阀；12、13—调速阀；14—电磁换向阀；15—压力继电器；17—行程阀；19—液压缸

3. 第二次工作进给（二工进）

在第一次工作进给结束时，滑台上的挡铁压下行程开关（图中未画出），使电磁铁 3YA 得电，电磁换向阀 14 右位工作，切断了该阀所在的支路，经调速阀 12 的油液必须经过调速阀 13 进入液压缸的左腔，其他油路不变。此时，动力滑台由一工进转为二工进。由于调速阀 13 的控制流量小于调速阀 12 的控制流量，进给速度进一步降低。该阶段进给速度由调速阀 13 来调节。这时的主油路有两路。

（1）进油路

滤油器 1→变量泵 2→单向阀 3→电液换向阀 5 的 P 口到 A 口→管路 10→调速阀 12→调速阀 13→管路 18→液压缸 19 左腔。

（2）回油路

液压缸 19 右腔→管路 20→电液换向阀 5 的 B 口到 T 口→管路 8→液控顺序阀 7→背压阀 6→油箱。

4. 死挡铁停留

当动力滑台第二次工作进给终了碰上死挡铁后，液压缸停止不动，系统的压力进一步升高，达到压力继电器 15 的调定值时，经过时间继电器延时，再发出电信号，使滑台退回。在时间继电器延时动作前，滑台停留在死挡铁限定的位置上。

5. 快退

时间继电器发出电信号后，使 2YA 得电，1YA 和 3YA 均失电，电液换向阀 5 右位工作，这时的主油路有两路。

（1）进油路

滤油器 1→变量泵 2→单向阀 3→管路 4→电液换向阀 5 的 P 口到 B 口→管路 20→液压缸 19 的右腔。

（2）回油路

液压缸 19 的左腔→管路 18→单向阀 16→管路 11→电液换向阀 5 的 A 口到 T 口→油箱。

这时系统的压力较低，变量泵 2 输出流量大，动力滑台快速退回。由于活塞杆的面积大约为活塞的一半，所以动力滑台快进、快退的速度大致相等。

6. 原位停止

当动力滑台退回到原始位置时，挡块压下行程开关（图中未画出），这时电磁铁 1YA、2YA、3YA 都失电，电液换向阀 5 处于中位，动力滑台停止运动，电磁铁动作顺序如表 8－1 所示。

三、系统特点

动力滑台的液压系统是能完成较复杂工作循环的典型单缸中压系统，其特点如下：

表8-1 动力滑力液压系统主要元件动作顺序

工作循环	信号来源	电磁铁			电液换向阀5	行程阀17	液控顺序阀7
		1YA	2YA	3YA			
快进	电磁铁1YA得电	+	-	-	左位	开	关
一工进	行程阀17被压下	+	-	-	左位	关	开
二工进	电磁铁3YA得电	+	-	+	左位	关	开
停 留	死挡铁	+	-	-	左位	关	开
快退	时间继电器	-	+	-	右位	关/开	关
原位停止	终点开关	-	-	-	中位	开	关

①系统采用了限压式变量叶片泵和调速阀组成的容积节流调速回路，且在回油路上设置背压阀。能获得较好的速度刚性和运动平稳性，并可减少系统的发热。

②采用电液动换向阀的换向回路，发挥了电液联合控制的优点，而且主油路换向平稳、无冲击。

③采用液压缸差动连接的快速回路，简单可靠，能源利用合理。

④采用行程阀和液控顺序阀，实现快进与工进速度的转换，使速度转换平稳、可靠、且位置准确。

⑤采用两个串联的调速阀及用行程开关控制的电磁换向阀实现两种工进速度的转换。由于进给速度较低，故也能保证换接精度和平稳性的要求。

⑥采用压力继电器发信号，控制滑台反向退回，方便可靠。止挡块的采用还能提高滑台工进结束时的位置精度。

学习任务二 数控车床液压系统

一、概述

装有程序控制系统的车床简称为数控车床。在数控车床上进行车削加工时，其自动化程度高，能获得较高的加工质量。目前，在数控车床上，大多都应用了液压传动技术。

二、工作原理

图8-3所示为MJ-50型数控车床的液压系统原理图。机床中由液压系统实现的动作有：卡盘的夹紧与松开、刀架的夹紧与松开、刀架的正反转、尾座套筒的伸出与缩回。液压系统中各电磁阀的电磁铁的得电与失电由数控系统的PC控制实现。机床

的液压系统采用单向变量泵供油，系统压力调至 4 MPa，压力由压力计 15 显示。泵输出的压力油经过单向阀进入系统，其工作原理如下。

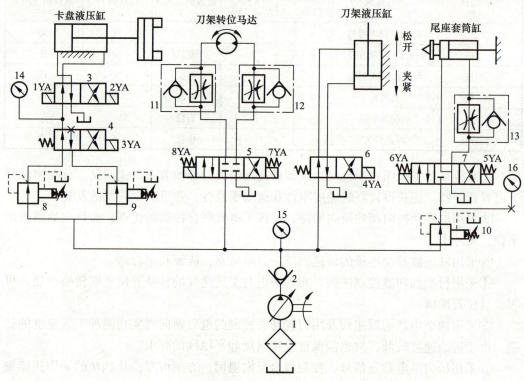

图 8-3　MJ-50 型数控车床的液压系统

1—变量泵；2—单向阀；3、5、7—换向阀；4、6—电磁溢流阀；
8、9、10—减压阀；11、12、13—单向调速阀；14、15、16—压力计

1. 卡盘的夹紧与松开

（1）卡盘处于正卡

当卡盘处于正卡且在高压夹紧状态下，夹紧力的大小由减压阀 8 来调整，夹紧压力由压力计 14 来显示。当 1YA 通电时，换向阀 3 左位工作，系统压力油经减压阀 8、电磁溢流阀 4、换向阀 3 到液压缸右腔，液压缸左腔的油液经换向阀 3 直接回油箱。此时，活塞杆左移，卡盘夹紧。当 2YA 通电（1YA 同时断电）时，换向阀 3 右位工作，系统压力油经减压阀 8、电磁溢流阀 4、换向阀 3 到液压缸左腔，液压缸右腔的油液经换向阀 3 直接回油箱，活塞杆右移，卡盘松开。

当卡盘处于正卡且在低压夹紧（3YA 通电）状态下，夹紧力的大小由减压阀 9 来调整。此时，3YA 通电，电磁溢流阀 4 右位工作。换向阀 3 的工作情况与高压夹紧时相同。

（2）卡盘反卡

当卡盘处于反卡且在高压夹紧（3YA 断电）状态下，夹紧力的大小由减压阀 8

160

来调整，夹紧压力由压力计 14 来显示。当 1YA 断电（2YA 同时通电）时，换向阀 3 右位工作，系统压力油经减压阀 8、电磁溢流阀 4、换向阀 3 到液压缸左腔，液压缸右腔的油液经换向阀 3 直接回油箱。此时，活塞杆右移，卡盘夹紧。当 2YA 断电（1YA 同时通电）时，换向阀 3 左位工作，系统压力油经减压阀 8、电磁溢流阀 4、换向阀 3 到液压缸右腔，液压缸左腔的油液经换向阀 3 直接回油箱，活塞杆左移，卡盘松开。当卡盘处于反卡且在低压夹紧状态下，夹紧力的大小由减压阀 9 来调整。此时，3YA 通电，电磁溢流阀 4 右位工作，换向阀 3 的工作情况与高压夹紧时相同。

2. 回转刀架的回转

回转刀架换刀时，首先使刀架松开，然后刀架转位到指定的位置，最后刀架复位夹紧，当 4YA 通电时，电磁溢流阀 6 右位工作，刀架松开。当 8YA 通电时，液压马达带动刀架正转，转速由单向调速阀 11 控制。若 7YA 通电，则液压马达带动刀架反转，转速由单向调速阀 12 控制。当 4YA 断电时，电磁溢流阀 6 左位工作，液压缸使刀架夹紧。

3. 尾座套筒的伸缩运动

当 6YA 通电时，换向阀 7 左位工作，系统压力油经减压阀 10、换向阀 7 到尾座套筒液压缸的左腔，液压缸右腔油液经单向调速阀 13 中的单向阀，通过换向阀 7 流回油箱，缸筒带动尾座套筒伸出，伸出时的预紧力大小通过压力计 16 显示。反之，当 5YA 通电时，换向阀 7 右位工作，系统压力油经减压阀 10、换向阀 7、单向调速阀 13 到液压缸右腔，液压缸左腔的油液经换向阀 7 流回油箱，套筒缩回。各电磁铁动作见表 8-2。

表 8-2 电磁铁动作顺序表

工作部件	动作		电磁铁							
			1YA	2YA	3YA	4YA	5YA	6YA	7YA	8YA
卡盘正卡	高压	夹紧	+	−	−					
		松开	−	+	−					
	低压	夹紧	+	−	+					
		松开	−	+	+					
卡盘反卡	高压	夹紧	−	+	−					
		松开	+	−	−					
	低压	夹紧	−	+	+					
		松开	+	−	+					
刀架	正转								−	+
	反转								+	−
	松开					+				
	夹紧					−				
尾座	套筒伸出						−	+		
	套筒缩回						+	−		

三、系统特点

通过上述分析，可以对液压系统的特点总结如下：

①采用单向变量液压泵向系统供油，能量损失小。

②用换向阀控制卡盘，实现高压和低压夹紧的转换，并且分别调节高压夹紧或低压夹紧压力的大小，这样可根据工件情况调节夹紧力，操作方便简单。

③用液压马达实现刀架的转位，可实现无级调速，并能控制刀架正、反转。

④用换向阀控制尾座套筒液压缸的换向，以实现套筒的伸出或缩回，并能调节尾座套筒伸出工作时的预紧力大小，以适应不同工件的需要。

⑤压力计14、15、16可分别显示系统相应处的压力，以便于故障诊断和调试。

学习任务三　汽车起重机液压系统

一、概述

汽车起重机是将起重机安装在汽车底盘上的一种可自行行走、机动性好的起重机械。汽车起重机采用液压传动方式，可实现在冲击、振动和环境条件恶劣的情况下承载大负荷的目的。其特点是执行元件需要完成的动作较为简单，位置精度低，大部分采用手动操纵，液压系统工作压力较高。现以 Q2-8 型汽车起重机为例来讲述其液压系统。

Q2-8 型汽车起重机是一种中型起重机，如图 8-4 所示。其最大起质量为80 kN，最大起重高度为 11.5 m。起重机的工作机构由以下五部分组成：

①支腿机构。由于汽车轮胎支承能力有限，且为弹性变形体，作业时很不安全，故在起重作业前必须放下前、后支腿，使汽车轮胎架空，用支腿承重，在行驶时又必须将支腿收起，轮胎着地。该机构的作用是：起重作业前，将汽车轮胎离开地面并调

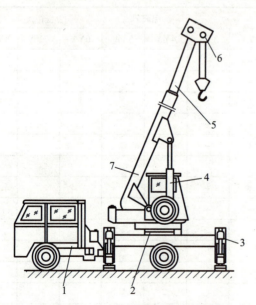

图 8-4　Q2-8 汽车起重机外形图
1—载重汽车；2—转台；3—支腿；4—吊臂变幅液压缸；
5—吊臂伸缩缸；6—起降机构；7—基本臂

平车架；起重作业中，使载荷通过车架"刚性"地传到地面上。

②回转机构。该机构的作用是起重作业中使起重吊臂回转，将重物在某个水平面上从一个位置转移到另一个位置。

③伸缩机构。该机构用以改变起重吊臂的长度，将重物在垂直面上从一个位置转移到另一个位置。

④变幅机构。该机构用以改变起重吊臂的倾角，将重物在垂直面上从一个位置转移到另一个位置。

⑤起降机构。该机构用以在其他机构不变时，通过钢缆将重物吊起、放下，实现重物在纵向上的位置变换。

二、工作原理

Q2-8型汽车起重机的液压系统如图8-5所示。该系统属于中高压系统，用一个轴向柱塞泵作动力源，液压泵的额定压力为21 MPa，排量为40 mL/min，转速为1 500 r/min，液压泵由汽车发动机通过传动装置（取力箱）驱动。与工作机构相对应，液压系统由支腿收放、转台回转、吊臂伸缩、吊臂变幅和吊重起降五个工作支路所组成。其中，前、后支腿收放支路的换向阀A、B组成一个手动阀组1。其余四支路的换向阀C、D、E、F组成另一手动阀组2。各换向阀均为M型中位机能三位四通手动

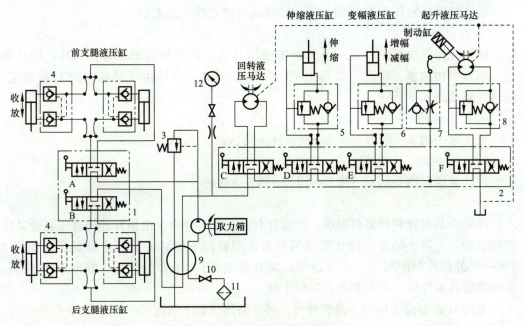

图8-5　Q2-8型汽车起重机液压系统

A、B、C、D、E、F—手动换向阀

1、2—手动阀组；3—安全阀；4—双向液压锁；5、6、8—平衡阀；7—单向节流阀；

9—中心旋转接头；10—开关；11—滤油器；12—压力表

阀，换向阀 C、D、E、F 依次串联组合而成的四联多路阀，可实现多缸卸荷。根据起重工作的具体要求，操纵各阀不仅可以分别控制各执行元件的运动方向，还可以通过控制阀芯的位移量来实现节流调速。

液压系统中的液压泵、安全阀、手动阀组 1 及支腿液压缸安装在车架上，其他液压元件都安装在可回转的上车体部分。油箱也装在上车体部分，兼作配重。车架与上车体的油路通过中心旋转接头 9 连通。

1. 支腿收放支路

前支腿两个液压缸同时用一个手动换向阀 A 控制其收、放动作，后支腿两个液压缸用阀 B 来控制其收、放动作。为确保支腿停放在任意位置并能可靠地锁住，故在每一个支腿液压缸的油路中设置一个由两个液控单向阀组成的双向液压锁。

当阀 A 在左位工作时，液压缸活塞杆伸出，前支腿放下，其进、回油路线如下所述。

（1）进油路

液压泵→换向阀 A→液控单向阀→前支腿液压缸无杆腔。

（2）回油路

前支腿液压缸有杆腔→液控单向阀→阀 A→阀 B→阀 C→阀 D→阀 E→阀 F→油箱。

后支腿液压缸用阀 B 控制，其油路路线与前支腿支路类似。

2. 转台回转支路

回转支路的执行元件是一个大转矩液压马达，它能双向驱动转台回转。通过齿轮、蜗杆机构减速，转台可获得 1～3 r/min 的低速。马达由手动换向阀 C 控制正、反转，其油路如下所述。

（1）进油路

液压泵→阀 A→阀 B→阀 C→回转液压马达；

（2）回油路

回转液压马达→阀 C→阀 D→阀 E→阀 F→油箱。

3. 吊臂伸缩支路

吊臂由基本臂和伸缩臂组成，伸缩臂套装在基本臂内，由吊臂伸缩液压缸带动作伸缩运动。为防止吊臂在停止阶段因自重作用而向下滑移，油路中设置了平衡阀 5（由一个外控式顺序阀与一个普通单向阀并联组成）。吊臂的伸缩由换向阀 D 控制，使伸缩臂具有伸出、缩回和停止三种工况。

当阀 D 在右位工作时，吊臂伸出，其油路路线如下所述。

（1）进油路

液压泵→阀 A→阀 B→阀 C→阀 D→平衡阀 5 中的单向阀→伸缩液压缸无杆腔。

（2）回油路

伸缩液压缸有杆腔→阀 D→阀 E→阀 F→油箱。

当阀 D 在左位工作时，吊臂缩回，其油路路线如下所述。

（1）进油路

液压泵→阀 A→阀 B→阀 C→阀 D→伸缩液压缸有杆腔。

（2）回油路

伸缩液压缸无杆腔→平衡阀 5 中的外控式顺序阀→阀 D→阀 E→阀 F→油箱。

当阀 D 在中位工作时，吊臂由 M 型换向阀阀芯锁住而保持不动，液压泵的油液通过换向阀 A、B、C、D、E、F 后，流入油箱，此时液压泵卸荷。

4. 吊臂变幅支路

吊臂变幅是用液压缸来改变吊臂的起降角度。变幅要求工作平稳可靠，故在油路中也设置了平衡阀 6。增幅或减幅运动由换向阀 E 控制，使吊臂具有增幅、减幅和停止三种工况。当阀 E 在右位工作时，吊臂增幅，其油路路线如下所述。

（1）进油路

液压泵→阀 A→阀 B→阀 C→阀 D→阀 E→平衡阀 6 中的单向阀→变幅液压缸无杆腔。

（2）回油路

变幅液压缸有杆腔→阀 E→阀 F→油箱。

当阀 E 在左位工作时，吊臂减幅，其油路路线如下所述。

（1）进油路：液压泵→阀 A→阀 B→阀 C→阀 D→阀 E→变幅液压缸有杆腔；

（2）回油路：变幅液压缸无杆腔→平衡阀 6 中的外控式顺序阀→阀 E→阀 F→油箱。

当阀 E 在中位工作时，吊臂由 M 型换向阀阀芯锁住而保持不动，液压泵的油液通过换向阀 A、B、C、D、E、F 后，流入油箱，此时液压泵卸荷。

5. 吊重起降支路

起降支路是系统的主要工作油路。重物的提升和落下作业由一个大转矩液压马达带动绞车来完成。液压马达的正、反转由换向阀 F 控制，马达转速，即起降速度可通过改变发动机油门（转速）及控制换向阀 F 来调节。油路设有平衡阀 8，用以防止重物因自重而下落。由于液压马达的内泄漏比较大，当重物吊在空中时，尽管油路中设有平衡阀，重物仍会向下缓慢滑移，为此，在液压马达驱动的轴上设有制动器。当起降机构工作时，在系统油压作用下，制动器液压缸使闸块松开；当液压马达停止转动时，在制动器弹簧作用下，闸块将轴抱紧。当重物悬空停止后再次起升时，若制动器立即松闸，但马达的进油路可能未来得及建立足够的油压，就会造成重物短时间失控下滑。为避免这种现象产生，在制动器油路中设置单向节流阀 7，使制动器抱闸迅速，松闸却能缓慢进行（松闸时间用节流阀调节）。Q2－8 型汽车起重机液压系统手动操纵阀位置与工作机构动作之间的关系如表 8－3 所示。

表 8-3　Q2-8 型汽车起重机液压系统手动操纵阀位置与工作机构动作关系

A	B	C	D	E	F	前支腿液压缸	后支腿液压缸	回转液压马达	伸缩液压缸	变幅液压缸	起降液压马达	制动液压缸
左	中	中	中	中	中	放下	不动	不动	不动	不动	不动	制动
右						收起						
中	左					不动	放下					
	右						收起					
	中	左					不动	正转				
		右						反转				
		中	左					不动	缩回			
			右						伸出			
			中	左					不动	减幅		
				右						增幅		
				中	左					不动	正转	松开
					右						反转	

三、系统特点

①调压回路。用安全阀 3 限制系统最高压力。

②调速回路。用手动换向阀的开度大小来调整工作机构（起降机构除外）的速度。优点是方便灵活。缺点是自动化程度低，劳动强度大。

③锁紧回路。采用液控单向阀构成的双向液压锁，将前、后支腿牢牢锁住，确保起重机的工作安全可靠。

④平衡回路。采用由普通单向阀与外控式顺序阀并联组成的平衡阀，防止在重物起降、吊臂伸缩和变幅作业中因重物自重作用而下降，确保重物起降、吊臂伸缩和变幅作业动作安全可靠。缺点是平衡阀所造成的背压会产生功率损失。

⑤在多缸卸荷回路中，采用三位四通 M 型中位机能换向阀的串联连接，使各工作机构既可单独动作，也可在轻载下任意组合同时动作，以提高工作效率。缺点是六个换向阀的串接，增大了液压泵的卸荷压力。

⑥制动回路。采用普通单向阀与节流阀并联组合来控制制动缸，配合起降马达安全可靠地工作。单向阀的作用是保证起降马达由动到静动作时制动缸能够快速制动；节流阀的作用是保证起降马达由静到动动作时制动缸解除制动动作缓慢柔和，防止重物突然下坠。

⑦卸荷回路。串接的各换向阀均处于中位时，M 型中位机能组成的卸荷回路可使液压泵卸荷，减少功率损耗，适于起重机间歇性工作。

学习任务四 通用压力机液压系统

一、概述

液压机是一种可用于加工金属、塑料、木材、皮革、橡胶等各种材料的压力加工机械，能完成锻压、折边、调直、压装、冷冲压、冷挤压和弯曲等工艺，具有压力和速度可大范围无级调整、可在任意位置输出全部功率和保持所需压力等优点，因而得以广泛应用。液压机的结构形式繁多，有单柱式、三柱式和四柱式等，其中以四柱式液压机最为常见，如图8-6所示，这种液压机通常由横梁、立柱、滑块和顶出机构等部件组成。液压机的主运动为滑块和顶出机构的运动。滑块由主液压缸驱动，顶出机构由辅助液压缸驱动。液压机液压系统的特点是压力高、流量大、功率大，以压力的变换和控制为主。

二、工作原理

液压机液压系统的典型工作循环如图8-7所示。一般主缸的工作循环要求有"快进→减速加压→保压延时→泄压→快速回程→原位停止"等基本动作。当有辅助缸时，如需顶料，顶料缸的动作循环一般是"活塞上升→停止→向下退回"；薄板拉伸则要求有"液压垫上升→停止→压力回程"等动作，有时还需要压边缸将料压紧。

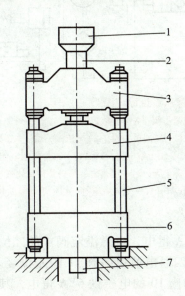

图8-6 液压机的组成

1—充液箱；2—上液压缸；3—上横梁；4—滑块；
5—导向立柱；6—下横梁；7—顶出杆

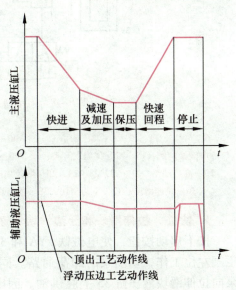

图8-7 液压机的典型工作循环

图8-8是双动薄板冲压机液压系统原理图。本机最大工作压力为450 kN，用于薄板的拉伸成形等冲压工艺。系统采用变量柱塞泵供油，以满足低压快速行程和高压慢速行程的要求，最高工作压力由电磁溢流阀4的远程调压阀3调定，其工作原理如下：

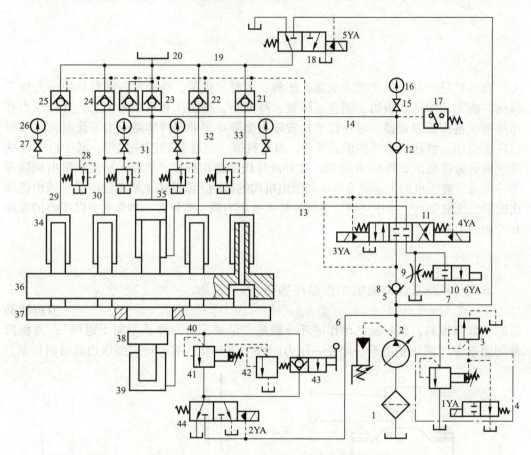

图8-8 双动薄板冲压机液压系统原理图

1—滤油器；2—变量泵；3、42—远程调压阀；4—电磁溢流阀；
5、6、7、13、14、19、29、30、31、32、33、40—管路；8—12—普通单向阀；9—节流阀；10—电磁换向阀；
11—电液换向阀；15、27—压力表开关；16、26—压力表；17—压力继电器；18、44—二位三通电液换向阀；
20—高位油箱；21、22、23、24、25—液控单向阀；28—安全阀；34—压边缸；35—拉伸滑块液压缸；
36—拉伸滑块；37—压边滑块；38—顶出块；39—顶出缸；41—先导溢流阀；43—手动换向阀

1. 快进（拉伸滑块和压边滑块快速下行）

按下启动按钮，使电磁铁1YA和3YA、6YA得电，电磁溢流阀4的二位二通电磁阀左位工作，切断泵的卸荷通路。同时三位四通电液换向阀11的左位接入工作，泵向拉伸滑块液压缸35上腔供油。因电磁换向阀10的电磁铁6YA得电，其右位接入工作，所以回油经电液换向阀11和电磁换向阀10流回油箱，使其快速下行。同时带动压边缸34快速下行，压边缸从高位油箱20补油。这时的主油路如下所述。

（1）进油路

滤油器 1→变量泵 2→管路 5→普通单向阀 8→电液动换向阀 11 的 P 口到 A 口→普通单向阀 12→管路 14→管路 31→拉伸滑块液压缸 35 上腔。

（2）回油路

拉伸滑块液压缸 35 下腔→管路 13→电液动换向阀 11 的 B 口到 T 口→电磁换向阀 10→油箱。

拉伸滑块液压缸快速下行时液压泵始终处于最大流量状态，但仍不能满足拉伸滑块液压缸快速下行所需流量，因而在其上腔形成负压，高位油箱 20 中的油液经液控单向阀 23 向拉伸滑块液压缸 35 上腔补油。

2. 减速和加压

在拉伸滑块和压边滑块与板料接触之前，首先碰到一个行程开关（图中未画出）而发出一个电信号，使电磁换向阀 10 的电磁铁 6YA 失电，左位工作，主缸回油须经节流阀 9 回油箱，实现慢进。当压边滑块接触工件后，又一个行程开关（图中未画出）发信号，使 5YA 得电，二位三通电液换向阀 18 右位接入工作，变量泵 2 输出的油经二位三通电液换向阀 18 向压边缸 34 加压。

3. 拉伸和压紧

当拉伸滑块接触工件后，拉伸滑块液压缸 35 中的压力由于负载阻力的增加而增加，液控单向阀 23 关闭，泵输出的流量也自动减小。拉伸滑块液压缸继续下行，完成拉延工艺。在拉延过程中，变量泵 2 输出的最高压力由远程调压阀 3 调定，拉伸滑块液压缸进油路同上。回油路为：拉伸滑块液压缸 35 下腔→管路 13→电液换向阀 11 的 B 口到 T 口→节流阀 9→油箱。

4. 保压

当拉伸滑块液压缸 35 上腔压力达到预定值时，压力继电器 17 发出信号，使电磁铁 1YA、3YA、5YA 均失电，电液换向阀 11 回到中位，拉伸滑块液压缸上、下腔以及压边缸上腔均封闭，拉伸滑块液压缸上腔短时保压，此时，变量泵 2 经电磁溢流阀 4 卸荷。保压时间由压力继电器 17 控制的时间继电器调整。

5. 快速回程

使电磁铁 1YA、4YA 得电，电液换向阀 11 右位工作，液压泵输出的油进入主缸下腔，同时控制油路打开液控单向阀 21、22、23、24，拉伸滑块液压缸上腔的油经液控单向阀 23 回到高位油箱 20，拉伸滑块液压缸 35 回程的同时，带动压边缸快速回程。这时拉伸滑块液压缸的油路如下所述。

（1）进油路

滤油器 1→变量泵 2→管路 5→单向阀 8→电液换向阀 11 右位的 P 口到 B 口→管路 13→拉伸滑块液压缸 35 下腔。

（2）回油路

拉伸滑块液压缸 35 上腔→液控单向阀 23→高位油箱 20。

6. 原位停止

当拉伸滑块液压缸滑块上升到触动行程开关 1S 时（图中未画出），电磁铁 4YA 失电，电液换向阀 11 中位工作，使拉伸滑块液压缸 35 下腔封闭，主缸停止不动。

7. 顶出缸上升

在行程开关 1S 发出信号使 4YA 失电的同时也使 2YA 得电，使二位三通电液换向阀 44 右位接入工作。此时的油液流动路线是：变量泵 2 输出的油经管路 6→二位三通电液换向阀 44→手动换向阀 43 左位→管路 40→顶出缸 39。顶出缸上行完成顶出工作，顶出压力由远程调压阀 42 设定。

8. 顶出缸下降

在顶出缸顶出工件后，行程开关 4S（图中未画出）发出信号，使 1YA、2YA 均失电、变量泵 2 卸荷，二位三通电液换向阀 44 右位工作。手动换向阀 43 右位工作，顶出缸在自重作用下下降，回油经手动换向阀 43、二位三通电液换向阀 44 流回油箱。液压机液压系统电磁铁动作顺序如表 8-4。

表 8-4　液压机液压系统电磁铁动作顺序

拉伸滑块	压边滑块	顶出缸	电磁铁						手动换向阀
			1YA	2YA	3YA	4YA	5YA	6YA	
快速下降	快速下降		+	−	+	−	−	+	
减　速	减　速		+	−	+	−	+	−	
拉　伸	压紧工件		+	−	+	−	+	+	
快速返回	快速返回		−	−	−	+	−	−	
		上升	+	+	−	−	−	−	左位
		下降	+	−	−	−	−	−	右位
	液压泵卸荷		−	−	−	−	−	−	

三、系统特点

①该系统采用高压大流量变量泵供油和利用拉延滑块自动充油的快速运动回路，既符合工艺要求，又节省了能量。

②系统中顺序阀的调定压力为 2.5 MPa，从而使液压泵必须在 2.5 MPa 的压力下卸荷，也使控制油路具有一定的工作压力。

③系统中采用了专用的预泄换向阀来实现上滑块快速返回前的泄压，保证动作平稳，防止换向时的液压冲击和噪声。

④系统利用管道和油液的弹性变形来保压，方法简单，但对液控单向阀和液压缸等的密封性能要求较高。

⑤系统中上、下两液压缸的动作协调由上、下两缸换向阀的互锁来保证，一个缸必须在另一个缸静止时才能动作。

⑥系统中的两个液压缸各有一个溢流阀进行过载保护。

习　题　八

1. 如图 8-9 所示为定位夹紧系统，由泵 1、2 提供压力油，3 为定位缸（活塞杆向上运动"定位"，向下运动"拔销"），4 为夹紧缸（活塞杆向下运动"夹紧"，向上运动"松开"）那么：

（1）元件 A 是＿＿＿阀，其作用是＿＿＿；元件 B 是＿＿＿阀，其作用是＿＿＿；元件 C 是＿＿＿阀，其作用是＿＿＿、元件 D 是　　　　阀，其作用是＿＿＿。

（2）该系统的缸 3、缸 4 的动作顺序是＿＿＿。

2. 液压系统产生油温过高的原因有哪些，解决的措施有哪些？

3. 液压系统如何维护保养？

4. 液压系统产生泄漏的原因及排除方法是什么？

5. 如图 8-2 所示的 YT4543 型组合机床动力滑台液压系统是由哪些基本液压回路组成的？如何实现差动连接？采用止挡块停留有何作用？

6. 在如图 8-5 所示的 Q2-8 型汽车起重机液压系统中，为什么采用弹簧复位式手动换向阀控制各执行元件动作？

7. 用所学过的液压元件组成一个能完成"快进→一工进→二工进→快退"动作循环的液压系统，并画出电磁铁动作表，指出该系统的特点。

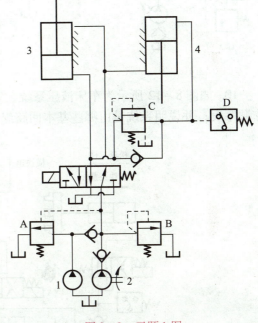

图 8-9　习题 1 图

8. 分析如图 8-10 所示的液压系统，试完成：

（1）说明各元件的名称和作用。

（2）画出系统能完成的工作循环图，判断各阶段的油路走向。

（3）绘制电磁铁动作顺序表。

（4）说明系统由哪些基本回路组成。

9. 如图 8-11 所示为专用钻床液压系统，能实现"快进→一工进→二工进→快退→原位停止"的工作循环。试填写其电磁铁动作顺序表。

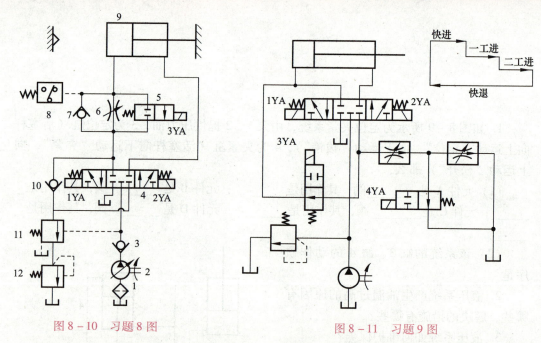

图 8 – 10 习题 8 图

图 8 – 11   习题 9 图

10. 如图 8 – 12 所示为车床液压系统，完成图示工作循环时各工作阶段电磁铁动作顺序表；并说明系统是由哪些基本回路组成的？

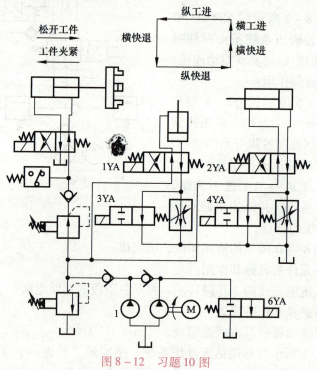

图 8 – 12   习题 10 图

学习任务一　液压伺服系统概述

液压伺服系统是在液压传动和自动控制理论的基础上，建立起来的一种液压自动控制系统。液压伺服系统又称随机系统或跟踪系统，也是一种功率放大装置。在这种系统中，执行元件能以一定的精度自动地按照输入信号的变化规律动作。液压伺服系统除了具有液压传动的各种优点外，还有响应快、惯性小、系统刚性大和伺服精度高等特点，所以得到了广泛应用。

一、液压伺服系统工作原理

图 9-1 所示为一种简单的液压传动系统。当给阀芯输入位移 x_i，则滑阀移动一个开口量 x_v，此时压力油进入无杆腔，推动缸体向右运动，即有一输出位移 x_o。它与输入位移大小 x_i 无直接关系，而与液压缸结构尺寸有关。

若将上述滑阀和液压缸组合成一个整体，上述系统就变成了一个简单的液压伺服系统，如图 9-2 所示。如果控制滑阀处于中间位置，没有信号输入，即 $x_i = 0$ 时，阀芯凸肩正好堵住液压缸的两个油口，缸体不动，系统的输出量 $x_o = 0$，负载停止不动，处于静止平衡状态。若给控制滑阀输入一个向右的位移 x_i，阀芯偏离其中间位置，液压缸进出油路同时打开，进油口相应的输入量为 x_v，压力油经过节流口进入液压缸的无杆腔，而液压缸有杆腔的油通过另一个节流口回油，液压缸产生一个向右的位移 x_o，

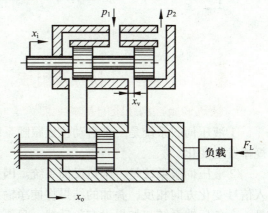

图 9-1　液压传动系统

由于控制阀的阀体和液压缸的缸体连在一起，成为一个整体，随着输出量增加，滑阀的开口量 x_v 逐渐减少，当 x_o 增加到 x_i 时，开口量 $x_v = 0$，油路关闭，液压缸停止运动，负载停止在一个新的平衡位置上。如果继续给控制滑阀向右的输入信号，液压缸就会跟随这个信号继续向右运动。反之，若给控制滑阀输入一个向左位移的输入信号，则液压缸就会跟随这个信号向左运动。

　　由此可以看出，伺服系统与一般的液压传动系统不同，控制阀的阀体与液压缸的缸体实现刚性连接成为一个整体，因而两者必然同步运动。控制阀移动多少距离，液压缸也移动多少距离；控制阀移动的速度快，液压缸移动的速度也快；控制阀向哪个方向移动，液压缸也向哪个方向移动。只要给控制阀一定规律的输入信号，执行元件就会自动地、准确地跟随控制阀运动。所以，只要给控制阀以某一规律的输入信号，则执行元件（系统输出）就会自动地、准确地跟随控制阀，并按照这个规律运动，这就是液压伺服系统的工作原理。

　　在液压伺服系统中，一般控制元件（控制阀）称为控制环节或输入环节，加给控制元件的信号称为输入信号，输入信号的大小称为输入量。伺服液压缸产生的位移变化量称为输出量。液压伺服系统的基本工作原理可用如图9-3所示的方框图表示。

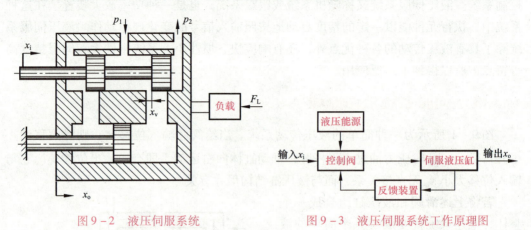

图9-2　液压伺服系统　　　　　　　图9-3　液压伺服系统工作原理图

二、液压伺服系统的特点及组成

1. 液压伺服控制系统的基本特点

　　①液压伺服系统是一个自动位置跟随系统，输出量能够自动地跟随输入量的变化规律发生变化。

　　②液压伺服系统是一个负反馈系统。因为缸体和阀体的刚性连接使输出信号与输入信号变化方向相反，叠加的结果将使净输入信号减弱以至消除，所以液压伺服系统是一个负反馈系统。如果没有负反馈，只要控制滑阀的控制口有一个输入位移，液压缸就会以一定的速度运动，一直到走完缸的全部行程为止。所以说反馈环节是液压伺服系统中必不可少的组成部分。

　　③液压伺服系统是一个功率（或力）的放大系统。移动滑阀所需信号的功率很小，而系统的输出功率是由液压缸的压力油的流量和压力决定的，可以很大，输出力比输入力大几百倍甚至数千倍。

　　④液压伺服系统是一个误差系统。液压缸位移 x_o 和阀芯位移 x_i 之间不存在偏差时（即当控制滑阀处于零位），系统处于静止状态。由此可见，欲使系统有输出信

号，首先必须保证控制滑阀具有一个开口量，即 $x_i \neq 0$。系统的输出信号和输入信号之间存在偏差是液压伺服系统工作的必要条件，也就是说没有误差，伺服系统就不工作而处于静止状态。

2. 液压伺服系统的组成

如图9-4所示，液压伺服系统由以下一些基本元件组成：

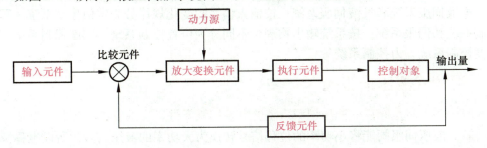

图9-4　液压伺服系统的工作过程

①输入元件：也称指令元件，它给出输入信号（指令信号）加于系统的输入端，可以是机械的、电气的、气动的等。如靠模、指令电位器或计算机等。

②反馈元件：检测输出量，将其转成相应反馈信号，送回比较元件，传感器常作为反馈测量元件。

③比较元件：将反馈信号与输入信号进行比较，给出偏差信号，作为放大转换元件的输入信号。

④放大变换元件：将偏差信号放大、变换后控制执行元件，如机液伺服阀、电液伺服阀等。

⑤执行元件：直接带动控制对象动作的元件，如液压缸和液压马达等。

⑥控制对象：被控制的机器设备或物体，即负载，如工作台、刀架等。

此外，还可能有各种校正装置，以及不包含在控制回路内的液压能源装置。

学习任务二　液压伺服阀

一、液压伺服系统的分类

液压伺服系统按控制方式不同分为阀控式（节流式）和泵控式（容积式）两种系统。阀控系统利用伺服阀或电液伺服阀进行控制，本质上属于节流调速控制一类。泵控式系统利用变量泵和变量马达进行控制，本质上属于容积调速控制一类。

变量泵控制液压伺服系统的优点是效率较高、系统刚性大，缺点是响应速度慢、结构复杂。另外，操纵变量泵变量机构所需的力较大，需要一套专门的操纵机构，从而使系统复杂化。变量泵控制液压伺服系统特别适合大功率而响应速度要求又不高的场合。阀控式的优点是响应快、控制精度高，缺点是效率低。由于它的性能优越而得到广泛应用，特别是在中、小功率的快速、高精度液压伺服系统中采用。这里主要介绍阀控式的三种常见的基本类型。

另外在液压伺服系统中还可以按控制信号的类别和回路的组成分为机液伺服系统、电液伺服系统和气液伺服系统；按输入信号的变化规律分为定值控制系统、程序控制系统和伺服系统；按系统输出物理量不同分为位置控制系统、速度控制系统、加速度控制系统、力控制系统等。

二、滑阀式液压伺服阀

液压伺服阀是阀控式液压伺服系统的主要控制元件，它的性能直接影响系统的工作性能。液压伺服阀能将小功率的位移信号转换为大功率的液压信号，所以也称液压放大器。常用的液压伺服阀有滑阀、射流管阀、喷嘴挡板阀式等。其中，滑阀的结构形式多样，应用比较普遍。

1. 滑阀

滑阀式液压伺服阀结构与液压换向阀很相似，换向阀实际上是液压开关，每个阀口只有两个状态，要么完全打开，要么完全封死，结构上很容易保证；而滑阀式液压伺服阀则是一种比例控制的液压放大器，每个阀口具有连续变化的开启度，以便连续调节通过液体的流量，其加工精度要求很高。根据滑阀控制边数（起控制作用的阀口数）的不同，可分为单边滑阀、双边滑阀和四边滑阀。

图 9-5 （a）所示的是单边滑阀，它只有一个控制边。压力油进入液压缸的有杆腔后，经过活塞上的固定节流孔 a 进入无杆腔，压力由 p_s 降为 p_1，然后经过滑阀唯一的控制边（可变节流口）流回油箱。若液压缸不受外载荷作用，则 $p_1A_1 = p_sA_2$，液压缸不动。当阀芯左移时，开口量 x_v 增大，无杆腔压力 p_1 则减小，于是 $p_1A_1 < p_sA_2$，缸体也向左移动。因为缸体和阀体固连成一个整体，故阀体也左移，又使 x_v 减小，直至平衡。

图 9-5 （b）所示的双边滑阀，它有两个控制边。压力为 p_s 的工作油液一路直接进入液压缸有杆腔，腔内压力 $p_2 = p_s$；另一路经滑阀左控制边的开口 x_{v1} 和液压缸无杆腔相通，并经滑阀右控制边的开口 x_{v2} 流回油箱，所以是两个可变节流口控制液压缸无杆腔的压力和流量。显然，液压缸无杆腔的压力 $p_1 < p_s$。当 $p_1A_1 = p_sA_2 = p_2A_2$ 时，缸体受力平衡，静止不动。当滑阀阀芯左移时，x_{v1} 减小，x_{v2} 增大，液压缸无杆腔压力 p_1 减小，$p_1A_1 < p_2A_2$，缸体也往左移动；反之，当阀芯右移时，缸体也向右移动。双边滑阀比单边滑阀的灵敏度高，精度也高。

图 9-5 （c）所示的四边滑阀。它有 4 个控制边，开口 x_{v1}、x_{v2} 分别控制进入液压缸两腔的压力油，开口 x_{v3}、x_{v4} 分别控制液压缸两腔的回油。当滑阀左移时，液压缸左腔的进油口 x_{v1} 减小，回油口 x_{v3} 增大；与此同时，液压缸右腔的进油 x_{v2} 增大，回油口 x_{v4} 减小，p_2 增大，使活塞也向左移动。与双边滑间相比，四边滑阀同时控制液

压缸两腔的压力和流量，故调节灵敏度更高，工作精度也更高。

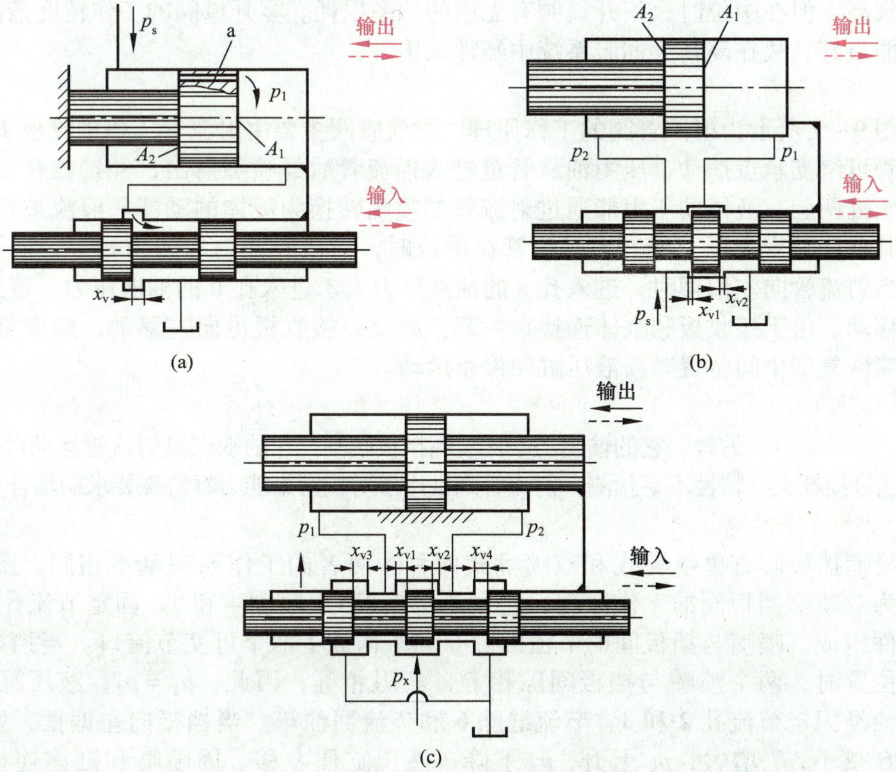

图 9-5　滑阀工作原理图
（a）单边滑阀；（b）双边滑阀；（c）四边滑阀

由上述可知，单边、双边和四边滑阀的控制原理是相同的。控制边数越多，控制性能就越好，但其结构也越复杂。通常单边、双边滑阀用于一般精度的系统，四边滑阀多用于精度要求高的系统。

根据滑阀在零位（中间位置）时其阀芯凸肩宽度 L 与阀体内孔环槽宽度 h 的不同，滑阀的开口形式有负开口（$L>h$）、零开口（$L=h$）和正开口（$L<h$）三种形式，如图 9-6 所示。

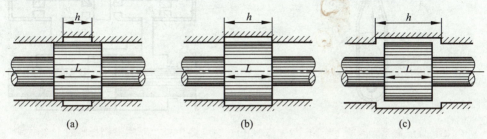

图 9-6　滑阀三种开口形式
（a）负开口；（b）零开口；（c）正开口

负开口阀有一定的不灵敏区，会影响精度，故较少采用。正外口阀工作精度较负开口阀高，但在中位时，正开口阀有无用的功率损耗。零开口阀的工作精度最高，控制性能最好，故在高精度伺服系统中经常采用。

2. 射流管阀

图 9-7 所示为射流管阀的工作原理。射流管阀主要由射流管 3 和接收板 2 组成。射流管可绕支承点摆动，压力油从管道进入射流管后经喷嘴射出，经接收孔 a、b 进入液压缸两腔。液体的压力能通过射流管的喷嘴转换为液体的动能。液流被接收后，又将其动能转变为压力能。当射流管在中位时，两接收孔内的压力相等，液压缸不动。当射流管向左偏摆时，进入孔 a 的油液压力大于进入孔 b 的油液压力，液压缸也向左移动。由于接收板和缸体连接在一起，因此，接收板也向左移动，形成负反馈。当喷嘴恢复到中间位置时，液压缸便停止运动。

射流管阀的最大优点是抗污染能力强，工作可靠，寿命长，这是因为它的喷嘴孔直径较大，不易堵塞。另外，它的输出功率比喷嘴挡板阀高。它的缺点是射流管运动部件惯性大，能量损耗大，特性不易预测。射流管阀常用于对抗污染能力有特殊要求的场合。

3. 喷嘴挡板阀

喷嘴挡板阀有单喷嘴式和双喷嘴式两种，两者的工作原理基本相同。图 9-8 所示为双喷嘴挡板阀的工作原理，它主要由挡板 1、喷嘴 4 和 5、固定节流孔 2 和 3 等元件组成。喷嘴与挡板间的节流缝隙 6 和 7 构成了两个可变节流口。当挡板处于中间位置时，两个喷嘴与挡板间隙相等，液阻相等，因此，$p_1 = p_2$，液压缸不动，压力油经固定节流孔 2 和 3、节流缝隙 6 和 7 流回油箱。当挡板向左偏摆，则节流缝隙 6 减小，7 增大，p_1 上升，p_2 下降，液压缸便左移。因喷嘴和缸体连接在一起，故喷嘴也向左移，形成负反馈。当喷嘴跟随缸体移动到挡板两边对称位置时，液压缸便停止运动。若挡板反向偏摆，则液压缸也反向运动。

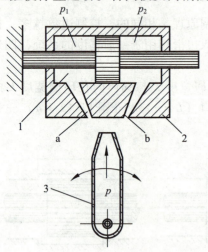

图 9-7 射流管阀的工作原理
1—液压缸；2—接收板；3—射流管

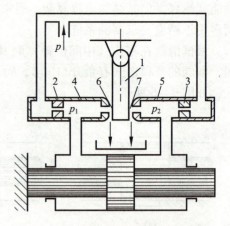

图 9-8 双喷嘴挡板阀的工作原理
1—挡板；2、3—固定节流孔；
4、5—喷嘴；6、7—节流缝隙

与滑阀相比，喷嘴挡板阀的优点是结构简单，加工方便，挡板运动阻力小，惯性小，反应快灵敏度高，对油液污染不太敏感。缺点是无用的功率损耗大，因而只能用在小功率系统中。多级放大液压控制阀中的第一级多采用喷嘴挡板阀。

需要说明的是，以上介绍滑阀、喷嘴挡板阀和射流管阀的工作原理时，其反馈都为直接位置反馈，即都是阀和缸体（成活塞）固连形成负反馈，阀移动多少，缸体（或活塞）便移动多少。

学习任务三　电液伺服阀

电液伺服阀既是电液转换元件，也是功率放大元件，它能将小功率的电信号转换为大功率的液压信号。电液伺服阀具有体积小、结构紧凑、放大系数高、控制性能好等优点，在电液伺服系统中得到广泛应用。

图9-9所示的是一种典型的电液伺服阀的结构原理图，它由电磁和液压两部分组成。电磁部分是一个力矩马达，液压部分是一个两级液压放大器，第一级是双喷嘴挡板阀，称为前置放大级，第二级是零开口四边滑阀，称为功率放大级。

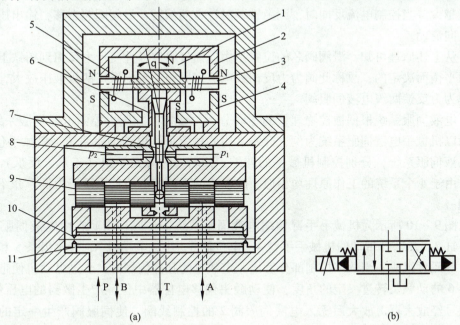

图9-9　电液伺服阀的结构原理图
（a）结构原理图；（b）图形符号
1—永久磁铁；2、4—导磁体；3—衔铁；5—线圈；6—弹簧管；
7—挡板；8—喷嘴；9—滑阀；10—固定节流孔；11—过滤器

力矩马达把输入的电信号转换为力矩输出。它主要由一对永久磁铁1、上下导磁体2和4、衔铁3、线圈5和弹簧管6等组成。永久磁铁把上下两块导磁体磁化成N极和S极。当通有控制电流时，衔铁被磁化，如果衔铁的左端为N极，右端为S极，则由于同性相斥、异性相吸的原理，衔铁逆时针方向偏转，同时弹簧管弯曲变形，产生反力矩，直到电磁力矩与弹簧管反力矩相平衡为止。电流越大，产生的电磁力矩也越大，衔铁偏转的角度 θ 就越大。力矩马达产生的力矩很小，无法直接操纵滑阀以产生足够的液压功率，所以，液压放大器一般都采用两级放大。图9-9所示结构中，力矩马达、喷嘴挡板阀、滑阀三者通过挡板7下端的反馈杆建立协调关系。衔铁、挡板、反馈杆、弹簧管是连接在一起的组合件，反馈杆具有弹性，其端部小球卡在滑阀阀芯的中间，将滑阀产生的位移转换为力，反馈到衔铁上。

当没有控制电流时，衔铁处于中位，挡板也处于中位，$p_1 = p_2$，滑阀阀芯不动，4个阀口均关闭。因此，无液压信号输出。当有控制电流时，若衔铁逆时针方向偏转，则挡板向右偏移，p_1 升高，p_2 降低，推动滑阀阀芯左移。此时反馈杆产生弹性变形，对衔铁挡板组件产生一个反力矩，一方面带动挡板向中位移动，从而使滑阀阀芯两端压力差相应地减小；另一方面产生反作用力阻止滑阀阀芯继续左移。最终，当作用在衔铁挡板组件上的电磁力矩与弹簧管反力矩、反馈杆反力矩达到平衡时，阀芯停止运动，取得一个平衡位置，并有相应的流量输出。输入电流越大，滑阀阀芯的位移就越大。当控制电流反向时，则衔铁顺时针方向偏转，滑阀阀芯右移，输出压力油也反向流动。

从上述原理可知，滑阀阀芯的位置是由反馈杆组件弹性变形力反馈到衔铁上与电磁力平衡而决定的，故称此阀为力反馈式电液伺服阀。因为采用两级液压放大，所以又称为力反馈两级电液伺服阀。

电液伺服系统根据被控物理量的不同分为位置控制、压力控制电液伺服系统等。下面以机械手电液伺服系统为例，介绍常用的位置控制电液伺服系统。机械手包括4个电液伺服系统，分别控制机械手的伸缩、回转、升降及手腕（正爪、反爪）的动作。由于4个系统的工作原理均相似，故以机械手伸缩电液伺服系统为例，介绍工作原理。

图9-10所示为机械手手臂伸缩电液伺服系统工作原理图。它由电液伺服阀2、液压缸3、活塞杆带动的机械手手臂4、电位器6、步进电动机7、齿轮齿条5和放大器1等元件组成。当数字控制部分发出一定数量的脉冲信号时，步进电动机便带动电位器6的动触头转过一定的角度，使动触头偏移电位器中位，产生微弱的电压信号。该信号经放大器1放大后输入电液伺服阀2的控制线圈，使伺服阀产生一定的开口量。假设此时压力油经伺服阀进入液压缸左腔，推动活塞连同机械手手臂上的齿条运动，手臂向右移动时，电位器跟着作顺时针方向旋转。

当电位器的中位和动触头重合时，动触头输出电压为零，电液伺服阀失去信号，阀口关闭，手臂停止移动。手臂移动的行程决定于脉冲的数量，速度决定于脉冲的频率。当数字控制部分反向发出脉冲时，步进电动机向反方向转动，手臂便向左移动。由于机械手手臂移动的距离与输入电位器的转角成比例，机械手手臂完全跟随输入电位器的转动而产生相应的位移，所以它是一个带有反馈的位置控制电液伺服系统。

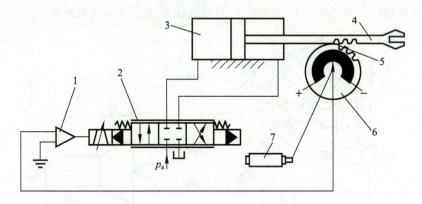

图 9 - 10　机械手手臂伸缩电液伺服系统工作原理
1—放大器；2—电液伺服阀；3—液压缸；4—机械手手臂；5—齿轮齿条；6—电位器；7—步进电动机

学习任务四　液压伺服系统应用

液压伺服系统在机械设备中被广泛使用，下面分别介绍车床液压仿形刀架和汽车转向液压助力器的伺服系统，它们分别代表不同类型的液压伺服系统。

1. 车床液压仿形刀架

图 9 - 11 所示为车床液压仿形刀架的工作原理图。仿形刀架主要由伺服阀、液压缸和反馈机构三部分组成。液压仿形刀架倾斜安装在车床溜板 5 的上面，工作时随溜板纵向移动。样板 12 安装在床身后侧支架上固定不动。仿形刀架液压缸的活塞杆固定在刀架 3 的底座上，缸体 6、阀体 7 和刀架连成一体，可在刀架底座的导轨上沿液压缸轴向移动。滑阀阀芯 10 在弹簧的作用下通过杆 9 使丝杆 8 的触销 11 紧压在样板上。利用仿形刀架可以依照样件的形状自动加工出多台肩的轴类零件或曲线轮廓的旋转表面，从而大大提高劳动生产率和减轻劳动强度。

车削圆柱面时，溜板 5 沿床身导轨 4 纵向移动。杠杆触销 11 在样板的圆柱段内水平滑动，滑阀阀口不打开，刀架只能随溜板一起纵向移动，刀架在工件 1 上车出 AB 段圆柱面。

车圆锥面时，触销沿样板的圆锥段滑动，使杠杆向上偏摆，从而带动阀芯上移，打开阀口，压力油进入液压缸上腔，推动缸体连同阀体和刀架轴向后退。阀体后退又逐渐使阀口关小，直至关闭为止。在溜板不断地作纵向运动的同时，触销在样板的圆锥段上不断抬起，刀架也就不断地作轴向后退运动，这两种运动的合成就使刀具在工件上车出 BC 段圆锥面。其他曲面形状或凸肩也都是这样通过合成切削来形成的。从仿形刀架的工作过程可以看出，刀架液压缸是以一定的仿形精度按着触销的输入位移信号的变化规律而动作的，所以说仿形刀架液压系统是液压伺服系统。

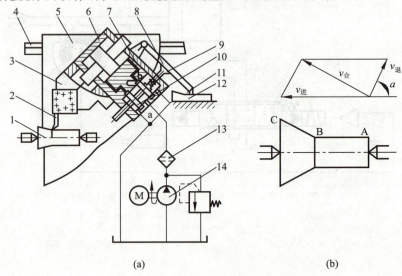

(a)   (b)

图 9－11　车床液压仿形刀架工作原理图

（a）结构原理图；（b）速度合成图

1—工件；2—车刀；3—刀架；4—导轨；5—溜板；6—缸体；7—阀体；8—丝杠；
9—杆；10—阀芯；11—触销；12—样板；13—滤油器；14—液压泵

2. 汽车转向液压助力器

为了减轻司机的体力劳动，大型载重卡车广泛采用液压助力器，这种液压助力器也是一种位置控制的机液伺服机构。如图 9－12 所示为转向液压助力器的工作原理图，它主要由液压缸和控制滑阀两部分组成。液压缸活塞 1 的右端通过铰链固定在汽车底盘上，液压缸缸体 2 和控制阀的阀体连在一起形成负反馈，由方向盘 5 通过摆杆 4 控制阀的阀芯 3 的移动。当缸体 2 前后移动时，通过转向连杆机构 6 等控制车轮偏转，从而操纵汽车转向。当阀芯 3 处于图示位置时，各阀口关闭，缸体 2 固定不动，汽车保持直线运动。由于控制阀采用负开口（阀芯与阀口处于中间对称位置时，阀芯与阀口有重叠遮盖量）的形式，故可以防止不必要的扰动。若顺时针方向转动方向盘，通过摆杆 4 带动阀芯 3 向后移动时，压力 p_1 减小，压力 p_2 增大，使液压缸缸体向后移动，转向连杆机构 6 向逆时针方向摆动，使车轮向左偏转，实现向左转向；反之，缸体若向前移动时，转向连杆机构向顺时针方向摆动，使车轮向右偏转，实现向右转向。

缸体前进或后退时，控制阀的阀体同时前进或后退，即实现刚性负反馈，使阀芯和阀体重新恢复到平衡位置，因此保持了车轮偏转角度不变。

为了使驾驶员在操纵方向盘时能感觉到路面的好坏，在控制阀两端增加两个油腔（如图 9 – 12 所示），油腔分别与液压缸的前后腔相通，这时移动控制阀的阀芯所需的力就与液压缸的两腔压力差成正比，因而具有真实感。

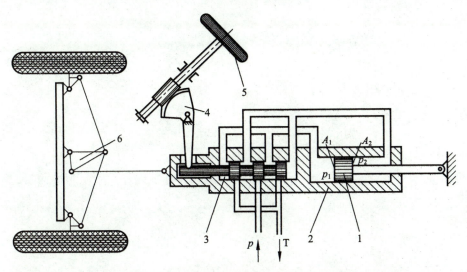

图 9 – 12　转向液压助力器
1—活塞；2—缸体；3—阀芯；4—摆杆；5—方向盘；6—转向连杆机构

习　题　九

1. 液压伺服系统的特点是什么？
2. 液压伺服系统与液压传动系统有什么区别？
3. 车床上的液压仿形刀架是如何工作的？
4. 若将液压仿形刀架上的控制滑阀与液压缸分成为一个系统中的两个独立部分，仿形刀架能工作吗？试作分析说明。

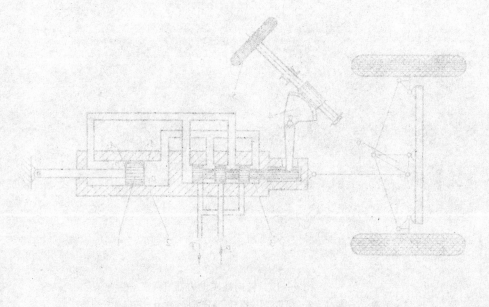

学习情境三

气压传动部分

项目十　气压传动基本知识

学习任务一　气压传动系统的工作原理及组成

一、气压传动系统的工作原理

通过下面一个典型气压传动系统来理解气动系统如何进行能量和信号传递，如何实现控制自动化。

图 10 - 1（a）所示为气动剪切机的工作原理图，图示位置为剪切前的情况。空气压缩机 1 产生的压缩空气经后冷却器 2、分水排水器 3、储气罐 4、空气过滤器 5、减压阀 6、油雾器 7、到达换向阀 9，部分气体经节流通路进入换向阀 9 的下腔，使上腔弹簧压缩，换向阀 9 阀芯位于上端，大部分压缩空气经换向阀 9 后进入气缸 10 的上腔，而气缸的下腔经换向阀与大气相通，使气缸活塞处于最下端位置。当上料装置把工料 11 送入剪切机并到达规定位置时，工料压下行程阀 8，此时换向阀 9 阀芯下腔压缩空气经行程阀 8 排入大气，在弹簧的推动下，换向阀 9 阀芯向下运动至下端；压缩空气则经换向阀 9 后进入气缸的下腔，上腔经换向阀 9 与大气相通，气缸活塞向上运动，带动剪刀上行剪断工料。工料剪下后，即与行程阀 8 脱开。行程阀 8 阀芯在弹簧作用下复位，出路堵死。换向阀 9 阀芯上移。气缸活塞向下运动，又恢复到剪断前的状态。图 10 - 1（b）所示为用图形符号绘制的气动剪切机气压传动系统原理图。

从气动剪切机的例子可以看到，与液压传动相似：气压传动是将电动机（或其他原动机）的机械能转换为气体的压力能，然后通过气缸（或气马达）将气体的压力能转换为机械能以推动负载做功。气压传动的过程就是机械能—气压能—机械能的转换过程。

二、气压传动系统的组成

由上例可知，在气压传动系统中，除了工作介质以外，根据气动元件和装置的不同功能，可将气压传动系统分成以下四个组成部分，如表 10 - 1 所示。

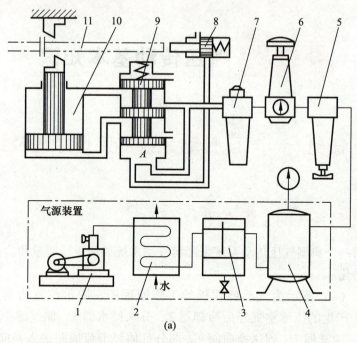

(a)

图 10-1 气动剪切机的气压传动系统（一）

1—空气压缩机；2—后冷却器；3—分水排水器；4—储气罐；5—空气过滤器；
6—减压阀；7—油雾器；8—行程阀；9—换向阀；10—气缸；11—工料

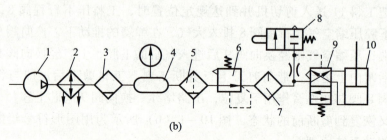

(b)

图 10-1 气动剪切机的气压传动系统（二）

1—空气压缩机；2—后冷却器；3—分水排水器；4—储气罐；5—空气过滤器；
6—减压阀；7—油雾器；8—行程阀；9—换向阀；10—气缸；11—工料

表 10-1 液压系统组成

序 号	组成部分	元 件	作 用
1	气源装置	主要由空气压缩机构成，还配有储气罐、空气净化装置及管道等	气源装置将原动机提供的机械能转变为气体的压力能，为系统提供压缩空气
2	执行元件	气缸、气马达	执行元件起能量转换作用，把压缩空气的压力能转换成工作装置的机械能

序　号	组成部分	元　件	作　用
3	控制元件	气动控制阀，如压力阀，流量阀，换向阀和逻辑元件等	用来控制压缩空气的压力、流量和流动方向及执行元件的工作程序，使执行机构按功能要求的程序和性能工作
4	辅助元件	如油雾器、消声器、管件及管接头、转换器、显示器、传感器等	辅助元件是用于元件内部润滑、排气、消声、元件间的连接以及信号转换、显示、放大、检测等

学习任务二　气压传动的特点

气压传动与其他传动方式相比主要优缺点如下。

1. 气压传动的优点

①使用方便：空气作为工作介质，空气到处都有，来源方便，用过以后直接排入大气，不会污染环境，可少设置或不必设置回气管道。

②系统组装方便：使用快速接头可以非常简单地进行配管，因此系统的组装、维修以及元件的更换比较简单。

③快速性好：动作迅速反应快，可在较短的时间内达到所需的压力和速度。在一定的超载运行下也能保证系统安全工作，并且不易发生过热现象。

④安全可靠：压缩空气不会爆炸或着火，在易燃、易爆场所使用不需要昂贵的防爆设施。可安全可靠地应用于易燃、易爆、多尘埃、辐射、强磁、振动、冲击等恶劣的环境中。

⑤储存方便：气压具有较高的自保持能力，压缩空气可储存在贮气罐内，随时取用。即使压缩机停止运行，气阀关闭，气动系统仍可维持一个稳定的压力。故不需压缩机的连续运转。

⑥可远距离传输：由于空气的黏度小，流动阻力小，管道中空气流动的沿程压力损失小，有利于介质集中供应和远距离输送。空气不论距离远近，极易由管道输送。

⑦能过载保护：气动机构与工作部件，可以超载而停止不动，因此无过载的危险。

⑧清洁：基本无污染，对于要求高净化、无污染的场合，如食品、印刷、木材和纺织工业等是极为重要的，气动具有独特的适应能力，优于液压、电子、电气控制。

2. 气压传动的缺点

①速度稳定性差：由于空气可压缩性大，气缸的运动速度易随负载的变化而变

化，稳定性较差，给位置控制和速度控制精度带来较大影响。

②需要净化和润滑：压缩空气必须有良好的处理，去除含有的灰尘和水分。空气本身没有润滑性，系统中必须采取措施对元件进行供油润滑，如加油雾器等装置进行供油润滑。

③输出力小：经济工作压力低（一般低于 0.8 MPa），因而气动系统输出力小，在相同输出力的情况下，气动装置比液压装置尺寸大。输出力限制在 20～30 kN。

④噪声大：排放空气的声音很大，现在这个问题已因吸音材料和消音器的发展大部分获得解决。需要加装消音器。

习　题　十

1. 简述气压传动的工作原理。
2. 简述气压传动系统有哪几部分组成？分别起什么作用？
3. 结合图 10－1 简述气动剪切机的工作过程。
4. 气压传动有哪些发展趋势？
5. 气压传动有哪些优点？
6. 气压传动有哪些缺点？

项目十一　气源及辅助元件

学习任务一　气源装置

气源装置是**为系统提供动力的部分**，将原动机供给的机械能转变为气体的压力能，为气动系统提供具能一定压力和流量的压缩空气，且要求提供的气体清洁、干燥。其性能的好坏直接影响气压传动系统能否稳定工作。

气源装置一般由**三部分组成**，产生压缩空气的气压发生装置（如空气压缩机）、输送压缩空气的管道系统和压缩空气的净化处理装置。

气源装置组成及净化处理流程如图 11-1 所示，当启动空气压缩机 1 后，空气经压缩提高压力，同时温度升高，高温、高压的气体离开空气压缩机后，先进入后冷却器 2 内冷却，并析出水分和油雾，在经过油水分离器 3 除去凝结的水和油后，存于储气罐 6 内。对气体清洁度要求不高的工业用气，可以从储气罐 6 中直接引出使用。若是用于气动装置，则还需经干燥器 7、8 和空气过滤器 10，对压缩空气进一步干燥和去除杂质后方可使用。

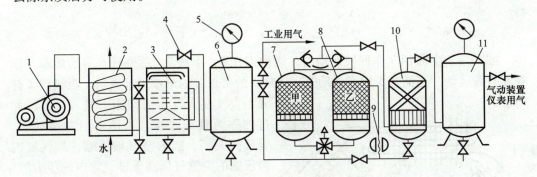

图 11-1　气源装置的组成示意图
1—空气压缩机；2—后冷却器；3—油水分离器；4—阀门；5—压力表；
6、11—储气罐；7、8—干燥器；9—加热器；10—空气过滤器

一、空气压缩机

空气压缩机是气源系统中的**主要设备**，它是将原动机的机械能转换成气体压力能的装置。其结构形式和规格品种很多。

1. 空气压缩机的种类

空气压缩机有多种分类方法，常用的有如下几种：

①按工作原理分为容积式空气压缩机和速度式空气压缩机两类。

容积式空气压缩机是通过压缩空气的方法，使单位体积内气体分子密度增加而提高气体压力的。容积式空气压缩机有活塞式、螺杆式、膜片式、叶片式等类型，气动系统中，一般多采用容积式空气压缩机；速度式空气压缩机是利用提高气体分子速度的方法，使气体分子具有的动能转化为气体的压力能，如离心式和轴流式空气压缩机。

②按输出压力分为低压空气压缩机（0.2～1.0 MPa）、中压空气压缩机（1.0～10 MPa）、高压空气压缩机（10～100 MPa）和超高压空气压缩机（>100 MPa）。

③按输出流量分为小型（1～10 m^3/s）、中型（10～100 m^3/s）和大型空气压缩机（>100 m^3/s）。

2. 空气压缩机的工作原理

气压系统中最常用的空气压缩机是往复活塞式空气压缩机，其工作原理如图11-2所示。

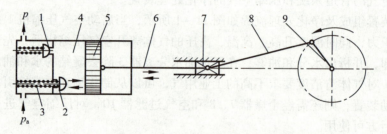

图11-2　活塞式空气压缩机工作原理图
1—排气阀；2—吸气阀；3—弹簧；4—气缸；5—活塞；6—活塞杆；7—滑块；8—连杆；9—曲柄

图11-2中曲柄9作回转运动时，通过连杆8、滑块7、活塞杆6带动活塞5作往复直线运动。当活塞5向右运动时，气缸4的密封腔内形成局部真空，吸气阀2打开，空气在大气压力作用下进入气缸，此过程称为吸气过程；当活塞向左运动时，吸气阀关闭，缸内空气被压缩，当气缸内被压缩的空气气压高于排气管内的压力时，排气阀1即被打开，压缩空气进入排气管内，此过程称为排气过程。

图11-2所示的是单级活塞式空压机，常用于需要0.3～0.7 MPa压力范围的系统。单级空压机若压力超过0.6 MPa，产生的热量将大大降低压缩机的效率，因此，工程实际中常用的空气压缩机大都是多缸式。图11-3所示的是常用的两级活塞式

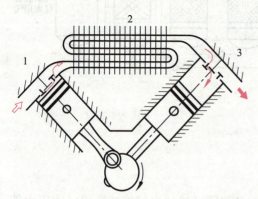

图11-3　两级活塞式空压机
1——级活塞；2—中间冷却器；3—二级活塞

空压机。若最终压力为0.7 MPa，则第 1 级通常压缩到 0.3 MPa。设置中间冷却器是为了降低第 2 级活塞的进口空气温度，提高空压机的工作效率。

二、压缩空气净化装置

由于空气压缩机排出的压缩空气的温度一般可达到140 ℃～170 ℃，此时压缩空气中的水分和润滑油的一部分已汽化，与含在空气中的灰尘形成油汽、水汽和灰尘混合而成的杂质。这些杂质若被带进气动设备中，会引起管道堵塞和锈蚀，加速元件的磨损，缩短使用寿命。水汽和油汽还会使膜片、橡胶密封件老化，严重时还会引起燃烧和爆炸。因此在高压气体进入气动系统之前，要经过除油、除水、除尘和干燥处理。

1. 冷却器

冷却器安装在空气压缩机的后面，也称后冷却器。它将空气压缩机排出的压缩空气的温度由 140℃～170℃降至 40℃～50℃，使其中的水分和油雾冷凝成液态水滴和油滴，以便将它们去除。

常用冷却器按结构形式有蛇形管式、列管式、散热片式、套管式等；按冷却方式有水冷式和风冷式两种。风冷式后冷却器具有占地面积小、质量轻、运转成本低、易维修等特点。适用于进口压缩空气温度低于 100 ℃和处理空气量较少的场合。水冷式后冷却器具有散热面积大（是风冷式的 25 倍）、热交换均匀、分水效率高等特点。适用于进口压缩空气温度较高，且处理空气量较大、湿度大、粉尘多的场合。

图 11-4（a）所示为蛇形管水冷式后冷却器，压缩空气在管内流动，冷却水在管外水套中流动。冷却水与热空气隔开，冷却水沿热空气的反方向流动，以降低压缩空气的温度。压缩空气的出口温度大约比冷却水的温度高 10 ℃。图 11-4（b）为带冷却剂管路的冷却器图形符号，图 11-4（c）为一般符号。

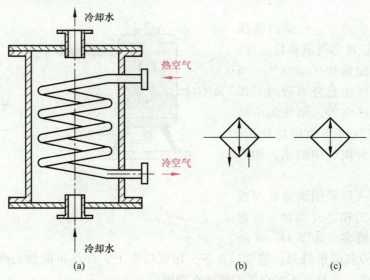

图 11-4　后冷却器的结构及符号

风冷式后冷却器是靠风扇产生的冷空气吹向带散热片的热气管道。经风冷后的压缩空气的出口温度大约比室温高 15 ℃。后冷却器最低处应设置自动或手动排水器，以排除冷凝水。

2. 油水分离器

油水分离器安装在后冷却器后面的管道上，作用是分离并排除空气中凝集的水分、油分和灰尘等杂质，使压缩空气得到初步净化。

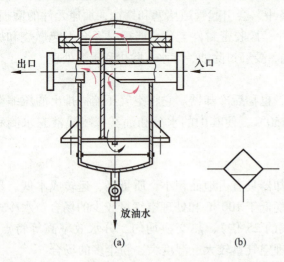

图 11-5　油水分离器

油水分离器的结构形式有环行回转式、撞击折回式、离心旋转式、水浴式以及以上形式的组合等。应用较多的是使气流撞击并产生环形回转流动的结构形式，其结构如图 11-5（a）所示。当压缩空气由入口进入油水分离器后，首先与隔板撞击，一部分水和油留在隔板上，然后气流上升产生环行回转。这样凝集在压缩空气中的小水滴、油滴及灰尘杂质受惯性力作用而分离析出，沉降于壳体底部，并由下面的放水阀定期排出。图 11-5（b）所示为油水分离器的图形符号。

为了提高油水分离的效果，气流回转后的上升速度越小越好，则分离器的内径就会做得越大。一般上升速度控制在 1 m/s 左右，油水分离器的高度与内径之比为 3.5~4。

3. 储气罐

储气罐的功用：一是消除压力波动，保证输出气流和稳定性；二是储存一定量的压缩空气，当空气压缩机发生意外事故时，如停机、突然停电等，储气罐中储存的压缩空气可作为应急使用；三是进一步分离气中的水、油等杂质。

储气罐一般采用圆筒状焊接结构，有立式和卧式两种，通常以立式应用较多。如图 11-6 所示为储气罐及其图形符号，进气口在下，出气口在上，并尽可能加大两口之间的距离，以利于进一步分离压缩空气中的油水杂质。

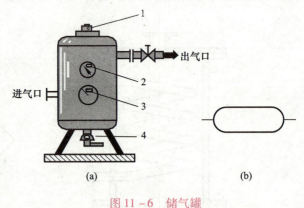

图 11-6　储气罐

1—安全阀；2—压力表；3—检修盖；4—排水阀

4. 干燥器

压缩空气经过除水、除油、除尘的初步净化后，已能满足一般气压传动系统的要求。但对于一些精密机械、仪表等装置还不能满足要求，为防止初步净化后的气体中所含的水分对精密机械、仪表等产生锈蚀，需使用干燥器进一步清除水分。注意，干燥器是用来清除水分的，不能清除油分。

干燥器有冷冻式、吸附式和高分子隔膜式等。如图 11-7 所示的是一种常用的吸附式干燥器的结构原理图和图形符号。它有两个填满吸附剂（如活性氧化铝、硅胶等）的容器 1、2。当空气从容器 1 的下部流到上部，空气中的水分被吸附剂吸收而得到干燥，一部分干燥的空气经节流后从容器 2 的上部流到下部，把吸附在吸附剂中的水分带走并放入大气，即实现了不需要外加热源而使吸附剂再生，两容器定期的交换工作（5~10 min）使吸附剂产生吸附和再生，这样可得到连续输出的干燥压缩空气。

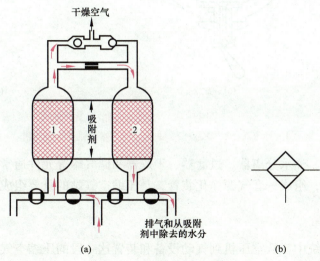

图 11-7　干燥器

5. 空气过滤器

空气过滤器的作用是滤除压缩空气中的杂质微粒（如灰尘、水分等），达到系统所要求的净化程度，但不能除去气态油和气态水。常用的过滤器有一次过滤器（也称简易过滤器）和二次过滤器。图 11-8 是作为二次过滤器用的空气过滤器的结构原理和图形符号。从入口进入的压缩空气被引入导流板 1，导流板上有许多呈一定角度的缺口，迫使空气沿切线方向产生强烈旋转。这样夹杂在空气中的较大的水滴、油滴、灰尘等便依靠自身的惯性与滤杯 3 的内壁碰撞，并从空气中分离出来，沉到杯底。而微小灰尘和雾状水汽则由滤芯 2 滤除。为防止气体旋转将存水杯中积存的污水卷起，在滤芯 2 底部设有挡水板 4。在水杯中的污水应通过下面的放水阀 5 及时排放掉。

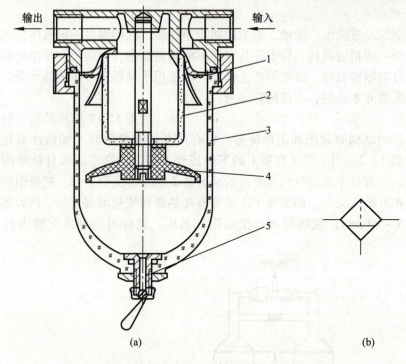

图 11－8　空气过滤器

1—导流板；2—滤芯；3—滤杯；4—挡水板；5—放水阀

上述冷却器、油水分离器、过滤器、干燥器和储气罐等元件通常安装在空气压缩机的出口管路上，组成一套气源净化装置，是压缩空气站的重要组成部分。

三、管道系统

气压传动系统中，从空压机到气动设备和装置这一段的压缩空气分配是绝对不能忽视的。因为在这一段，通过选用适当的设备和材料，可有效地节约成本。此外，系统较小的泄漏、较低的维护费用和较长的使用寿命，对于系统也是非常重要的。

中小型气动系统的压缩空气分配如图 11－9 所示。图中系统内部贮气罐或中间贮气罐的安装应根据气动设备和装置而定。只有在短时间大量耗气时，才需要安装贮气罐，以消除间歇性冲击。

1. 管路分类

气动系统的管路按其功能可分为如下几种：

①吸气管路。从吸入口过滤器到空压机吸入口之间的管路，此段管路管径宜大，以降低压力损失。

②排出管路。从空压机排气口到后冷却器或储气罐之间的管路，此段管路应能耐高温、高压与振动。

③送气管路。从储气罐到气动设备间的管路。送气管路又分成主管路和从主管路

连接分配到气动设备之间的分支管路。主管路是一个固定安装的用于把空气输送到各处的耗气系统。主管路中必须安装断路阀，它能在维修和保养期间把空气主管道分离成几部分。

④控制管路。连接气动执行件和各种控制阀间的管路。此种管路大多数采用软管。

⑤排水管路。收集气动系统中的冷凝水，并将水分排出的管路。

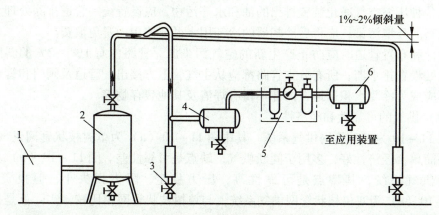

图 11 - 9　压缩空气分配图

1—空压机；2—贮气罐；3—冷凝罐排水阀；4—中间贮气缸；
5—气源净化处理装置；6—系统内部贮气罐

2. 管路材料

在气动装置中，连接各元件的管路有金属管和非金属管。常用的金属管有镀锌钢管、不锈钢管、拉制铝管和纯铜管等，主要用于工厂气源主干道和大型气动装置上，适用于高温、高压和固定不动部位的连接。铜、铝和不锈钢管防锈性好，但价格较高。非金属管有硬尼龙管、软尼龙管和聚氨酯管等类型，经济、轻便、拆装容易、工艺性好、不生锈、流动摩擦阻力小，另外，非金属管有多种颜色，化学稳定性好，又有一定柔性，故在气动设备上大量使用。但非金属管存在老化问题，不宜用于高温场合，且易受外部损伤。各类非金属管的应用场合如下：

①橡胶软管或强化塑料管：用在空气驱动手工操作工具上是很合适的，因为它具有柔韧性，有利于操作运动。

②棉线编织胶管：主要推荐用于工具或其他管子受到机械磨损的地方。

③聚氯乙烯（PVC）管或尼龙管：通常用于气动元件之间的连接，在工作温度限度内，它具有明显的安装优点，容易剪断和快速连接于快速接头。

3. 管道系统的布置原则

压缩空气管道系统的布置，可从下述几方面进行考虑：

（1）供气压力

对于普通气动系统，一般按一种压力要求处理，采用同一压力管道，用减压阀满足用气设备的压力要求；当系统有多种压力要求时，需分别处理：用气量较大的，应采用多种压力管道设置不同压力管网，分区供气；管路中低压装置占多数但也有少量高压装置时，可采用管道供大量低压气、气瓶供少量高压气的双重供气方式。

（2）供气净化质量

根据各用气装置对空气质量的不同要求。可分别设计成一般供气系统和清洁供气系统。若清洁供气用气量不大，可单独设置小型净化干燥装置来满足要求。

从各种压缩空气净化装置排出的油和水等污物，应设置统一管道排除处理，以防止造成新的环境污染；应将后冷却器的冷却用水循环使用，避免浪费。

设计和布置管道时应防止产生新的空气污染源。管路应有 1% ~ 2% 的斜度，并在最低处设置排水器；所有分支管路都应从主气管上方接出；管道及阀门和管件的连接处不应成为冷凝水积聚地，内部不得有焊渣及其他残存物等。

（3）供气的可靠性和经济性

图 11 – 10 为三种管网供气系统。其中图 11 – 10（a）为单树枝状管网供气系统，优点是简单，经济性好，多用于间断供气，缺点是可靠性差。图 11 – 10（b）为单环状管网供气系统，其特点是可靠性高，压力稳定，阻力损失小，但投资较大。图 11 – 10（c）为双树枝状管网供气系统，与单树枝状管网相比较，实际上是拥有了一套备用管网，因此可靠性较高。

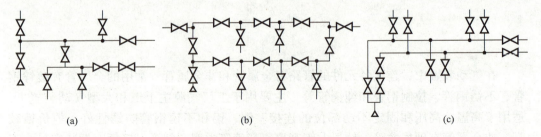

图 11 – 10　管网供气系统
（a）单树枝状管网；（b）单环状管网；（c）双树枝状管网

学习任务二　气动辅助元件

一、油雾器

气动系统中使用的许多元件和装置都有滑动部分，为使其能正常工作，需要进行润滑。然而，以压缩空气为动力源的气动元件滑动部分都构成了密封气室，不能用普通的方法注油，只能用某种特殊的方法进行润滑。

1. 作用和特点

油雾器是一种特殊的给油装置，其作用是将普通的液态润滑油滴雾化成细微的油雾，并注入空气，随气流输送到滑动部位，达到润滑的目的。油雾具有润滑均匀稳定，耗油量少，不需要大的贮油设备等特点，且气路一接通就开始润滑，气路断开就停止供油，并可同时对多个元件进行润滑。

2. 结构原理

图 11 – 11（a）所示的是油雾器的工作原理。假设气流输入压力为 p_1，通过文氏管后压力降为 p_2，当 p_1 和 p_2 的压差 Δp 大于位能 $\rho g h$ 时，油被吸上，并被主通道中的高速气流引射出，雾化后从输出口输出。图 11 – 11（b）为油雾器的图形符号。

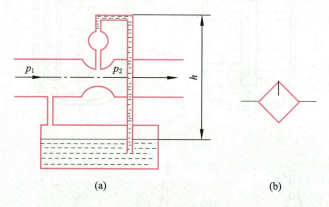

(a)　　　　　　　　　　　　　(b)

图 11 – 11　油雾器工作原理

图 11 – 12 是普通油雾器的结构示意图。其工作原理是：压缩空气从入口进入油雾器后，其中绝大部分气流经文氏管，从主管道输出，小部分通过特殊单向阀流入油杯使油面受压。由于气流通过文氏管的高速流动使压力降低，与油面上的气压之间存在着压力差。在此压力下，润滑油经吸油管、给油单向阀和调节油量的针阀，滴入透明的视油器内，并顺着油路被文氏管的气流引射出来，雾化后随气流一同输出。视油器上部的针阀用以调节滴油量，滴油量根据所使用的空气流量来选择，以保持一定的油雾浓度，可在 0 ～ 200 滴每分范围内调节。

能实现在不停气工作状态下向油雾器油杯注油。实现不停气加油的关键零件是特殊单向阀，特殊单向阀的作用如图 11 – 13 所示。

二、消声器

在执行元件完成动作后，压缩空气便经换向阀的排气口排入大气。由于压力较高，一般排气速度接近声速，空气急剧膨胀，引起气体振动，便产生了强烈的排气噪声。噪声的强弱与排气速度、排气量和排气通道的形状有关。排气噪声一般可达 80 ～ 100 dB。这种噪声使工作环境恶化，使人体健康受到损害，工作效率降低。所以，一般车间内噪声高于 75 dB 时，都应采取消声措施。

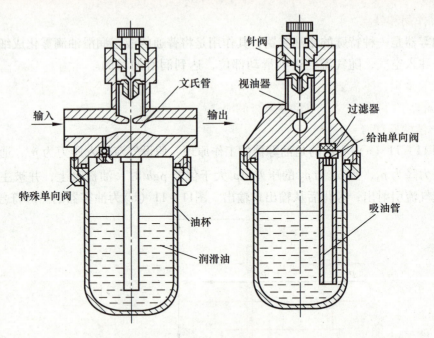

图 11 – 12　油雾器

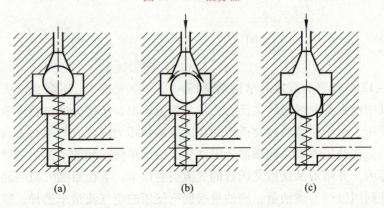

(a)　　　　　(b)　　　　　(c)

图 11 – 13　特殊单向阀的作用

　　消声器是通过阻尼或增加排气面积来降低排气的速度和功率，从而降低噪声的。消声器的类型以下四种：

1. 吸收型消声器

　　吸收型消声器通过多孔的吸声材料吸收声音，如图 11 – 14（a）所示。吸声材料大多使用聚苯乙烯或铜珠烧结。一般情况下，要求通过消声器的气流流速不超过 1 m/s，以减小压力损失，提高消声效果。吸收型消声器具有良好的消除中、高频噪声的性能。一般可降低噪声 20 dB 以上。图 11 – 14（b）为其图形符号。

2. 膨胀干涉型消声器

　　这种消声器的直径比排气孔径大得多，气流在里面扩散、碰撞、反射、互相干涉，减弱了噪声强度，最后气流通过非吸音材料制成的、开孔较大的多孔外壳排入大气。主要用来消除中、低频噪声。

3. 膨胀干涉吸收型消声器

图 11－15 所示为膨胀干涉吸收型消声器，其消声效果特别好，低频消声 20 dB，高频可消声约 50 dB。

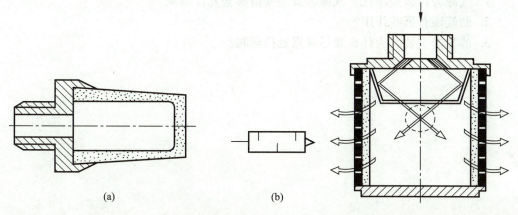

（a）　　　　　　（b）

图 11－14　吸收型消声器　　　　　图 11－15　膨胀干涉吸收型消声器

4. 集中排气法消声

把排出的气体引导到总排气管（如图 11－16 所示），总排气管的出口可设在室外或地沟内，使工作环境里没有噪声。需注意总排气管的内径应足够大，以免产生不必要的节流。

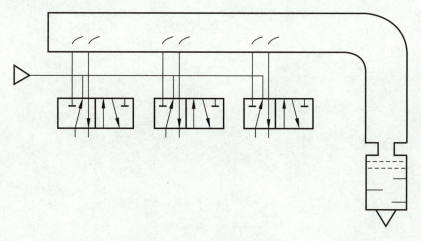

图 11－16　总排气管消声法

习题十一

1. 气源为什么要净化？气源装置主要由哪些元件组成？
2. 储气罐有哪些作用？
3. 油雾器安装时为什么要尽量靠近换向阀？

项目十二 气动执行元件

学习任务一 气 缸

1. 气缸的分类

在气动自动化系统中，气缸由于其具有相对较低的成本，容易安装，结构简单，耐用，各种缸径尺寸及行程可选等优点，因而是应用最广泛的一种执行元件。

根据使用条件不同，气缸的结构、形状和功能有多种形式，气缸的分类方法也很多，常用的有以下几种。

（1）按压缩空气对活塞端面作用力的方向可分为单作用气缸和双作用气缸。

单作用气缸只有一个方向的运动是靠气压传动，活塞的复位是靠外力（弹簧力或重力）；双作用气缸的往返全都靠压缩空气来完成。

（2）按结构特点可分为活塞式气缸、叶片摆动式气缸、薄膜式气缸和气液阻尼缸等

（3）按气缸的功能可分为普通气缸和特殊气缸

普通气缸用于一般无特殊要求的场合，主要指活塞式单作用气缸和双作用气缸。特殊气缸常用于有某种特殊要求的场合，包括气液阻尼缸、缓冲气缸、冲击式气缸、增压气缸、步进气缸和回转气缸等。

（4）按尺寸分类

通常称缸径 2.5 ~ 6 mm 的为微型气缸，缸径 8 ~ 25 mm 的为小型气缸，缸径 32 ~ 320 mm 的为中型气缸，缸径大于 320 mm 的为大型气缸。

（5）按安装方式分为如下两类

①固定式气缸：缸体安装在机体上固定不动，如图 12 - 1 （a）、（b）、（c）、（d）所示。

②摆动式气缸：缸体围绕一个固定轴可作一定角度的摆动，如图 12 - 1 （e）、（f）、（g）所示。

2. 普通气缸

普通气缸是指缸筒内只有一个活塞和一个活塞杆的气缸，也称为活塞式气缸，主要由缸筒、活塞杆、活塞、导向套、前缸盖与后缸盖以及密封元件组成。普通气缸有单作用和双作用气缸两种。

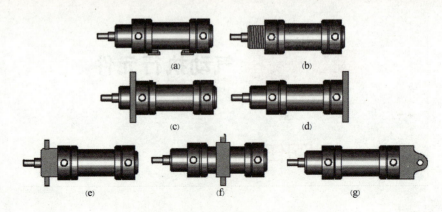

图 12 - 1 气缸按安装方式分类

（1）双作用气缸

如图 12 - 2 所示为普通型单活塞杆双作用气缸的结构原理。当 A 孔进气、B 孔排气时，压缩空气作用在活塞左侧面积上的作用力大于作用在活塞右侧面积上的作用力和摩擦力等反向作用力时，压缩空气推动活塞向右移动，使活塞杆伸出。反之，当 B 孔进气、A 孔排气，压缩空气推动活塞向左移动，使活塞和活塞杆缩回到初始位置。

气缸缸盖上未设置缓冲装置的气缸称为无缓冲气缸，缸盖上设置缓冲装置的气缸称为缓冲气缸。如图 12 - 2 所示的气缸为缓冲气缸，当气缸行程接近终端时，由于缓冲装置的作用，可以防止高速运动的活塞撞击缸盖的现象发生。

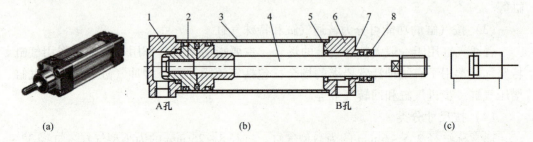

图 12 - 2 普通型单活塞杆双作用缸
（a）外观；（b）结构；（c）图形符号
1—后缸盖；2—活塞；3—缸筒；4—活塞杆；5—缓冲密封圈；6—前缸盖；7—导向套；8—防尘圈

（2）单作用气缸

单作用气缸在缸盖一端气口输入压缩空气使活塞杆伸出（或缩回），而另一端靠弹簧力、自重或其他外力等使活塞杆恢复到初始位置。根据复位弹簧位置将作用气缸分为预缩型气缸和预伸型气缸。当弹簧装在有杆腔内时，由于弹簧的作用力而使气缸活塞杆初始位置处于缩回位置，将这种气缸称为预缩型单作用气缸；当弹簧装在无杆腔内时，气缸活塞杆初始位置为伸出位置的称为预伸型气缸。

如图 12 - 3 所示为预缩型单作用气缸结构原理，这种气缸在活塞杆侧装有复位弹簧，单作用缸行程受内装回程弹簧自由长度的影响，其行程长度一般在 100 mm 以内。

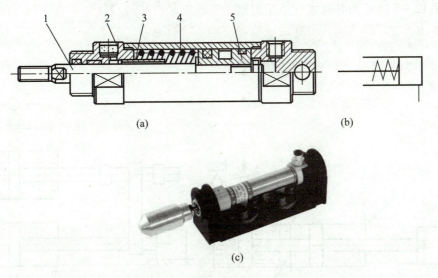

图 12 - 3　普通型单作用气缸
（a）结构；（b）图形符号；（c）外观
1—活塞杆；2—过滤片；3—止动套；4—弹簧；5—活塞

与双作用气缸相比，单作用气缸结构简单，只在动作方向需要压缩空气，故可节约一半压缩空气，耗气量小，但复位弹簧的反作用力随压缩行程的增大而增大，因此活塞的输出力随活塞运动的行程增加而减小。单作用气缸主要用在夹紧、退料、阻挡、压入、举起和进给等操作上。

3. 特殊气缸

（1）气液阻尼缸

气液阻尼缸是一种由气缸和液压缸构成的组合缸。它由气缸产生驱动力，用液压缸的阻尼调节作用获得平稳运动。这种气缸常用于机床和切削加工的进给驱动装置，用于克服普通气缸在负载变化较大时容易产生的"爬行"或"自移"现象，可以满足驱动刀具进行切削加工的要求。气液阻尼缸按其结构不同，可分为串联式和并联式两种。

如图 12 - 4 所示为串联式气液阻尼缸。它由一根活塞杆将气缸 2 的活塞和液压缸 3 的活塞串联在一起，两缸之间用隔板 7 隔开，防止空气与液压油互窜。工作时由气缸驱动，由液压缸起阻尼作用。节流机构（由节流阀 4 和单向阀 5 组成）可调节油缸的排油量，从而调节活塞运动的速度。油杯 6 起储油或补油的作用。由于液压油可以看作不可压缩流体，排油量稳定，只要缸径足够大，就能保证活塞运动速度的均匀性。

反之，当活塞向右运动时，液压缸右腔排油，经单向阀流到左腔。由于单向阀流通面积大，回油快，使活塞快速退回。这种缸有慢进快退的调速特性，常用于空行程较快而工作行程较慢的场合。

图12-5所示为并联式气液阻尼缸，其特点是液压缸与气缸并联，用一块刚性连接板相连，液压缸活塞杆可在连接板内浮动一段行程。

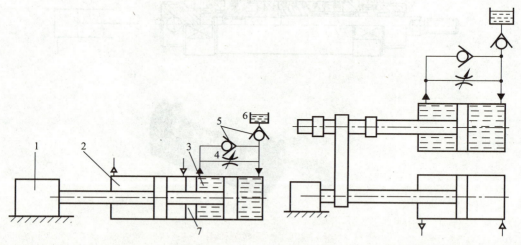

图12-4 串联式气、液阻尼缸

1—负载；2—气缸；3—液压缸；4—节流阀；

5—单向阀；6—油杯；7—隔板

图12-5 并联式气液阻尼缸

并联式气液阻尼缸的优点是缸体长度短、占机床空间位置小，结构紧凑，空气与液压油不互窜。缺点是液压缸活塞杆与气缸活塞杆安装在不同轴线上，运动时易产生附加力矩，增加导轨磨损，产生爬行现象。

（2）薄膜式气缸

薄膜式气缸是利用压缩空气通过膜片的变形来推动活塞杆作直线运动的气缸。它由缸体、膜片、膜盘和活塞杆等主要零件组成，它分单作用式（图12-6（a））和双作用式（图12-6（b））两种。膜片有平膜片和盘形膜片两种，一般用夹织物橡胶制成，厚度为5～6 mm或1～2 mm。

膜片气缸的优点是：结构简单、紧凑，体积小，质量轻，密封性好，不易漏气，加工简单，成本低，无磨损件，维护修理方便等。缺点是行程短，一般不超过50 mm。平膜片的行程更短，约为其直径的1/10。适用于行程短的场合。膜片气缸在化工、冶炼等行业中常用它控制管道阀门的开启和关闭，如热压机蒸汽进气主管道的开启和关闭。在机械加工和轻工气动设备中，常用它来推动无自锁机构的夹具，也可用来保持固有的拉力或推力。

（3）无杆气缸

无杆气缸没有普通气缸的刚性活塞杆，它利用活塞直接或间接地实现往复运动。无杆气缸主要分机械接触式和磁性耦合式两种，且将磁性耦合无杆气缸称为磁性气缸。

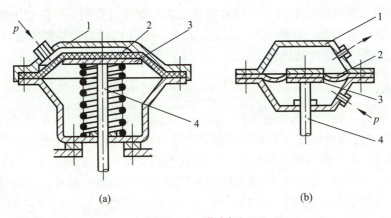

图 12 - 6　膜片气缸
1—缸体；2—膜片；3—膜盘；4—活塞杆

①机械接触式无杆气缸。

如图 12 - 7 所示为机械接触式无杆气缸。在拉制而成的不等壁厚的铝制缸筒上开有管状沟槽缝，为保证开槽处的密封，设有内外侧密封带。内侧密封带 3 靠气压力将其压在缸筒内壁上，起密封作用。外侧密封带 4 起防尘作用。活塞轭 7 穿过长开槽，把活塞 5 和滑块 6 连成一体。活塞轭 7 又将内、外侧密封带分开，内侧密封带穿过活塞轭，外侧密封带穿过活塞轭与滑块之间，但内、外侧密封带未被活塞轭分开，相互夹持在缸筒开槽上，以保持槽被密封。内、外侧密封带两端都固定在气缸缸盖上。与

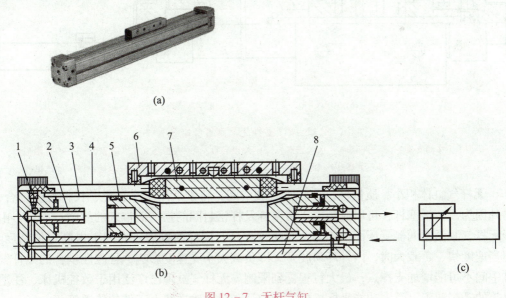

图 12 - 7　无杆气缸
1—节流阀；2—缓冲柱塞；3—内侧密封带；4—外侧密封带；
5—活塞；6—滑块；7—活塞轭；8—缸筒

普通气缸一样，两端缸盖上带有气缓冲装置。在压缩空气作用下，活塞—滑块机械组合装置可以做往复运动。这种无杆气缸通过活塞—滑块机械组合装置传递气缸输出力，缸体上管状沟槽可以防止其扭转。图12-7（a）为无杆缸的外观图，图12-7（b）为其结构图，图12-7（c）为其图形符号。

②磁感气缸。

图12-8为一种磁性耦合的无杆气缸。它是在活塞上安装了一组高磁性的永久磁铁4，磁力线通过薄壁缸筒（不锈钢或铝合金非导磁材料）与套在外面的另一组外磁环2相互作用。由于两组磁环极性相反，因此它们之间有很强的吸力。若活塞在一侧输入气压作用下移动，则在磁耦合力作用下带动套筒与负载一起移动。在气缸行程两端设有空气缓冲装置。图12-8（a）为无杆缸的外观图，图12-8（b）为其结构图，图12-8（c）为其图形符号。

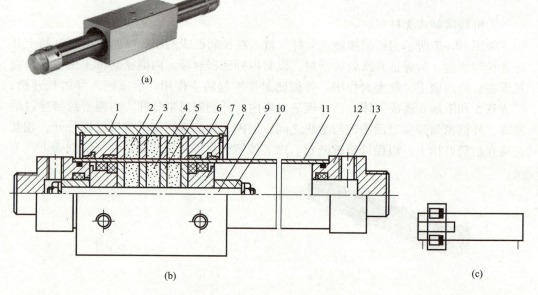

图12-8　磁性无活塞杆气缸

1—套筒（移动支架）；2—外磁环（永久磁铁）；3—外磁导板；4—内磁环（永久磁铁）；5—内衬磁板；
6—压板；7—卡环；8—活塞；9—活塞轴；10—缓冲柱塞；11—气缸筒；12—端盖；13—排气口

无杆气缸体积小、质量轻，节省了安装空间，特别适用于小缸径、长行程的场合；另外因为没有活塞杆，可以避免由于活塞杆及杆密封圈的损伤而带来的故障；而且，由于无杆气缸活塞两侧受压面积相等，双向行程具有同样的推力，有利于提高定位精度。但当速度快、负载大时，内外环易脱开，即负载大小受速度影响，且磁性耦合的无杆气缸中间不可能增加支撑点，最大行程受到限制。无杆气缸现已广泛用于数控机床、注塑机等的开门装置上及多功能坐标机械手的位移和自动输送线上工件的传送等。

（4）磁性开关气缸

磁性开关气缸是指在气缸的活塞上装有一个永久性磁环，磁性开关装在气缸的缸筒外侧,其余部分和一般气缸并无两样。气缸有各种型号,但其缸筒必须是导磁性弱、隔磁性强的材料,如铝合金、不锈钢、黄铜等。当随气缸移动的磁环靠近磁性开关时,舌簧开关的两根簧片被磁化而触点闭合,产生电信号;当磁环离开磁性开关后,簧片失磁,触点断开。这样可以检测到气缸的活塞位置而控制相应的电磁阀动作。图 12-9 为磁性开关气缸的工作原理图。

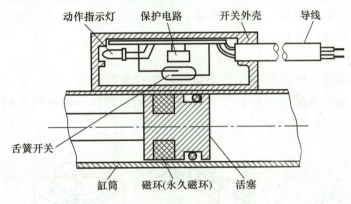

图 12-9　带磁性开关气缸的工作原理图

以前,气缸行程位置的检测是靠在活塞杆上设置行程挡块触动机械行程阀来发送信号的,它给设计、安装、制造带来很多不便。相比之下,采用用磁性开关的气缸使用方便,结构紧凑,开关反应时间快,因此得到了广泛应用。

(5)冲击气缸

冲击气缸是把压缩空气的能量转换为活塞和活塞杆等运动部件高速运动的动能(最大速度可达 10 m/s 以上),产生较大的冲击力,打击工件做功的一种特殊气缸。

图 12-10 所示为冲击气缸的结构原理图,由缸体、中盖、活塞和活塞杆等主要零件组成。中盖与缸体固接在一起,它与活塞把气缸分隔成蓄能腔、活塞腔与活塞杆腔三部分。中盖中心有一个流线型喷口,喷口的直径为缸径的 1/3。当压缩空气从 B 孔输入冲击气缸活塞杆腔时,蓄能腔经 A 孔排气,活塞上移由顶部密封垫封住中盖上的喷气口,活塞腔则经排气塞 5 的小孔与大气相通。当压缩空气从 A 孔输入蓄能腔时,活塞杆腔经 B 孔排气,蓄能腔内压力逐渐上升,由于喷气口的面积只有活塞面积的 1/9,即使下腔开始泄压,仍有一定的向上推力,

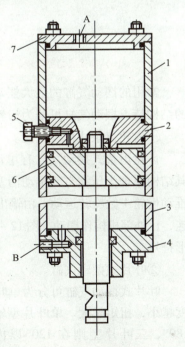

图 12-10　冲击气缸
1—缸体;2—中盖;3—头腔;
4、7—端盖;5—排气塞;6—活塞

此时蓄能腔仍是封闭的，继续贮存能量。当蓄能腔内压力高于活塞下腔压力的 9 倍时，活塞开始下移，一旦离开喷气口，蓄能腔内的高压气体迅速充满活塞上腔，使活塞上端受压面积突然增加 9 倍，于是活塞在很大的压差作用下迅速加速，在冲程达到 50～75 mm 时，获得最大的冲击速度和能量。

冲击气缸结构简单、成本低、耗气功率小，且能产生相当大的冲击力，应用十分广泛。可完成冲孔、下料、打印、铆接、拆件、压套、装配、弯曲成型、破碎、高速切割、锤击、锻压、打钉、去毛刺等多种作业。

（6）摆动气缸

摆动气缸是输出轴被限制在某个角度内做往复摆动的一种气缸，又称为旋转气缸。它是将压缩空气的压力能转变为机械能，输出转矩，使机构实现往复摆动。如图 12 - 11 所示为其应用实例。

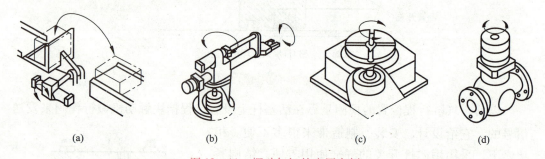

(a)　　　　　　　(b)　　　　　　　(c)　　　　　　　(d)

图 12 - 11　摆动气缸的应用实例
（a）输送线的翻转装置；（b）机械手的驱动；（c）分度盘的驱动；（d）阀门的开闭

常用的摆动气缸的最大摆动角度分为 90°、180°、270° 三种规格。按照摆动气缸的结构特点摆动气缸可分为齿轮齿条式和叶片式两类。

①齿轮齿条式摆动气缸。

齿轮齿条式摆动气缸有单齿条和双齿条两种。图 12 - 12 为单齿条式摆动气缸，其结构原理为压缩空气推动活塞 6，从而带动齿条组件 3 作直线运动，齿条组件 3 则推动齿轮 4 做旋转运动，由输出轴 5（齿轮轴）输出力矩。输出轴与外部机构的转轴相连，让外部机构作摆动。图 12 - 11（a）为缸的外观图，（b）为其结构图，（c）为其图形符号。

②叶片式摆动气缸。

叶片式摆动气缸可分为单叶片式、双叶片式和多叶片式三种。叶片越多，摆动角度越小，扭矩越大。单叶片型输出摆动角度小于 360°，双叶片型输出摆动角度小于 180°，三叶片型则在 120° 以内。如图 12 - 13（a）所示为叶片式缸的外观，如图 12 - 13（b）、（c）所示分别为单、双叶片式摆动气缸的结构原理图。在定子上有两条气路，当左腔进气时，右腔排气，叶片在压缩空气作用下逆时针转动；反之，作顺时针转动。

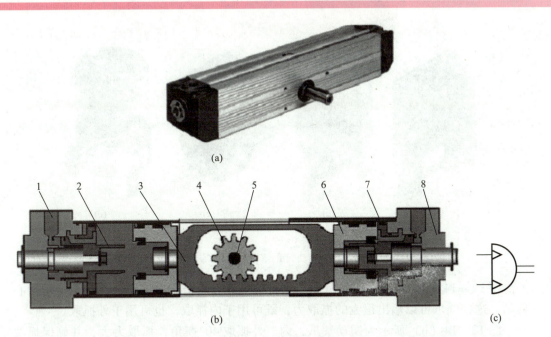

图 12-12　齿轮齿条式摆动气缸
1—缓冲节流阀；2—缓冲柱塞；3—齿条组件；4—齿轮；5—输出轴；6—活塞；7—缸体；8—端盖

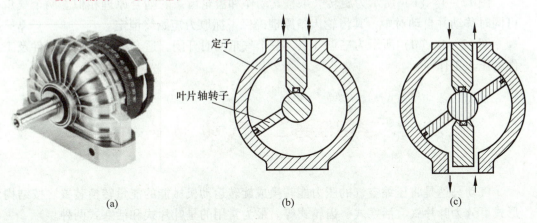

图 12-13　叶片式摆动气缸
（a）外观；（b）单叶片摆动气缸结构原理；（c）双叶片摆动气缸结构原理

摆动气缸目前在工业上应用广泛，多用于安装位置受到限制或转动角度小于 360° 的回转工作部件。

（7）气爪（手指气缸）

气爪能实现各种抓取功能，是现代气动机械手的关键部件。如图 12-14 所示的气爪具有如下特点：所有的结构都是双作用的，能实现双向抓取，可自动对中，重复精度高；抓取力矩恒定；在气缸两侧可安装非接触式检测开关；有多种安装、连接方式。

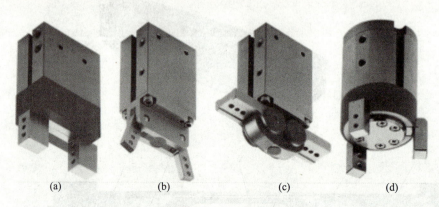

图 12 – 14　气爪
（a）平行气爪；（b）摆动气爪；（c）旋转气爪；（d）三点气爪

图 12 – 14（a）所示为平行气爪，平行气爪通过两个活塞工作，使两个气爪对心移动。这种气爪可以输出很大的抓取力，既可用于内抓取，也可用于外抓取。

图 12 – 14（b）所示为摆动气爪，内、外抓取 40°摆角，抓取力大，并确保抓取力矩始终恒定。

图 12 – 14（c）所示为旋转气爪，其动作和齿轮齿条的啮合原理相似。两个气爪可同时移动并自动对中，其齿轮齿条原理确保了抓取力矩始终恒定。

图 12 – 14（d）所示为三点气爪，三个气爪同时开闭，适合夹持圆柱体工件及工件的压入工作。

学习任务二　气动马达

气动马达是将压缩空气的压力能转换成旋转运动机械能的能量转换装置。按结构形式可分为叶片式、活塞式、齿轮式等。最为常用的是叶片式和活塞式两种。

1. 叶片式气动马达

图 12 – 15 所示为叶片式气动马达的工作原理图（其工作原理与液压马达相似）。叶片式气动马达主要由定子、转子、叶片及壳体构成。它一般有 3～10 个叶片。定子上有进排气槽孔、转子上铣有径向长槽，槽内装有叶片。定子两端有密封盖，密封盖上有弧形槽与两个进排气孔及叶片底部相连通。转子与定子偏心安装。这样，由转子外表面、定子的内表面、相邻两叶片及两端密封盖形成了若干个密封工作空间。

当压缩空气由 A 孔输入后，分成两路：一路气经定子两面密封盖的弧形槽进入叶片底部，将叶片推出。叶片就是靠此压力及转子转动时的离心力的综合作用而紧密地抵在定子内壁上的；另一路压缩空气经 A 孔进入相应的密封工作空间，作用在叶片上，由于前后两叶片伸出长度不一样，作用面积也就不相等，作用在两叶片上的转矩大小也不一样，且方向相反，因此转子在两叶片的转矩差的作用下，按逆时针方向旋转。做功后的气体由定子排气孔 B 排出。反之，当压缩空气由 B 孔输入时，就产生顺时针方向的转矩差，使转子按顺时针方向旋转。

叶片式气动马达制造简单，结构紧凑，但低速启动转矩小，低速性能不好，适宜性能要求低或中等功率的机械。目前，在矿山机械及风动工具中应用普遍。

2. 活塞式气动马达

活塞式气动马达是一种通过曲柄或斜盘将若干个活塞的直线运动转变为回转运动的气动马达。按其结构不同，可分为径向活塞式和轴向活塞式两种。

图 12 - 16 所示为径向活塞式气动马达的结构原理图。其工作室由缸体和活塞构成。3 ~ 6 个气缸围绕曲轴呈放射状分布，每个气缸通过连杆与曲轴相连。通过压缩空气分配阀向各气缸顺序供气，压缩空气推动活塞运动，带动曲轴转动。当配气阀转到某角度时，气缸内的余气经排气口排出。改变进、排气方向，可实现气动马达的正反转换向。

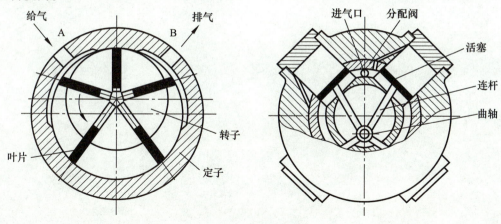

图 12 - 15 叶片式气动马达　　　　图 12 - 16　活塞式气动马达

活塞式气动马达适用于转速低、转矩大的场合。其耗气量不小，且构成零件多，价格高。其输出功率为 0.2 ~ 20 kW，转速为 200 ~ 4 500 r/min。活塞式气动马达主要应用于矿山机械，也可用作传送带等的驱动马达。

选择气动马达主要从负载状态出发，在变负载场合，主要考虑速度的范围和所需的转矩；在均衡负载场合，则主要考虑工作速度。叶片式气动马达比活塞式气动马达转速高，当工作速度低于空载最大转速的 25% 时，最好选用活塞式气动马达。摆动式气动马达一般可按工作要求自行设计。气动马达使用时应在气源入口处设置油雾器，并定期补油，以保证气动马达得到良好的润滑。

习题十二

1. 气动三联件包括哪三个元件？它们的安装顺序如何？

2. 气缸有哪些类型？

3. 单作用气缸内径 $D = 63$ mm，复位弹簧最大反力 $F_s = 150$ N，工作压力 $p = 0.5$ MPa，气缸的效率 $\eta = 0.4$，该气缸的最大推力 F_{max} 是多大？

项目十三　气动控制元件

学习任务一　方向控制阀

方向控制阀是改变气体的流动方向或通断的控制阀，可分为单向型控制阀和换向型控制阀。

1. 单向型方向控制阀

单向型方向控制阀的作用是只允许气流向一个方向流动。它包括单向阀、梭阀、双压阀和快速排气阀等。

（1）单向阀

单向阀是指气流只能向一个方向流动，而不能反方向流动的阀，它的结构和符号如图 13－1 所示，其工作原理与液压单向阀基本相同。正向流动时，P 腔气压推动阀芯的力大于作用在阀芯上的弹簧力和阀芯与阀体之间的摩擦阻力，则阀芯被推开，P、A 接通。为了使阀芯保持开启状态，P 腔与 A 腔应保持一定的压差，以克服弹簧力。反向流动时，受气压力和弹簧力的作用，阀芯关闭，A、P 不通。弹簧的作用是增加阀的密封性，防止低压泄漏，另外，在气流反向流动时帮助阀迅速关闭。

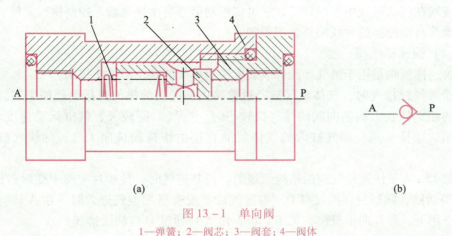

(a)　　　　　　　　　　　　　　　　　　　(b)

图 13－1　单向阀
1—弹簧；2—阀芯；3—阀套；4—阀体

在气动系统中，为防止贮气罐中的压缩空气倒流回空气压缩机，在空压机和贮气罐之间应装有单向阀。单向阀还可与其他的阀组合成单向节流阀、单向顺序阀等。

（2）或门型梭阀

如图 13-2 所示为或门型梭阀的工作原理和符号。该阀的结构相当于两个单向阀的组合。如图 13-2（a）所示，当通路 P_1 进气时，将阀芯推向右边，通路 P_2 被关闭，于是气流从 P_1 进入通路 A；反之，气流从 P_2 进入 A。当 P_1、P_2 同时进气时，哪端压力高，A 口就与哪端相通，另一端就自动关闭。如图 13-2（b）所示为该阀的图形符号。这种阀在气动回路中起到"或"门（P_1 开或 P_2 开）的作用。

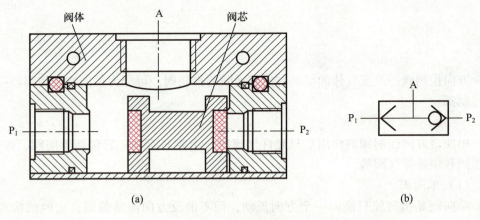

(a)   (b)

图 13-2 或门型梭阀

（3）与门型梭阀

该阀又称双压阀，其结构如图 13-3（a）所示，它也相当于两个单向阀的组合。其工作原理和图形符号如图 13-3（b）所示：只有当两个输入口 P_1、P_2 同时进气时，A 口才有输出；当两端进气压力不等时，则低压气通过 A 口输出。

梭阀在气动系统中应用较广，它可将控制信号有次序地输入控制执行元件，常见的手动与自动控制的并联回路就用梭阀。

（4）快速排气阀

快速排气阀是用于给气动元件或装置快速排气的阀，简称快排阀。

通常气缸排气时，气体从气缸经过管路由换向阀的排气口排出。如果气缸到换向阀的距离较长，而换向阀的排气口较小时，排气时间较长，气缸运动速度较慢；若采用快速排气阀，则气缸内的气体就能直接由快排阀排向大气，加快气缸运动速度。

图 13-4 是快速排气阀的结构原理图。当 P 进气时，使膜片 1 向下变形，打开 P 与 A 的通路，同时封住排气口 O。当进气口 P 没有压缩空气进入时，在 A 口与 P 口压差作用下，膜片向上复位，关闭 P 口，使 A 口通过 O 口快速排气。

2. 换向型控制阀

换向型控制阀简称换向阀，是指可以改变气流流动方向的控制阀。分类方法与液压换向阀大致相同：

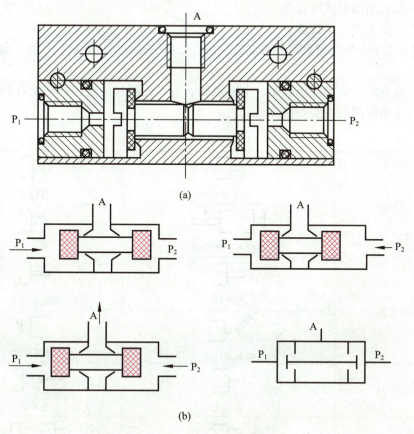

图 13 – 3　与门型梭阀

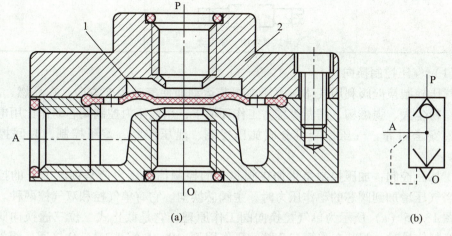

(a)　　　　　　　　　　　　　(b)

图 13 – 4　快速排气阀
1—膜片；2—阀体

按阀芯的结构形式可分为滑阀式、截止式、旋塞式、平面式和膜片式等几种，其中滑阀式和截止式应用较多。

按通路数和工作位置数可分为二位二通、二位三通、二位五通、三位三通、三位五通等。

按控制方式可分为气压控制、电磁控制、人力控制和机械控制，如表 13 - 1 所示列出了气动换向阀的主要控制方式。

表 13 - 1　气动换向阀的主要控制方式

人力控制	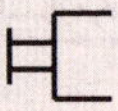 一般手动操作	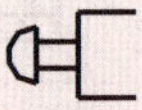 按钮式
	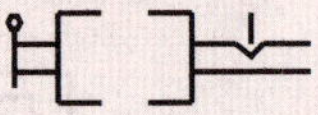 手柄式、带定位	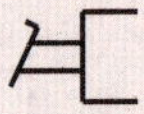 脚踏式
机械控制	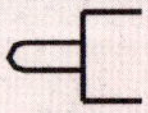 控制轴	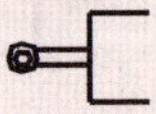 滚轮杠杆式
	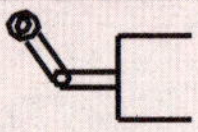 单向滚轮式	 弹簧复位
气动控制	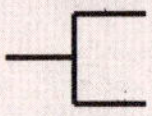 直动式	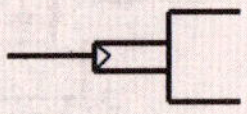 先导式
电磁控制	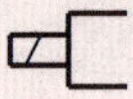 单电控	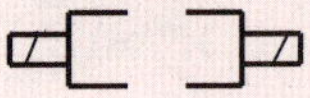 双电控
	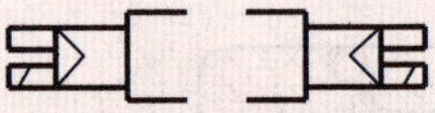 先导式双电控、带手动	

（1）气压控制换向阀

气压控制换向阀利用气体压力使主阀芯运动而使气流改变方向。在易燃、易爆、潮湿、粉尘大、强磁场、高温等恶劣工作环境下，用气压力控制阀芯动作比用电磁力控制要安全可靠。气压控制可分成加压控制、泄压控制、差压控制、时间控制等方式。

①加压控制：加压控制是指加在阀芯上的控制信号压力值是逐渐上升的控制方式，当气压增加到阀芯的动作压力时，主阀芯换向。它有单气控和双气控两种。

图 13 - 5（a）所示为单气控换向阀工作原理，它是截止式二位三通换向阀。当 K 无控制信号时，阀芯在弹簧与 P 腔气压作用下，P、A 断开，A、O 接通，阀处于排气状态；当 K 有加压控制信号时，阀芯在控制信号 K 的作用下向下运动，A、O 断开，P、A 接通，阀处于工作状态。

图 13-5（b）为双气控换向阀工作原理，它是滑阀式二位五通换向阀。当控制信号 K_1 存在，信号 K_2 不存在时，阀芯停在右端，P、B 接通，A、O_1 接通；当信号 K_2 存在，信号 K_1 不存在时，阀芯停在左端，P、A 接通，B、O_2 接通。

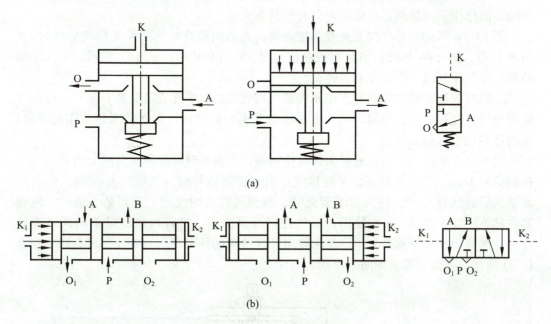

(a)

(b)

图 13-5　单气控换向阀

由以上两种换向阀的工作原理可以看到：

截止式阀的性能特点：阀芯行程短，故换向迅速，流阻小，流通能力强，易于设计成结构紧凑的大通径阀；由于阀芯始终受气源压力的作用，因此阀的密封性能好，即使弹簧折断也能密封，不会导致动作失误，但在高压或大流量时，所需的换向力较大，换向时的冲击力也较大，故不宜用在灵敏度要求高的场合；滑动密封面少，泄漏小，因此抗粉尘及污染能力强，阀件磨损小，对气源过滤精度要求较其他结构的阀低；截止阀在换向的瞬间，气源口、输出口和排气口可能因同时相通而发生串气现象，此时会出现较大的系统气压波动。

滑柱式阀性能特点：阀芯行程较截止式长，对动态性能有不利影响，并会增加阀的轴向尺寸，因此，大通径的阀一般不宜采用滑柱式结构；阀芯处于静止状态时，由于结构的对称性，各通口气压对阀芯产生的轴向力保持平衡，因此，容易设计成具有记忆功能的阀；换向时，由于不承受像截止式密封结构所具有的背压阻力，所以换向阻力小，动作灵敏；通用性强。同一基型，只要调换少数零件便可变成不同控制方式、不同通口数的各种阀。同一只阀，改变接管方式，可作多种阀使用；滑柱式结构的密封特点是密封面为圆柱面，换向时，沿密封面进行滑动。因此对工作介质中的杂质比较敏感，需有一套严格的过滤、润滑、维护等措施，宜使用含有油雾润滑的压缩空气。

②泄压控制：泄压控制是指加在阀芯上的控制信号的压力值是渐降的控制方式，当压力降至某一值时阀便被切换。泄压控制阀的切换性能不如加压控制阀好。

③差压控制：差压控制是利用阀芯两端受气压作用的有效面积不等，在气压作用力的差值作用下，使阀芯动作而换向的控制方式。

图13-6所示的是二位五通差压控制换向阀的图形符号，当K无控制信号时，P与A相通，B与O_2相通；当K有控制信号时，P与B相通，A与O_1相通。差压控制的阀芯靠气压复位，不需要复位弹簧。

④延时控制：延时控制的工作原理是利用气流经过小孔或缝隙被节流后，再向气室内充气，经过一定的时间，当气室内压力升至一定值后，再推动阀芯动作而换向，从而达到信号延迟的目的。

图13-7所示为二位三通可调延时换向阀，它由延时部分和换向部分组成。当无控制信号K时，P与A断开，A腔排气；当有控制信号时，气体从K腔输入经可调节流阀后到气容C内，使气容不断充气，直到气容内的气压上升到某一值时，使阀芯右移，P与A接通，A有输出。当气控信号消失后，气容内气压经单向阀迅速排空，在弹簧力作用下阀芯复位，A无输出。这种阀的延时时间可在$1\sim20$ s调节。若P、O换接，就成为常通延时断型阀。

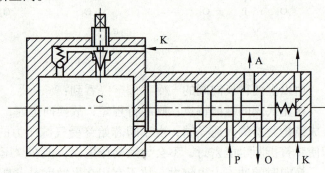

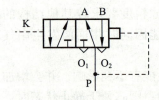

图13-6 差压控制换向阀

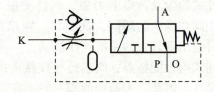

图13-7 延时控制换向阀

（2）电磁控制换向阀

电磁控制换向阀是利用电磁力使阀芯迅速移动换向的，与液压传动中的电磁阀一样，也由电磁铁和主阀两部分组成。利用这种阀易于实现电、气联合控制，能实现远距离操作，故得到了广泛的应用。按电磁力作用的方式不同，电磁换向阀分为直动式和先导式两种。

①直动式电磁换向阀：由电磁铁的衔铁直接推动阀芯换向的气动换向阀称为直动

式电磁阀。直动式电磁换向阀有单电控和双电控两种。

如图 13－8 所示为采用截止式阀芯的单电控直动式电磁换向阀；如图 13－9 所示为采用滑柱式阀芯的双电控直导式电磁换向阀。

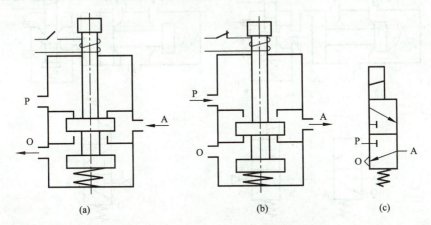

图 13－8　单电控直动式电磁换向阀

（a）电磁铁不通电时的工作状态；（b）电磁铁通电时的工作状态；（c）图形符号

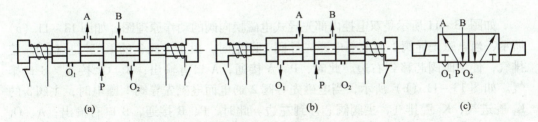

图 13－9　双电控直动式电磁换向阀

（a）左位工作状态；（b）右位工作状态；（c）图形符号

双电磁铁换向阀可做成二位阀，也可做成三位阀。双电磁铁二位换向阀具有记忆功能，即通电时换向，断电时仍能保持原有工作状态。为保证双电磁铁换向阀正常工作，两个电磁铁不能同时通电，电路中要考虑互锁。

②先导式电磁换向阀：先导式电磁换向阀由电磁先导阀和主阀两部分组成，由微型直动式电磁铁控制输出的气压推动主阀阀芯实现阀通路切换，它实际上是由电磁控制和气压控制（加压、卸压、差压等）组成的一种复合控制阀。先导式电磁换向阀按控制方式可分为单电控和双电控方式。按先导压力来源，有内部先导式和外部先导式。

如图 13－10（a）所示是单电控外部先导式电磁换向阀的动作原理。当电磁先导阀的激磁线圈断电时，先导阀的 X、A_1 口断开，A_1、O_1 口接通，先导阀处于排气状态，此时，主阀阀芯在弹簧和 P 口气压作用下向右移动，将 P、A 断开，A、O 接通，即主阀处于排气状态。如图 13－10（b）所示，当电磁先导阀通电后，使 X、A_1 接通，电磁先导阀处于进气状态，即主阀控制腔 A_1 进气。由于 A_1 腔内气体作用于阀芯上的力大于 P 口气体作用在阀芯上的力与弹簧力之和，因此将活塞推向左边，使 P、

A 接通，即主阀处于进气状态。图 13 – 10（c）为单电控外部先导式电磁阀的详细图形符号，图 13 – 10（d）所示的是其简化图形符号。

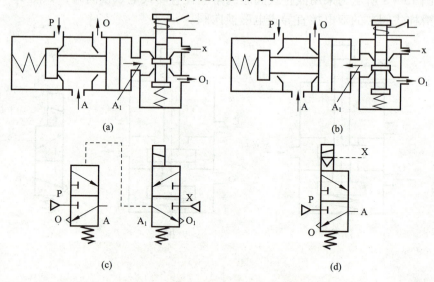

(a)　　　　　　　　(b)

(c)　　　　　　　　(d)

图 13 – 10　单电控外部先导式电磁阀

　　如图 13 – 11 所示是双电控内部先导式电磁换向阀的动作原理图。如图 13 – 11（a）所示，当电磁先导阀 1 通电而电磁先导阀 2 断电时，由于主阀 3 的 K_1 腔进气，K_2 腔排气，使主阀阀芯移到右边。此时，P、A 接通，A 口有输出；B、O_2 接通，B 口排气。如图 13 – 11（b）所示，当电磁先导阀 2 通电而电磁先导阀 1 断电时，主阀 3 的 K_2 腔进气，K_1 腔排气，主阀阀芯移到左边。此时，P、B 接通，B 口有输出；A、O_1 接通，A 口排气。双电控换向阀具有记忆性，即通电时换向，断电时并不返回，可用单脉冲信号控制。为保证主阀正常工作，两个电磁先导阀不能同时通电，电路中要考虑互锁保护。

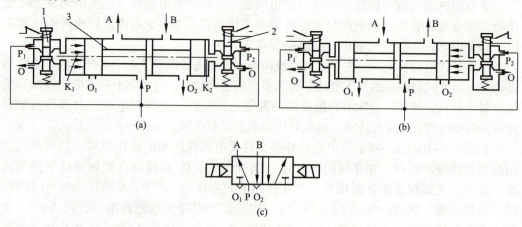

(a)　　　　　　　　(b)

(c)

图 13 – 11　双电控内部先导式电磁阀
1、2—电磁先导阀；3—主阀

直动式电磁阀与先导式电磁阀相比较，前者是依靠电磁铁直接推动阀芯，实现阀通路的切换，其通径一般较小或采用间隙密封的结构形式。通径小的直动式电磁阀也常称作微型电磁阀，常用于小流量控制或作为先导式电磁阀的先导阀。而先导式电磁阀是由电磁阀输出的气压推动主阀阀芯，实现主阀通路的切换。其特点是启动功率小，主阀芯行程不受电磁控制部分影响，不会因主阀芯卡住而烧毁线圈，所以，通径大的电磁气阀都采用先导式结构。

<h1 style="text-align:center">学习任务二　压力控制阀</h1>

1. 压力控制阀的类型

（1）从阀的作用来看，气动压力控制阀可分为三大类

①调节或控制气压的变化，并保持降压后的压力值稳定在需要的值上，确保系统工作压力的稳定性，这类阀称为减压阀（又称调压阀）。对于低压控制系统（如气动测量），除用减压阀降压外，还需用精密减压阀（又称定值器）以获得更稳定的供气压力。

②保持一定的进口压力。能实现这种功能的阀，当管路中的压力超过规定值时，为保证系统工作安全，需将部分空气放掉，称为安全阀（又称溢流阀）。

③在有两个以上分支回路，而气动装置中又不便安装行程阀，需要依据气压的大小，使执行元件按设计规定的程序进行顺序动作，具有此种功能的阀称为顺序阀。

（2）按结构特点可分为直动型和先导型

直动型压力阀的气压直接与弹簧力相平衡。操纵调压困难、性能差，故精密的高性能压力阀都采用先导型结构。

2. 减压阀

气压传动是将压缩空气站中由气罐储存的压缩空气通过管道引出，并减压到适合于系统使用的压力。每台气动装置的供气压力都需要用减压阀来减压，并保持供气压力稳定。

（1）直动型减压阀

如图 13－12 所示为直动型减压阀的结构原理和符号。阀在原始状态时，进气阀 8 在复位弹簧 9 作用下处于关闭状态，输入口和输出口不通。输出口无气压输出。若顺时针调节手柄 1，调压弹簧 3 被压缩，推动阀杆 7 下移，进气阀被打开，空气流过进气阀开口降压，并在输出口有气压输出。同时，输出气压经反馈导管 6 作用在膜片 5 上产生向上的推力。该推力和调压弹簧相平衡时，阀便有稳定的压力输出。若输出压力超过调定值时，膜片离开平衡位置向上变形，使得溢流阀口 4 和阀杆 7 脱开，多余的空气经溢流口 10 排入大气。输出压力降到调定值时，溢流阀口关闭，

膜片上的受力保持平衡状态。若逆时针旋转调节手柄，调压弹簧放松，作用在膜片上的气压力大于弹簧力，溢流阀口打开，输出压力降低直到为零。

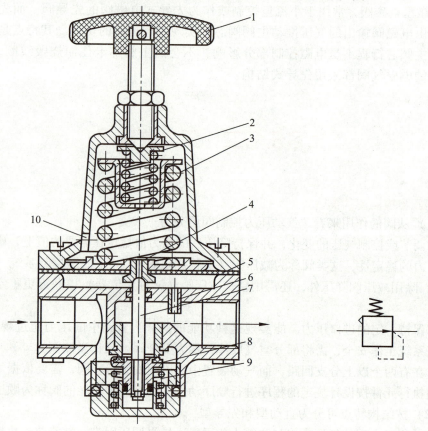

图 13 - 12　直动型减压阀
1—手柄；2、3—调压弹簧；4—溢流阀口；5—膜片；
6—反馈导管；7—阀杆；8—进气阀；9—复位弹簧；10—溢流口

　　反馈导管的作用是为了提高减压阀的稳压精度，另外可改善减压阀的动态特性。当负载突然改变或变化不定时，反馈导管起阻尼作用，避免振荡现象发生。该阀为溢流式结构，它有稳定输出压力的作用，当阀的输出压力超过调定值时，气体能从溢流口排出，维持输出压力不变。通过调节手柄 1 控制阀口开度的大小即可控制输出压力的大小。一般直动型减压阀的最大输出压力是 0.6 MPa，调压范围是 0.1 ～ 0.6 MPa。

　　（2）先导式减压阀

　　当减压阀的接管口径很大或输出压力的给定值较高时，相应的膜片等结构尺寸也很大。若用调压弹簧直接调压，则弹簧过硬，不仅调节费力，而且当输出流量较大时，输出压力波动也很大。因此，接管口径 20 mm 以上且输出压力大于 0.63 MPa 时，一般宜用先导式结构。在需要远距离遥控时，可采用遥控先导式减压阀。

先导式减压阀是使用预先调整好压力的空气来代替直动式调压弹簧进行调压的。其调节原理和主阀部分的结构与直动式减压阀相同。先导式减压阀的调压空气一般是由小型的直动式减压阀供给的。若将这种直动式减压阀装在主阀内部，则称为内部先导式减压阀。若将其装在主阀外部，称为外部先导式或远距离控制（遥控）的减压阀。

如图 13-13（a）所示为内部先导式减压阀结构图，由先导阀和主阀两部分组成。当气流从左端流入阀体后，一部分经进气阀口 9 流向输出口，另一部分经固定节流孔 1 进入中气室 5，经喷嘴 2、挡板 3、孔道反馈至下气室 6，再经阀杆 7 中心孔及排气孔 8 排至大气。

把手柄旋到一定位置，使喷嘴挡板的距离在工作范围内，减压阀就进入了工作状态，中气室 5 的压力随喷嘴挡板间的距离减少而增大，于是推动阀芯打开进气阀口 9，立即有气流流到出口，同时经孔道反馈到上气室 4，与调压弹簧相平衡。

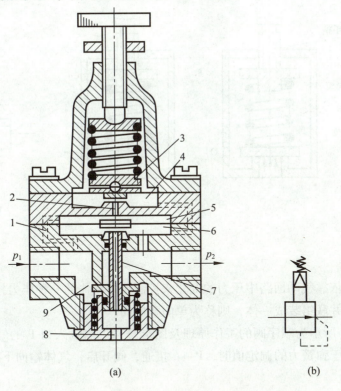

图 13-13　内部先导式减压阀

1—节流孔；2—喷嘴；3—挡板；4—上气室；5—中气室；

6—下气室；7—阀杆；8—排气孔；9—进气阀口

若输入压力瞬时升高，输出压力也相应升高，通过孔口的气流使下气室 6 的压力也升高，破坏了膜片原有的平衡，使阀杆 7 上升，节流阀口减小，节流作用增强，输出压力下降，使膜片两端作用力重新平衡，输出压力恢复到原来的调定值。当输出压力瞬时下降时，经喷嘴挡板的放大也会引起中气室 5 的压力明显地提高，而使阀芯下移，阀口开大，输出压力升高，并稳定到原数值上。图 13 – 13（b）为先导式减压阀的图形符号。

3. 溢流阀（安全阀）

溢流阀的作用是当气动系统中的压力超过调定压力时，能自动向外排气。实际上，溢流阀是一种用于保持回路压力恒定的压力控制阀。

图 13 – 14 所示是一种直动式溢流阀的工作原理和符号。图 13 – 14（a）所示为阀的初始工作位置，预先调整手柄，使调压弹簧压缩，阀门关闭；图 13 – 14（b）所示为当气压达到给定值时，气体压力将克服弹簧预紧力，活塞上移，开启阀门排气；当系统内压力降至给定压力以下时，阀重新关闭。调节弹簧的预紧力可改变调定压力的大小。

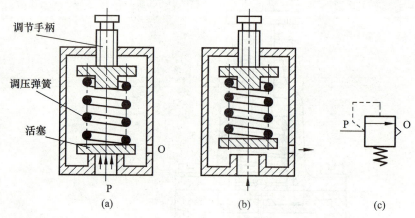

调节手柄
调压弹簧
活塞

(a)　　　　　　(b)　　　　　　(c)

图 13 – 14　直动式溢流阀

4. 顺序阀

顺序阀是依靠气动回路中压力的变化来控制顺序动作的一种压力控制阀。若将顺序阀与单向阀并联组装成一体，则称为单向顺序阀。

图 13 – 15 所示为顺序阀的工作原理及图形符号。当输入口 P 的气体作用在阀的活塞上的力大于弹簧力的调定值时，P→A 接通，阀开启，气体输向下一个执行元件，实现顺序动作。

5. 过滤减压阀和气动三联件

如图 13 – 16（a）所示为过滤减压阀，它是将分水过滤器与直动式减压阀集成，做在一个壳体内并配以压力表，兼备了过滤和调压两种功能，使用方便。

如图 13 – 16（b）所示，把过滤减压阀和油雾器组合在一起，形成无管化连接，称为气动三联件，是气动系统中常用的气源辅件。

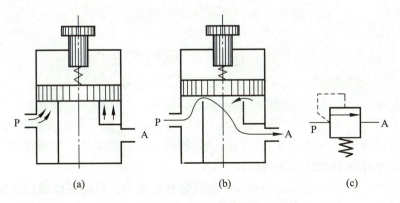

图 13 - 15　顺序阀

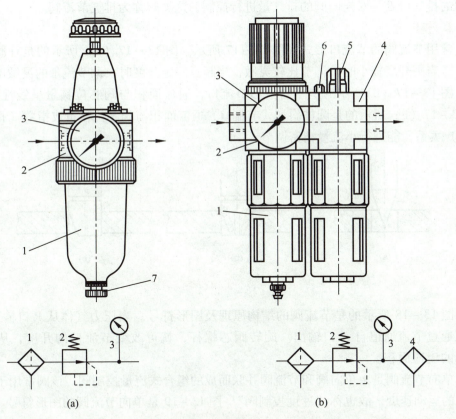

图 13 - 16　过滤减压阀和气动三联件
（a）过滤减压阀；（b）气动三联件
1—分水过滤器；2—减压阀；3—压力表；4—油雾器；
5—滴油量调节螺钉；6—油杯放气螺塞；7—放水螺塞

学习任务三　流量控制阀

流量控制阀是通过改变阀的通流截面积来实现流量控制的元件。在气动系统中，控制气缸运动速度、控制信号延迟时间、控制油雾器的滴油量、控制缓冲气缸的缓冲能力等都是依靠控制流量来实现的。

气动流量控制阀主要包括两种：一种设置在回路中，对回路所通过的空气流量进行控制，这类阀有节流阀、单向节流阀、柔性节流阀和行程节流阀；另一种连接在换向阀的排气口处，对换向阀的排气量进行控制，这类阀称为排气节流阀。

1. 节流阀

常用节流阀的节流口形式如图 13 – 17 所示。图 13 – 17（a）所示的是针阀式节流口，当阀开度较小时，调节比较灵敏，当超过一定开度时，调节流量的灵敏度就差了；图 13 – 17（b）所示的是三角槽形节流口，通流面积与阀芯位移量呈线性关系；图 13 – 17（c）所示的是圆柱斜切式节流口，通流面积与阀芯位移量成指数（指数大于 1）关系，能进行小流量精密调节。

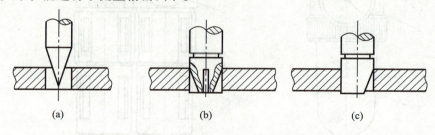

(a)　　　　　　　　　　(b)　　　　　　　　　　(c)

图 13 – 17　常用节流口形式

图 13 – 18 所示的是节流阀的结构原理及图形符号。当压力气体从 P 口输入时，气流通过节流通道自 A 口输出。旋转阀芯螺杆，就可改变节流口的开度，从而改变阀的流通面积。

单向节流阀是由单向阀和节流阀并联而成的组合式流量控制阀。该阀常用于控制气缸的运动速度，故也称"速度控制阀"。图 13 – 19 是单向节流阀的图形符号。

2. 柔性节流阀

柔性节流阀主要是依靠上下阀杆夹紧柔韧的橡胶管而产生的。当然，也可以利用气体压力来代替阀杆压缩橡胶管。柔性节流阀结构简单，压力降小，动作可靠性高，对污染不敏感，通常工作压力范围为 0.3 ~ 0.63 MPa。图 13 – 20 所示为柔性节流阀的原理图。

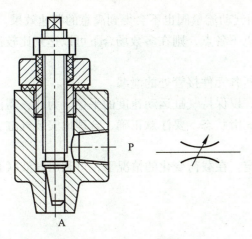

图 13 - 18　节流阀

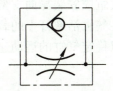

图 13 - 19　单向节流阀

3. 排气节流阀

排气节流阀的工作原理与节流阀相同，只安装在元件的排气口（如换向阀的排气口）上，控制排入大气的气体流量，以改变执行机构的运动速度。排气节流阀常带有消声器以减小排气噪声，并能防止不清洁的气体通过排气孔污染气路中的元件。

图 13 - 21 所示是一种排气消声节流阀，由节流阀和消声器构成，直接拧在换向阀的排气口上。由于其结构简单，安装方便，能简化回路，故应用日益广泛。

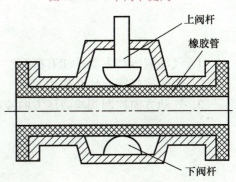

图 13 - 20　柔性节流阀

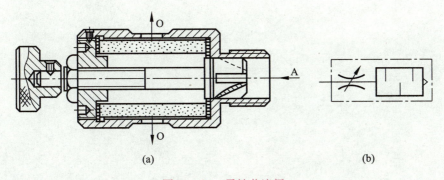

(a)　　　　　　　　　　　　　(b)

图 13 - 21　柔性节流阀

应当指出，由于空气的可压缩性大，故用气动流量控制阀控制气动执行元件的运动速度，其精度远不如液压流量控制阀高。特别是在超低速控制中，要按照预定行程变化来控制速度，只用气动流量阀是很难实现的。故气缸的运动速度一般不得低于

30 mm/s。在外部负载变化较大时，仅用气动流量阀也不会得到满意的调速效果。

在气缸速度控制中，若能充分注意以下各点，则在多数场合下可以达到比较满意的效果。

①彻底防止管路中的气体泄漏，包括各元件接管处的泄漏。

②要注意减小气缸运动的摩擦阻力，以保持气缸运动速度的平稳。为此，需注意气缸本身的质量，使用中要保持良好的润滑状态。要注意正确、合理地安装气缸，超长行程的气缸应安装导向支架。

③加在气缸活塞杆上的载荷必须稳定。在载荷变化的情况下，可利用气液联合传动的方式以稳定气缸的运动速度。

习题十三

1. 气动减压阀主要性能有哪些？
2. 快速排气阀有什么作用？
3. 气动方向控制阀与液压方向控制阀有何相同和不同之处？

项目十四　气动基本回路

学习任务一　方向控制回路

方向控制回路是用来控制系统中执行元件启动、停止或改变运动方向的回路。常用的是换向回路。换向回路是利用方向控制阀使执行元件（气缸或气马达）改变运动方向的控制回路。

一、单作用气缸的换向回路

图14-1（a）所示是利用二位三通电磁阀控制单作用气缸的活塞杆外伸，电磁铁通电时靠气压使活塞杆上升，电磁铁断电时靠弹簧作用缩回。

图14-1（b）所示是利用三位五通电磁阀控制单作用气缸的活塞杆外伸，当阀处于中位时，气缸进气口被关闭，故气缸能在任意一位置停止下来。但由于空气的可压缩性和漏气等原因，气缸定位精度不高。

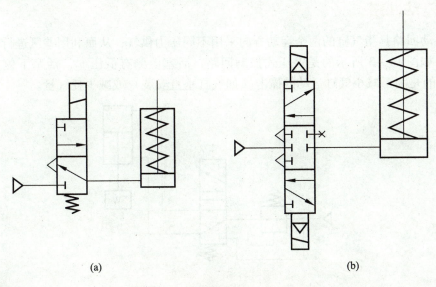

(a)　　　　　　　　　　　　　　　(b)

图14-1　单作用气缸的换向回路

二、双作用气缸的换向回路

图 14 – 2（a）为二位四通电磁阀控制双作用缸的换向回路。图示位置换向阀左侧电磁铁通电，右侧电磁铁断电，气缸右腔进气，左腔排气，活塞杆缩回。当左侧电磁铁断电，右侧电磁铁通电时，换向阀工作在右位，气缸左腔进气，右腔排气，活塞杆伸出。

图 14 – 2（b）为两个小通径的手动换向阀与二位四通气控换向阀控制气缸换向的回路。

图 14 – 2（c）为三位四通电磁阀控制的换向回路。除了控制双作用气缸换向外，还可以在行程中的任意位置停止运动。

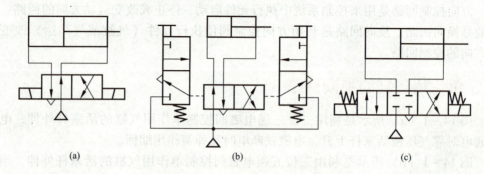

(a)   (b)   (c)

图 14 – 2　双作用气缸的换向回路

三、差动回路

差动回路是指气缸的两个运动方向采用不同压力供气，从而利用差压进行工作的回路。如图 14 – 3 所示的是差压式控制回路，活塞上侧有低压 p_2，活塞下侧有高压 p_1，目的是为了减小气缸运动的撞击（如气缸垂直安装）或减少耗气量。

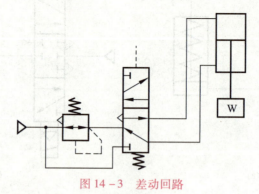

图 14 – 3　差动回路

四、气动马达换向回路

图 14 – 4 所示为气动马达单方向旋转的回路，采用了二位二通电磁阀来实现转停

控制，马达的转速用节流阀来调整。图14-4（b）和图14-4（c）所示的回路分别为采用两个二位三通阀和一个三位五通阀来控制气动马达正反转的回路。

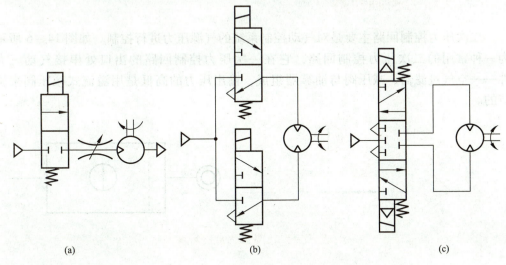

(a)　　　　　　　　　　　(b)　　　　　　　　　　　(c)

图14-4　气动马达换向回路

学习任务二　压力控制回路

压力控制回路是调节与控制气动系统的供气压力以及实现过载保护的基本回路。常见的压力控制回路如下。

一、一次压力控制回路

一次压力控制回路用来控制贮气罐内的压力，使它不超过调定的压力，故又称为气源压力控制回路。常采用外控溢流阀进行压力控制。

如图14-5所示，是一次压力控制回路，当采用溢流阀控制时，若储气罐内的压力超过规定值时，溢流阀被打开，压缩机输出的压缩空气经溢流阀排入大气，溢流阀作为安全阀使用。当采用电接触点压力表控制时，它可直接控制压缩机的转动或停止，同样可使储气罐内的压力保持在规定值以内。

采用溢流阀结构简单，工作可靠，但气量浪费较大；而采用电接点压力表控制，则

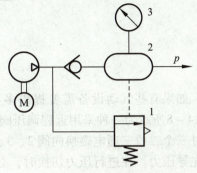

图14-5　一次压力控制回路
1—安全阀；2—贮气罐；3—电触点压力表

对电机及控制要求高，常用于对小型空气压缩机的控制。

二、二次压力控制回路

二次压力控制回路主要是对气动控制系统的气源压力进行控制。如图 14-6 所示为一种常用的二次压力控制回路，它在一次压力控制回路的出口处串接气动三大件——空气过滤器、减压阀与油雾器组成，输出压力的高低是用溢流式减压阀来调节的。

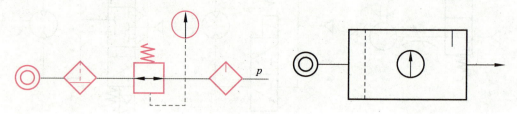

图 14-6　二次压力控制回路

三、多级压力控制回路

如果有些气动设备时而需要高压，时而需要低压，就可采用图 14-7 所示的高低压转换回路。其原理是先将气源用减压阀 1 和 2 调至两种不同的压力 p_1 和 p_2，再由换向阀控制输出气压在高压和低压之间进行转换。

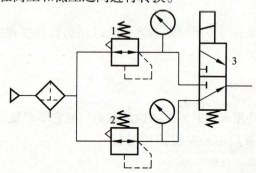

图 14-7　高低压转换回路
1、2—减压阀；3—电磁换向阀

如果有些气动设备需要提供多种稳定压力。这时需要用到多级压力控制回路。图 14-8 所示为一种采用远程调压阀的多级调压回路。回路中的减压阀 1 的先导压力通过三个二位三通电磁换向阀 2、3、4 的切换来控制，可根据需要设定低、中、高三种先导压力。在进行压力切换时，必须用电磁阀 5 先将先导压力泄压，然后再选择新的先导压力。

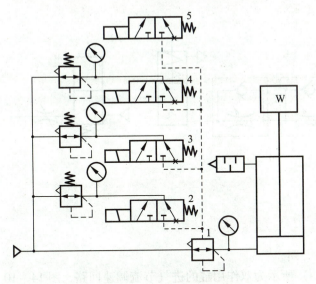

图14-8 多级压力控制回路
1—减压阀；2、3、4、5—电磁换向阀

学习任务三 速度控制回路

速度控制回路用来调节或改变执行元件的运动速度。由于目前使用的气动系统功率较小，故调速方法主要是节流调速，即进气节流调速和排气节流调速。应用气动流量控制阀对气动执行元件进行调速，比用液压流量控制阀调速要困难，因气体具有可压缩性。所以用气动流量控制阀调速应注意以下几点，以防产生爬行。

①管道上不能有漏气现象。

②气缸、活塞间的润滑状态要好。

③流量控制阀应尽量安装在气缸或气动马达附近。

④尽可能采用出口节流调速方式。

⑤外加负载应当稳定。

一、单作用气缸的速度控制回路

图14-9（a）所示为由左右两个单向节流阀来分别控制活塞杆的升降速度的控制回路。图14-9（b）是快速返回回路，活塞上升时，由节流阀控制其速度，活塞返回时，气缸下腔通过快速排气阀排气。

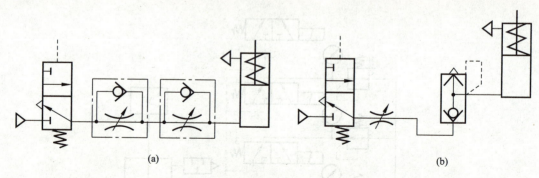

图 14 - 9　单作用气缸的速度控制回路

二、双作用气缸的速度控制回路

1. 单向调速回路

图 14 - 10（a）所示为双作用缸的进气节流调速回路，图 14 - 10（b）所示为其排气节流调速回路。气动系统中，对水平安装的气缸，较少使用进气节流调速，主要是气缸在运动中易产生"爬行"或"跑空"现象。为获得稳定的运动速度，气动系统多采用排气节流调速。

2. 双向调速回路

图 14 - 11（a）所示为采用两个单向节流阀的调速回路，调节节流阀的开度可调整气缸的往复运动速度。图 14 - 11（b）所示为采用两个排气节流阀的调速回路。它们都是排气节流调速，调速时气缸的进气阻力小，且承受负值载荷变化影响小，因而比进气节流的调速效果好。

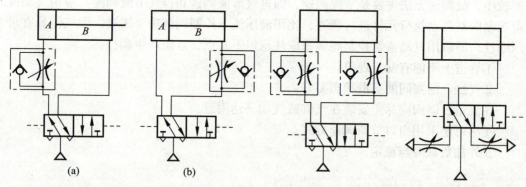

图 14 - 10　双作用单向调速回路　　　图 14 - 11　双作用双向调速回路

上述调速回路，一般只适用于对速度稳定性要求不高的场合。这是因为，当负载突然增大时，由于气体的可压缩性，将迫使气缸内的气体压缩，使气缸活塞运动的速度减慢；反之，当负载突然减小时，又会使气缸内的气体膨胀，使活塞运动速度加快，此现象称为气缸的"自行走"。因此，当要求气缸具有准确平稳的运动速度时，特别是在负载变化较大的场合，便需要采用其他调速方式来改善其调速性能，一般常用气液联动的调速方式。

三、气液联动调速回路

这种速度控制方法在气压传动中得到广泛的应用。它是以气压作为动力，利用气液转换器或气液阻尼缸把气压传动变为液压传动，控制执行机构的速度。

1. 气液转换器的速度控制回路

图 14 - 12 （a） 所示为采用气液转换调速回路，它是利用气液转换器 2 将气体的压力转变成液体的压力，利用液压油驱动液压缸 4，从而得到平稳易控制的活塞运动速度；调节节流阀的开度，可以实现活塞两个运动方向的无级调速。它要求气液转换器的贮油容积应大于液压缸的容积，而且要避免气体混入油中，否则就会影响调速精度与活塞运动的平稳性。

图 14 - 12 （b） 所示为采用气液转换器，且能实现"快进—慢进—快退"的调速回路。

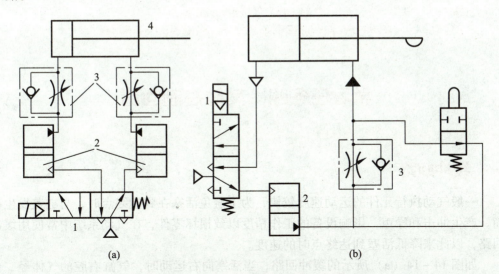

(a)　　　　　　　　　　(b)

图 14 - 12　气液转换器的速度控制回路
1—先导式电磁换向阀；2—气液转换器；3—单向节流阀；4—液压缸

2. 气液阻尼缸的速度控制回路

气液阻尼缸调速回路中用气缸传递动力，并由液压缸进行阻尼和稳速，由液压缸和调速机构进行调速。由于调速是在液压缸和油路中进行的，因而调速精度高、运动速度平稳。因此这种调速回路应用广泛，尤其在金属切削机床中用得最多。

图 14 - 13 所示为一种气液阻尼调速回路，其中气缸作负载缸，液压缸作阻尼缸，调节节流阀即可调节气液阻尼缸活塞的运动速度。安放位置高于气液阻尼缸的油箱 5 可通过单向阀补偿阻尼液的泄漏。这种调速回路利用调节液压缸的速度间接调节气缸速度，克服了直接调节气缸流量不稳定现象。

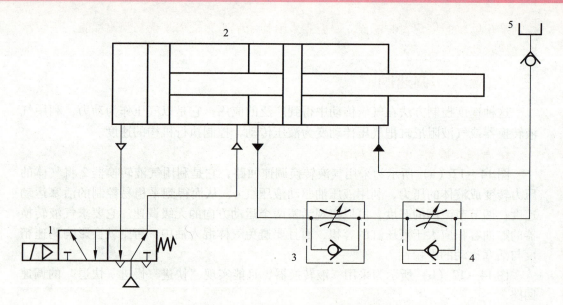

图 14 – 13　气液阻尼调速回路
1—换向阀；2—气液阻尼缸；3、4—单向节流阀；5—补油油箱

学习任务四　其他控制回路

一、缓冲回路

一般气动执行元件的运动速度较快，为了避免活塞在到达终点时，与缸盖发生碰撞，产生冲击和噪声，影响设备的工作精度以致损坏零件，在气动系统中常使用缓冲回路，以此来降低活塞到达终点时的速度。

如图 14 – 14（a）所示的缓冲回路，当活塞向右运动时，气缸右腔的气体经二位二通行程阀和三位五通换向阀排出。直到活塞运动到末端，挡块压下行程阀时，气体经节流阀排出，活塞运动速度得到缓解。调整行程阀的安装位置即可调缓冲开始时间。此回路适用于活塞惯性较大的场合。如图 14 – 14（b）所示的缓冲回路，其特点是：当活塞向左返回到行程末端时，其左腔的压力已经下降到打不开顺序阀 2，余气只能经节流阀 1 和二位五通换向阀排出，因此活塞得到缓冲。这种回路常用于行程长、速度快的场合。

注意：图 14 – 14（a）所示的缓冲回路同样可作为速度换接回路使用。当三位五通电磁阀左端电磁铁通电时，气缸左腔进气，右腔直接经过二位二通行程阀排气，活塞杆快速前进，当活塞带动撞块压下行程阀时，行程阀关闭，气缸右腔只能通过单向节流阀再经过电磁阀排气，排气量受到节流阀的控制，活塞运动速度减慢，从而实现速度的换接。

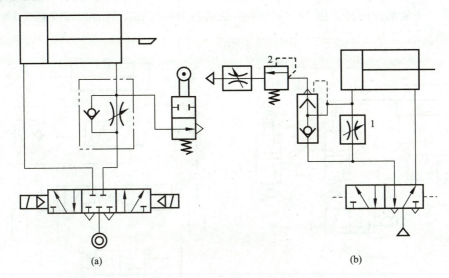

图 14 – 14　缓冲回路

（a）用于活塞惯性较大的场合；（b）用于行程长、速度快的场合

1—节流阀；2—顺序阀

二、程序控制回路

程序控制回路主要是使执行元件按预定程序动作。

1. 往复运动回路

（1）单往复运动回路

图 14 – 15 所示为利用双控阀的记忆功能，控制气缸单往复运动的回路。图 14 – 15（a）回路的复位信号是由机控阀发出的；图 14 – 15（b）回路的复位信号是由顺序阀控制的；图 14 – 15（c）回路的复位信号是由延时阀（延时接通）输出的，因此这三种单往复回路分别称为位置控制式、压力控制式和时间控制式单往复运动回路。

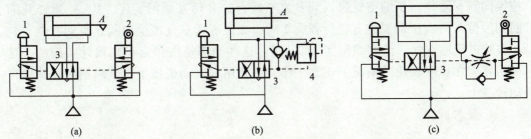

图 14 – 15　单往复运动回路

1—手动换向阀；2—行程阀；3—气动换向阀；4—顺序阀

（2）多往复运动回路

图14-16所示为多往复运动回路，其中图14-16（a）是用机控阀控制的位置控制式多往复动作回路，图14-16（b）是用两个延时阀控制的时间控制式多往复动作回路。

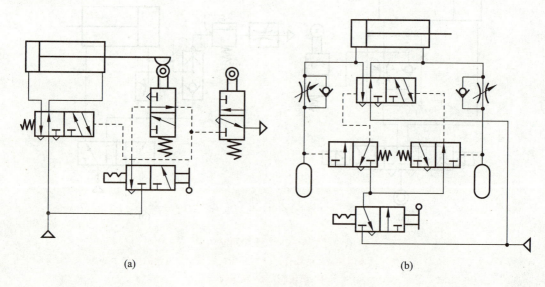

(a)　　　　　　　　　　　　　　(b)

图14-16　多往复运动回路
（a）位置控制式；（b）时间控制式

2. 顺序动作回路

如图14-17所示为双缸顺序动作回路，A、B两缸按"A_1—B_1—B_0—A_0"的顺序动作。当按下二位三通手动换向阀时，三位五通双气控换向阀5处于左位，压缩空气进入A缸左腔，活塞右行实现动作"A_1"，缸A右行放开二位三通行程阀1，二位三通行程阀1自动复位；当缸A压下二位五通行程阀3后，二位五通单气控换向阀6换至左位，缸B左腔进入压缩空气，活塞右行实现动作"B_1"，此时缸B松开行程阀2，使其自动复位；当缸B压下二位五通行程阀4后，二位五通单气控换向阀6复位，压缩空气进入到B缸右腔，缸B活塞缩回实现"B_0"；当缸B缩回到原位并再次压下二位五通行程阀2时，二位五通双气控换向阀5换到右位，缸A右腔进压缩空气，活塞缩回实现"A_0"。这些动作是按预定动作设计实施的，这种回路能在速度较快的情况下正常工作，主要用在气动机械手、气动钻床及其他自动设备上。

3. 同步回路

同步回路是指驱动两个或多个执行元件以相同的速度移动或在预定的位置同时停止的回路。由于空气的可压缩性大，给多执行元件的同步控制带来一定困难。为了实现同步，常采用以下方法。

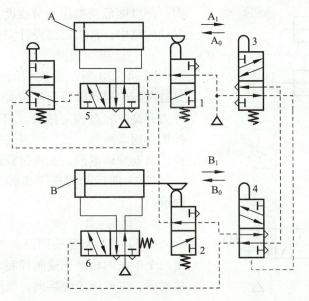

图 14－17　双缸顺序动作回路
1、2—二位三通行程阀；3、4—二位五通行程阀；
5—二位五通双气控换向阀；6—二位五通单气控换向阀

（1）机械联结的同步回路

图 14－18 所示为利用齿轮齿条使两个活塞杆同步动作的回路。虽然存在由齿侧隙和齿轮轴的扭转变形引起的误差，但同步可靠。缺点是结构较复杂，两缸布置的空间位置受到限制。

（2）气液联动的同步回路

使用气液转换或气液阻尼缸的气液联动的方法，能较好地实现气缸的同步动作。如图 14－19 所示为采用气液转换的同步回路，气缸 1 的左腔与气缸 2 的右腔接管相连，内部注入液压油。只要保证两缸的缸径相同、活塞杆直径相等就可实现同步。但使用中要注意如果发生液压油的泄漏或者油中混入空气都会破坏同步，因此要经常打开气堵 6 放气并补入油液。

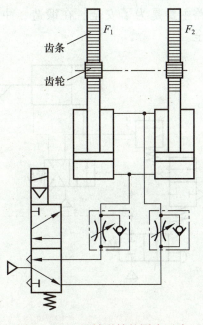

图 14－18　机械联结的同步回路

三、安全保护回路

由于气动机构负荷的过载、气压的突然降低以及气动执行机构的快速动作等原

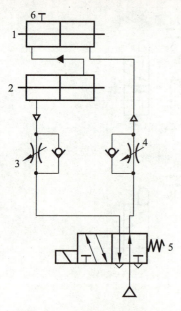

图 14-19　气液联动的同步回路
1、2—气缸；3、4—单向节流阀；
5—电磁阀；6—气堵

因，都可能危及操作人员或设备的安全，因此在气动回路中，常常需要设计安全保护回路。

1. 过载保护回路

图 14-20 所示是典型的过载保护回路，当气缸右行中遇到障碍而过载时，气缸左腔压力因外力升高，超过调定值后，打开顺序阀 3，使气控换向阀 2 换向，二位四通气控换向阀 4 随即复位，活塞立即退回，实现过载保护。若无障碍物 6，气缸向前运动时压下机控换向阀 5，活塞即刻返回。

2. 互锁回路

图 14-21 为互锁回路。气缸主控阀的换向受三个串联的机动三通阀控制，只有这三个阀都接通后，主控阀才能换向，气缸才能动作。

3. 双手操作安全回路

双手同时操作回路就是使用两个启动用的手动阀，只有同时按动两个阀才动作的回路。这种回路主要是为了安全。在锻造、冲压机械上常用来避免误动作，以保护操作者的安全。

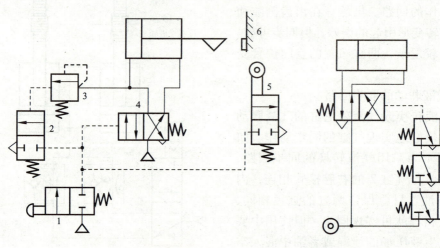

图 14-20　过载保护回路
1—手动换向阀；2—气控换向阀；3—顺序阀；
4—二位四通气控换向阀；5—机控换向阀；6—障碍物

图 14-21　互锁回路

如图 14-22（a）所示回路为使用逻辑"与"门电路的双手操作回路，为使主控阀换向，必须使压缩空气信号进入其左端，故两只三通手动阀要同时换向，另外这两个阀必须安装在单手不能同时操作的位置上。在操作时，如任何一只手离开则控制信号消失，主控阀复位，则活塞杆退回。

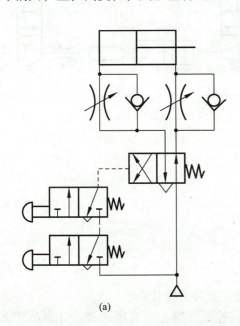

(a)

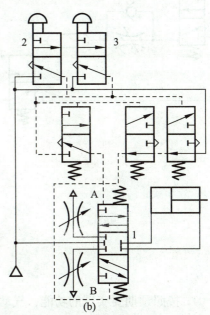

(b)

图 14-22　双手操作安全回路

1—主控换向阀；2、3—手动换向阀

如图 14-22（b）所示的是使用三位主控阀的双手操作回路，把此主控换向阀 1 的信号 A 作为手动换向阀 2 和 3 的逻辑"与"回路，亦即只有手动换向阀 2 和 3 同时动作时，主控换向阀 1 换向至上位，活塞杆前进；把信号 B 作为手动换向阀 2 和 3 的逻辑"或非"回路，即当手动换向阀 2 和 3 同时松开时（图示位置），主控换向阀 1 换向至下位，活塞杆退回；若手动换向阀 2 或 3 任何一个动作，将使主控阀复位至中位，活塞杆处于停止状态。

四、延时控制回路

1. 延时输出回路

如图 14-23 所示为延时输出回路。当控制信号切换阀 4 后，压缩空气经单向节流阀 3 向气容 2 充气。充气压力延时升高达到一定值使阀 1 换向后，压缩空气就从该阀输出。

2. 延时退回回路

如图 14-24 所示为延时退回回路。按下按钮阀 1，主控阀 2 换向，活塞杆伸出，至行程终端，挡块压下行程阀 5，其输出的控制气体经节流阀 4 向气容 3 充气，当充气压力延时升高达到一定值后，阀 2 换向，活塞杆退回。

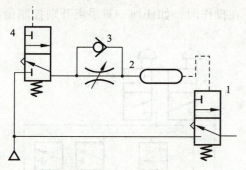

图 14 – 23　延时输出回路
1、4—气控换向阀；2—气容；
3—单向节流阀

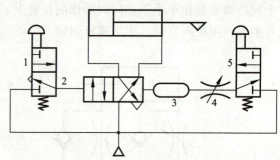

图 14 – 24　延时退回回路
1—按钮阀；2—主控阀；3—气容；
4—节流阀；5—行程阀

习题十四

1. 按照预期要实现的功能，气动基本回路主要分为哪几类？

2. 方向控制回路主要有哪两类，分别起什么作用？

3. 无记忆作用的换向回路和有记忆作用的换向回路有什么不同？

4. 什么样的情况下要用到缓冲回路？

5. 气液联动调速回路是怎样实现调速的？

6. 试用一单电控二位五通阀，一个单向节流阀和一个快速排气阀，设计出一个可使双作用气缸快速返回的控制回路。

7. 请写出图 14 – 25 中元件的名称，并分析其工作原理。

8. 请分析图 14 – 26 气动回路的工作原理。

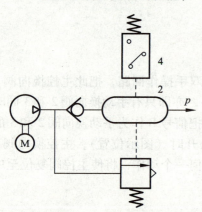

图 14 – 25　习题 7 图

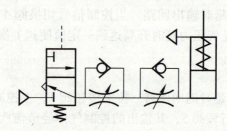

图 14 – 26　习题 8 图

9. 请分析图 14 – 27 气动回路的工作原理。

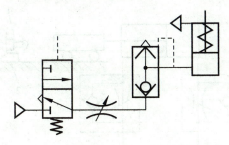

图 14 – 27　习题 9 图

10. 图 14 – 28 所示的供气系统有何错误？请正确布置。

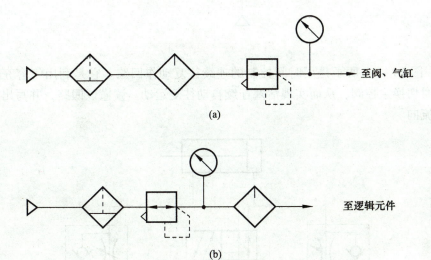

图 14 – 28　习题 10 图

11. 图 14 – 29 表示的两个双作用气缸调速回路原理上有什么不同？

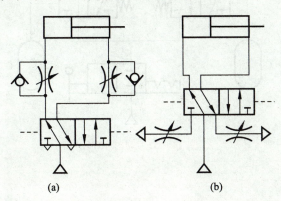

图 14 – 29　习题 11 图

12. 试分析图 14 – 30 回路中元件起什么作用？

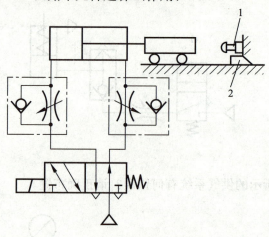

图 14 – 30   习题 12 图

13. 图 14 – 31 所示是用时间控制的连续往复动作回路。它是利用气容充气达到一定值时切换主控阀，从而实现活塞连续自动往复运动。读懂该回路，并写出工作时其气路流向。

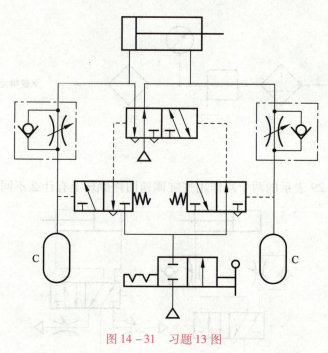

图 14 – 31   习题 13 图

项目十五　典型气压传动系统

学习任务一　阅读气压传动系统图的一般步骤

①看懂图中各气动元件的图形符号，了解其名称及一般用途。

②分析图中的基本回路及功用。

③了解系统的工作程序及程序转换的发信元件。

④按工作程序图逐个分析其程序动作。

⑤一般规定工作循环中的最后程序终了时的状态作为气动回路的初始位置（或静止位置）。因此，回路原理图中控制阀和行程阀的供气及进出口的连接位置，应按回路初始位置状态连接。

⑥一般所介绍的回路原理图，仅是整个气动控制系统中的核心部分，一个完整的气动系统还应有气源装置、气源调节装置及其他辅助元件等。

学习任务二　全气动控制系统典型实例

根据控制信号的种类以及所使用的控制元件，在工业生产领域应用的气动顺序控制系统可分为全气动控制方式和电气控制方式两大类。

全气动控制方式是一种从控制到操作全部采用气动元件来实现的一种控制方式。使用的气动控制元件主要有启动阀、梭阀、延时阀、气压控制换向阀、机械控制主换向阀等。该系统构成较复杂，但可用于防爆等特殊场合。

一、工件夹紧气压传动系统

图15-1所示为机械加工自动生产线、组台机床中常用的工件夹紧气压传动系统回路原理图。

1. 工件夹紧气压传动系统工作过程

①当工件运行到指定位置后，垂直缸A的活塞杆首先伸出（向下）将工件定位锁紧。

②两侧的气缸B和C的活塞杆同时伸出，对工件进行两侧夹紧。

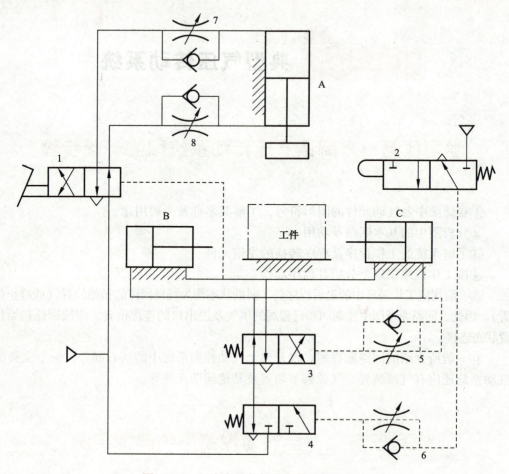

图 15－1　机床夹具的气动夹紧系统原理图

1—脚踏换向阀；2—行程阀；3、4—换向阀；5、6、7、8—单向节流阀；A—垂直缸；B、C—水平缸

③进行机械加工，加工完后各缸活塞退回，将工件松开。

2. 工作原理

（1）压紧工件

踏下脚踏换向阀 1，使其置于左位，压缩空气经脚踏换向阀 1 左位，再经单向节流阀 7 中的单向阀进入到气缸 A 的上腔，气缸 A 下腔经单向节流阀 8 中的节流阀，再经脚踏换向阀 1 左位进行排气，气缸 A 下行实现对工件的夹紧。

（2）两侧夹紧工件

当气缸 A 下移到预定位置时，压下行程阀 2，使其置于左位，控制气体经行程阀 2 和单向节流阀 6 中的节流阀使换向阀 4 换向，置于右位，此时系统中的气路走向是：压缩空气经换向阀 4 和换向阀 3 进入到气缸 B 的左腔和气缸 C 的右腔，气缸 B 右腔和气缸 C 左腔经换向阀 3 进行排气，从而使气缸 B 和气缸 C 的活塞杆伸出，实现从两侧夹紧工件。

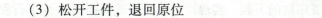

（3）松开工件，退回原位

在气缸 B 和气缸 C 伸出夹紧工件的同时，一部分压缩空气作控制气体通过单向节流阀 5 到达换向阀 3 的右端，经一段时间后（由节流阀控制后），机械加工完成，换向阀 3 换向，置于右位，从而使气缸 B 和气缸 C 退回，松开工件。

在气缸 B 和气缸 C 松开工件的同时，压缩空气经换向阀 3 进入脚踏换向阀 1 的右端，成为脚踏换向阀 1 的控制气体，使换向阀 1 换向，置于右位，从而使气缸 A 退回，松开工件。

在系统中，当调节单向节流阀 6 中的节流阀时，可以控制换向阀 4 的换向时间，确保气缸 A 先压紧；调节单向节流阀 5 中的节流阀时，可以控制换向阀 3 的换向时间，确保有足够的机械加工时间；调节单向节流阀 7、8 中的节流阀时，可以调节气缸 A 的上、下运动速度。

二、气液动力滑台气压传动系统

气液动力滑台是采用气—液阻尼缸作为执行元件，在它的上面可以安装单轴头、动力箱或工件等，由控制阀控制，在机床设备中实现进给运动。图 15－2 所示为气液动力滑台的回路原理图。

1. 气液动力滑台气压传动系统的工作循环

该回路由手动换向阀 4 控制，可以实现下面两种工作循环：

①快进—工进—快退—停止。

②快进—工进—慢退—快退—停止。

2. 工作原理

（1）快进—工进—快退—停止

图 15－2 中将手动换向阀 4 和 3 都置于右位，在压缩空气作用下，气缸开始下行，液压缸下腔的油液经行程阀 6 和单向阀 7 进入到液压缸的上腔，实现快进；当快进到气缸上的挡铁 B 压下行程阀 6 后，油液只能经节流阀 5 进行回油，调节节流阀的开度，可以调节回油油量的大小，从而控制气液阻尼缸的运动速度，实现工进；当气缸工进到行程阀 2 的位置时，挡铁 C 压下行程阀 2，使行程阀 2 处于左位，行程阀 2 输出气信号使手动换向阀 3 换向置于左位，这时，气缸开始上行，液压缸上腔油液经行程阀 8 的左位和手动换向阀 4 的右位进入液压缸的下腔，实现快退；当快退到挡铁 A 压下行程阀 8 时，使油液的回油通道被切断，气缸就停止运动，改变挡铁 A 的位置，就可以改变气缸停止的位置。

（2）快进—工进—慢退—快退—停止

图 12－2 中将手动换向阀 4 置于左位后，其动作循环中的快进—工进过程的工作原理与上述相同。当工进至挡铁 C 压下行程阀 2，气缸开始上行时，液压缸上腔油液经行程阀 8 的左位和节流阀 5 进入液压缸的下腔，实现慢退；当慢退到挡铁 B 离开行程阀 6 时，行程阀 6 在复位弹簧作用下复位（置于左位），液压缸上腔油液经行程阀

8 的左位和行程阀 6 的左位进入液压缸的下腔，实现快退；当快退到挡铁 A 压下行程阀 8 时，使油液的回油通道被切断，气缸就停止运动。

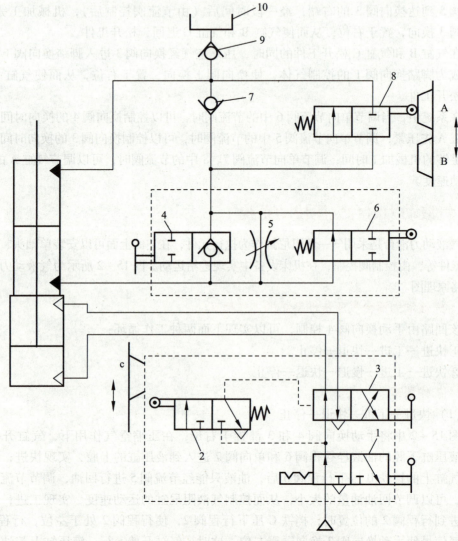

图 15 - 2　气液动力滑台气压传动系统的原理图

1、3、4—手动换向阀；2、6、8—行程阀；5—节流阀；7、9—单向阀；10—补油箱

学习任务三　电气控制系统典型实例

电气控制方式是目前采用较多的控制器方式，其中又以继电器控制和可编程控制器应用最为普及。本节主要介绍继电器控制气动系统的应用实例。

一、继电器控制气动系统的设计应用

继电器控制系统是用继电器、行程开关、转换开关等有触点低压电器构成的电器控制系统。

继电器控制系统的特点是动作状态比较清楚，但系统线路比较复杂，变更控制过程以及扩展比较困难，灵活性和通用性较差，主要适用于小规模的气动顺序控制系统。

1. 继电器梯形图

梯形图是利用电器元件符号进行顺序控制系统设计的最常用的一种方法。其特点是与电/气操作原理图相呼应，比较直观。

如图 15－3 所示为梯形图的一个示例，梯形图的设计规则及特点如下：

①一个梯形图网络由多个梯级组成，每个输出元素（继电器线圈等）可构成一个梯级。

②每个梯级可由多个支路组成，每个支路最右边的元素通常是输出元素。

③梯形图从上至下按行绘制，两侧的竖线类似电器控制图的电源线，称作母线。

④每一行从左至右，左侧总是安排输入触点，并且把并联触点多的支路靠近左端。

⑤各元件均用图形符号表示，并按动作顺序画出。

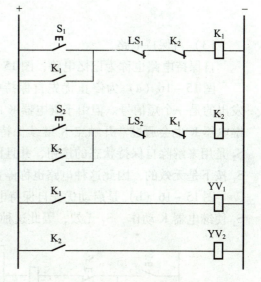

图 15－3　继电器梯形图示例

⑥各元件的图形符号均表示未操作时的状态。

⑦在元件的图形符号旁要注上字母符号。

⑧没有必要将接线端子和接线关系真实地表示出来。

2. 常用继电器控制电路

在气动顺序控制系统中，利用各种电器元件构成的控制电路是多种多样的，但不管系统多么复杂，其电路都是由一些基本的控制电路组成的。

（1）串联电路

如图 15－4 所示的是串联电路，它由两个启动按钮 S_1 和 S_2 串联后，控制继电器 K 动作，此串联电路实际上属于逻辑"与"电路。它可用于安全操作系统，例如一台设备为了防止误操作，保证生产安全，就可以安装两个启动按钮，让操作者必须同时按下两个启动按钮时，设备才能开始运行。

（2）并联电路

图 15-5 所示的并联电路也称为逻辑"或"电路。一般用于要求在一条自动化生产线上的多个操作点可以进行作业的场合，操作时只需按下启动按钮 S_1、S_2 和 S_3 中的任一个，继电器 K 均可实现动作。

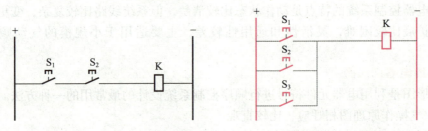

图 15-4　串联电路　　　　　　　图 15-5　并联电路

（3）自保持电路

自保持电路也称为记忆电路，图 15-6 中列举了两种自保持电路。

图 15-16（a）为停止优先自保持电路。虽然图中的按钮 S_1 按一下即会放开，发出的是一个短信号。但由于继电器 K 的常开触点 K 和开关 S_1 并联，当松开 S_1 后，继电器 K 也会通过常开触点 K 继续保持得电状态，使继电器 K 获得"记忆"。图中 S_2 是用来解除自保持状态的按钮，并且因为当 S_1 和 S_2 同时按下时，S_2 先切断电路，S_1 按下是无效的，因此这种电路也称停止优先自保持电路。

图 15-16（b）是启动优先自保持电路。在这种电路中，当 S_1 和 S_2 同时按下时，S_1 使继电器 K 动作，S_2 无效，因此这种电路被称为启动优先自保持电路。

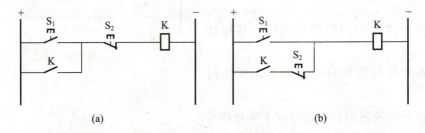

(a)　　　　　　　　　　　　(b)

图 15-6　自保持电路

（4）延时电路

随着自动化设备的功能和工序越来越复杂，各工序之间需要按一定的时间紧密配合，各工序时间要求可在一定范围内调节，这需要利用延时电路来实现。延时控制分为延时闭合和延时断开两种。

图 15-7（a）为延时闭合电路。当按下启动开关 S_1 后，时间继电器 KT 开始计时，经过设定的时间后，时间继电器触点接通，电灯 H 亮。放开 S_1，时间继电器触点 KT 立刻断开，电灯 H 熄灭。

图 15－7（b）为延时断开电路。当按下启动按钮 S₁ 时，时间继电器触点 KT 也同时接通，电灯 H 点亮。当放开 S₁ 时，时间继电器开始计时，到规定时间后，时间继电器触点 KT 才断开，电灯 H 熄灭。

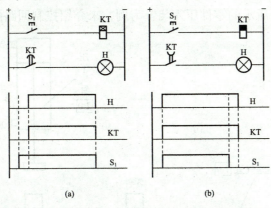

(a)　　　　(b)

图 15－7　延时电路

（5）联锁电路

当设备中存在相互矛盾的动作，如电动机的正转与反转，气缸的伸出与缩回。为了防止同时输入相互矛盾的动作信号，使电路短路或线圈烧坏，控制电路应具有联锁的功能。即电动机正转时不能使反转接触器动作，气缸伸出时不能使控制气缸缩回的电磁铁通电。

图 15－8（a）为双电磁铁中位封闭式三位五通换向阀控制的气缸往复回路。

图 15－8（b）为具有互锁功能的控制电路。将继电器 K₁ 的常闭触点加到第 2 行上，将继电器 K₂ 的常闭触点加到第 1 行上，这样就保证了继电器 K₁ 被励磁时继电器 K₂ 不会被励磁；反之，继电器 K₂ 被励磁时继电器 K₁ 不会被励磁。

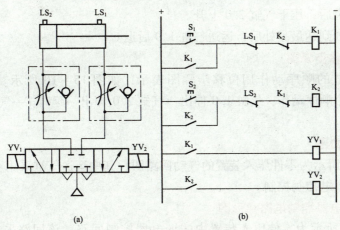

(a)　　　　(b)

图 15－8　联锁电路

二、继电器控制气动系统举例

下面以图 15-9 所示的零件压入装置为例，来介绍控制回路的分析方法。

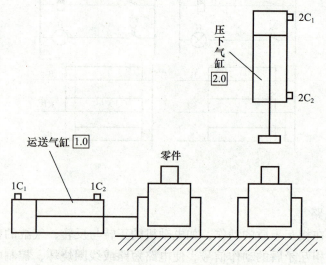

图 15-9　零件压入装置

1. 压力装置的工作过程

①将工件放在运送台上。
②按下按钮开关后，运送气缸 1.0 伸出。
③运送台到达行程末端时，压下气缸 2.0 下降，将零件压入。
④在零件压入状态保持 T 秒。
⑤压入结束后，压下气缸 2.0 上升。
⑥压下气缸到达最高处后，运送气缸 1.0 后退。

2. 绘制位移步骤图

将两个气缸的顺序动作用位移步骤图表示，如图 15-10 所示。从图中可知，该程序共有 5 个顺序动作：气缸 1.0 伸出→气缸 2.0 伸出→延时 T→气缸 2.0 缩回→气缸 1.0 缩回。

3. 气动回路图

图 15-11 所示为零件压入装置的气动回路图，其中运送气缸采用双电控阀控制，压下气缸采用单电控阀控制。

4. 绘制继电器控制电路梯形图

图 15-12 所示为零件压入装置中的继电器控制回路。该回路采用了停止优先自保持电路，用启动按钮 q 和停止按钮 t 来控制全程继电器 K_0；三个电磁阀线圈 YV_1、YV_2、YV_3 分别由三个继电器 K_1、K_2、K_3 控制；时间继电器 KT 延时 T 秒

后，使延时闭合开关（KT）闭合；继电器 KA 控制常开、常闭触点，常闭触点（KA）控制继电器 KT、K_1 和 K_3；磁电式接近开关 $1C_1$、$1C_2$、$2C_1$、$2C_2$ 用以控制相应的继电器。

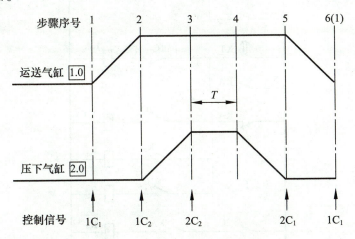

图 15 – 10　零件压入装置的位移步骤图

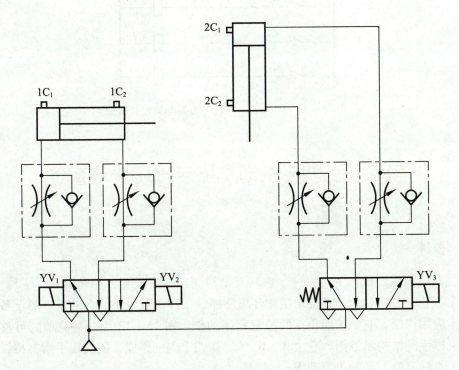

图 15 – 11　零件压入装置的气动回路图

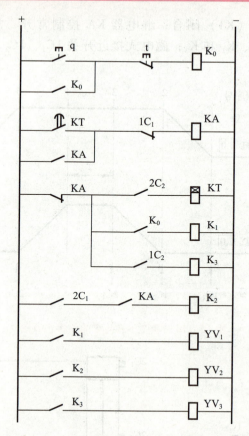

图 15 – 12 零件压入装置中的继电器控制回路

学习任务四　气动机械手气压传动系统

一、概述

　　气动机械手是机械手的一种，它具有结构简单、质量轻、动作迅速、平稳可靠、不污染工作环境等优点。在要求工作环境洁净、工作负载较小、自动生产的设备和生产线上应用广泛，它能按照预定的控制程序动作。图 15 – 13 为一种简单的可移动式气动机械手的结构示意图。它由 A、B、C、D 四个气缸组成，能实现手指夹持、手臂伸缩、立柱升降、回转 4 个动作。

二、工作原理

　　图 15 – 14 为一种通用机械手的气动系统工作原理图（手指部分为真空吸头，即

无 A 气缸部分），要求其工作循环为：立柱上升→伸臂→立柱顺时针转→真空吸头取工件→立柱逆时针转→缩臂→立柱下降。

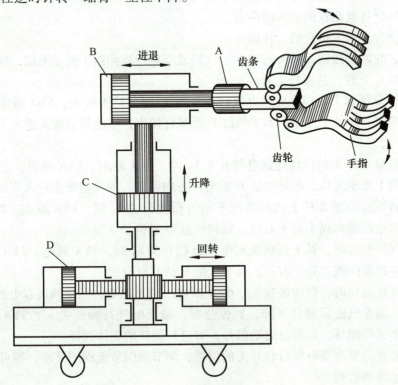

图 15 - 13　气动机械手结构示意图

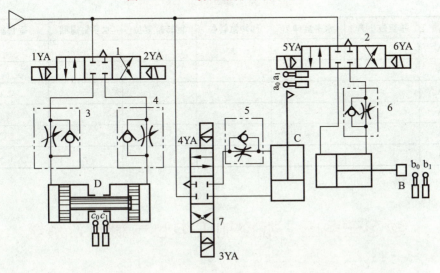

图 15 - 14　通用机械手气动系统工作原理图

1、2、7—三位四通双电控换向阀；3、4、5、6—单向节流阀

三个气缸均有三位四通双电控换向阀1、2、7和单向节流阀3、4、5、6组成换向、调速回路。各气缸的行程位置均有电气行程开关进行控制。表15-1为该机械手在工作循环中各电磁铁的动作顺序表。

下面结合表来分析它的工作循环：

按下它的启动按钮，4YA通电，三位四通双电控换向阀7处于上位，压缩空气进入垂直气缸C下腔，活塞杆上升。

当气缸C活塞上的挡块碰到电气行程开关a_1时，4YA断电，5YA通电，三位四通双电控换向阀2处于左位，水平气缸B活塞杆伸出，带动真空吸头进入工作点并吸取工件。

当气缸B活塞上的挡块碰到电气开关b_1时，5YA断电，1YA通电，三位四通双电控换向阀1处于左位，回转气缸D顺时针方向回转，使真空吸头进入下料点下料。

当回转气缸D活塞杆上的挡块压下电气行程开关c_1时，1YA断电，2YA通电，三位四通双电控换向阀1处于右位，回转气缸D复位。

回转气缸复位时，其上挡块碰到电气行程开关c_0时，6YA通电，2YA断电，三位四通双电控换向阀2处于右位，水平气缸B活塞杆退回。

水平气缸退回时，挡块碰到b_0，6YA断电，3YA通电，三位四通双电控换向阀7处于下位，垂直气缸活塞杆下降，到原位时，碰上电气行程开关a_0，3YA断电，至此完成一个工作循环，如再给启动信号，可进行同样的工作循环。

根据需要只要改变电气行程开关的位置，调节单向节流阀的开度，即可改变各气缸的运动速度和行程。

表15-1　电磁铁动作顺序表

	垂直缸上升	水平缸伸出	回转缸转位	回转缸复位	水平缸退回	垂直缸下降
1YA			+	−		
2YA				+	−	
3YA						+
4YA	+	−				
5YA		+	−			
6YA					+	−

学习任务五　数控加工中心气动换刀系统

图15-15所示为某数控加工中心气动换刀系统原理图，该系统在换刀过程中实现主轴定位、主轴松刀、拔刀、向主轴锥孔吹气和插刀动作。

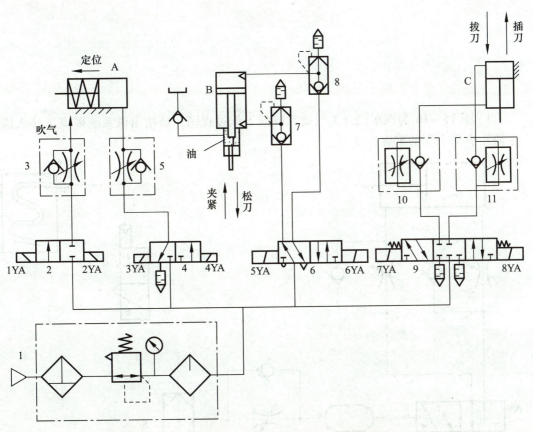

图 15-15　数控加工中心气动换刀系统原理图

1—气动三联件；2、4、6、9—换向阀 ；3、5、10、11—单向节流阀；7、8—快速排气阀

动作过程是： 当数控系统发出换刀指令时，主轴停止旋转，同时 4YA 通电，压缩空气经气动三联件 1、换向阀 4、单向节流阀 5 进入主轴定位缸 A 的右腔，缸 A 的活塞左移，使主轴自动定位。定位后压下无触点开关，使 6YA 通电，压缩空气经换向阀 6、梭阀 8 进入气液增压缸 B 的上腔，增压腔的高压油使活塞伸出，实现主轴松刀，同时使 8YA 通电，压缩空气经换向阀 9、单向节流阀 11 进入缸 C 的上腔，缸 C 下腔排气，活塞下移实现拔刀。

回转刀库交换刀具，同时 1YA 通电，压缩空气经换向阀 2、单向节流阀 3 向主轴锥孔吹气。稍后 1YA 断电、2YA 通电，停止吹气，8YA 断电、7YA 通电，压缩空气经换向阀 9、单向节流阀 10 进入缸 C 的下腔，活塞上移，实现插刀动作。6YA 断电、5YA 通电，压缩空气经换向阀 6 进入气液增压缸 B 的下腔，使活塞退回，主轴的机械机构使刀具夹紧。4YA 断电、3YA 通电，缸 A 的活塞在弹簧力作用下复位，回复到开始状态，换刀结束。

习题十五

1. 图 15 – 16 为汽车门开关气动系统的工作过程图，请指出该系统采取了什么措施防止夹伤上车的乘客？

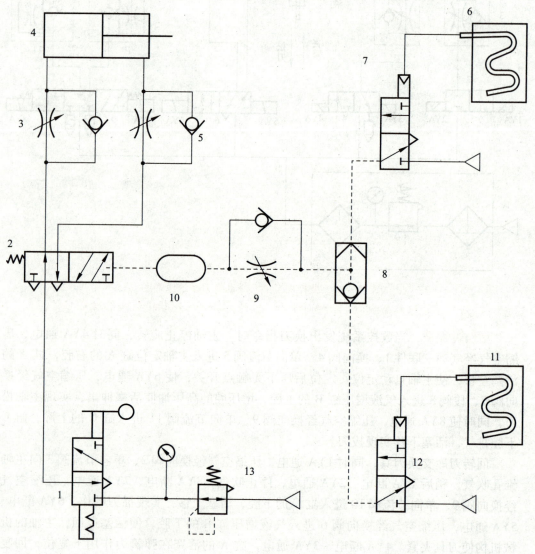

图 15 – 16

1—手动换向阀；2—气动换向阀；3、5、9—单向节流阀；4—主缸；
6、11—外装踏板；7、12—气动换向阀；8—梭阀；10—气罐

2. 试利用两个双作用气缸、一个气动顺序阀和一个二位四通单电控换向阀组成顺序动作回路。

3. 试设计一个双作用气缸动作之后单作用气缸才能动作的联锁回路。

4. 试利用双作用气缸，设计一个既可使气缸在任意位置停止，又能使气缸处于浮动状态的气动回路，并说明工作原理。

5. 减压阀常见故障有哪些，如何排除？

6. 气液联用缸内产生气泡有何不良后果？如何解决？

7. 气缸漏气可能产生在哪些部位？如何解决？

8. 油雾器不滴油的原因有哪些？如何使油雾器滴油正常？

附录　常用液压、气动图形符号
摘自 GB/T 786. 1—1993

附表 1-1　动力、执行元件

名　称		符　号	名　称	符　号
液压泵	单向定量液压泵		单向变量液压泵	
	双向定量液压泵		双向变量液压泵	
液压马达	单向定量液压马达		单向变量液压马达	
	双向定量液压马达		双向变量液压马达	
液压泵-马达	定量液压泵-马达		变量液压泵-马达	
	液压整体式传动装置			
液压缸	单作用单活塞杆缸		双作用双活塞杆缸	
	双作用单活塞杆缸		摆动马达	
	单作用伸缩缸		双作用伸缩缸	

续 表

名 称		符 号	名 称	符 号
液压缸	不可调单向缓冲缸	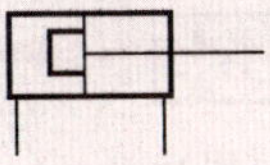	可调单向缓冲缸	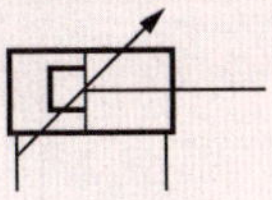
	不可调双向缓冲缸	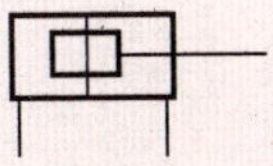	可调双向缓冲缸	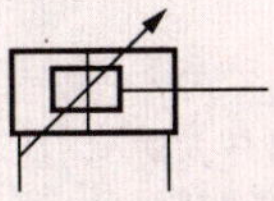
气缸、气马达	单向定量马达	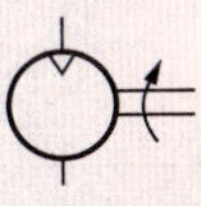	单向变量马达	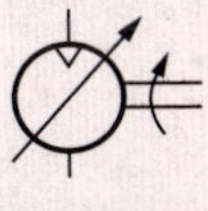
	双向定量马达	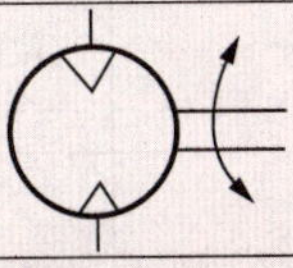	双向变量马达	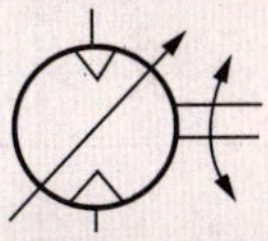
	单作用活塞缸	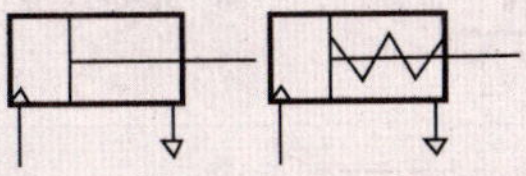	双作用活塞缸	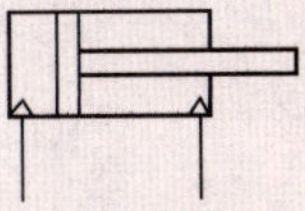
	伸缩缸	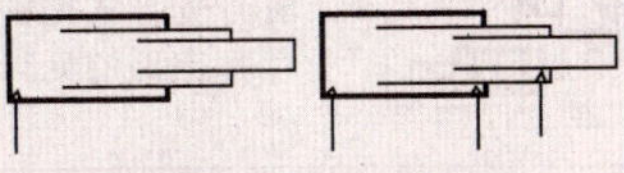 (单作用式) (双作用式)	摆动马达	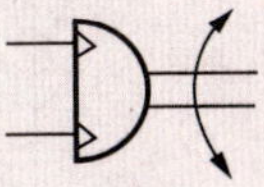
	气液转换器	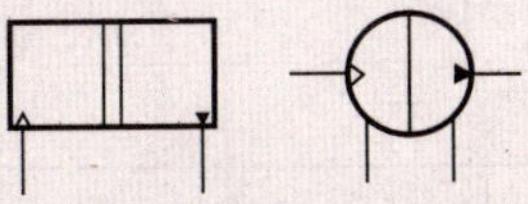	气液增压器	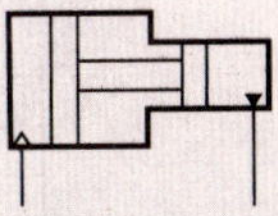

附表1-2 控制元件

名 称		符 号	名 称	符 号
液压方向控制阀	单向阀	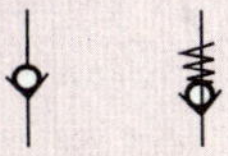	二位五通换向阀	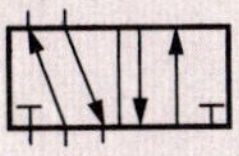
	液控单向阀	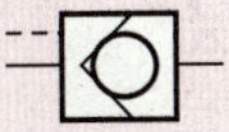	三位三通换向阀	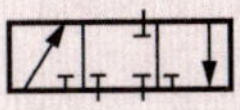
	液压锁	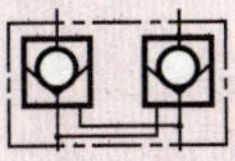	三位四通换向阀	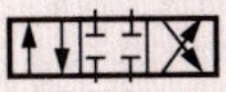

续 表

名　称	符　号	名　称	符　号
液压方向控制阀	二位二通换向阀　（常开）　（常闭）	三位五通换向阀	
	二位三通换向阀	三位六通换向阀	
	二位四通换向阀	四通电液伺服阀	
	截止阀	三位四通比例阀	
液压压力控制阀	直动式溢流阀	先导式溢流阀	
	先导式电磁溢流阀	先导式比例电磁溢流阀	
	双向溢流阀	直动式顺序阀	
	直动式减压阀	先导式顺序阀	
	先导式减压阀	单向顺序阀	
	先导式比例电磁式溢流减压阀	卸荷阀	
	定差减压阀	定比减压阀	

续 表

名　称	符　号	名　称	符　号
液压流量控制阀			
不可调节流阀		可调节流阀	
可调单向节流阀	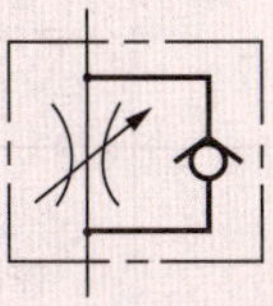	调速阀	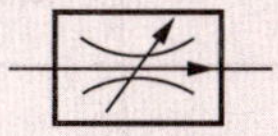
带温度补偿的调速阀	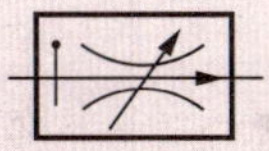	单向调速阀	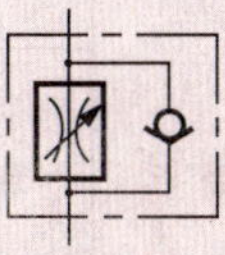
减速阀	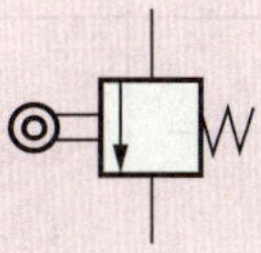	分流阀	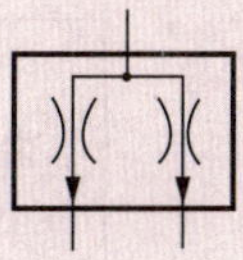
集流阀	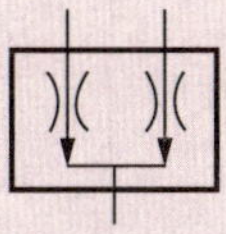	分流集流阀	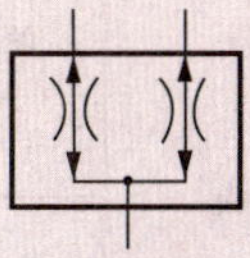
气动控制阀			
直动式溢流阀		先导式溢流阀	
直动式减压阀	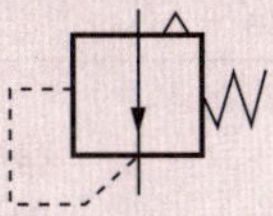	先导式减压阀	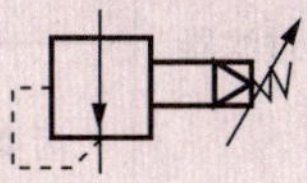
与门型梭阀	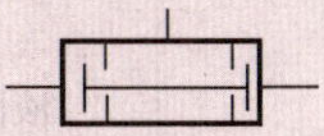	或门型梭阀	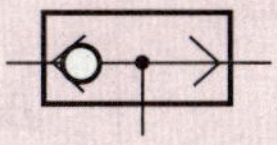
快速排气阀	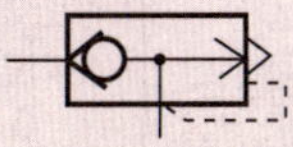	带消声器的节流阀	

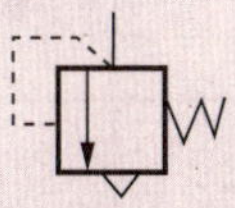

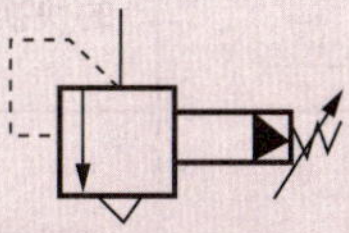

265

附表 1-3 辅助元件

名 称		符 号	名 称	符 号
油箱	管口在液面以上的油箱		管口在液面以下的油箱	
	管端连接于油箱底部		密闭式油箱	
管路	工作管路		控制管路	
	连接管路		交叉管路	
	柔性管路		组合元件线	
接头	单通路旋转接头		三通路旋转接头	
	不带单向阀的快换接头		带单向阀的快换接头	
液压过滤器	过滤器		磁心过滤器	
	污染指示过滤器		带旁通阀的过滤器	
检测器	压力计		液面计	
	流量计		温度计	

续表

名　称		符　号	名　称	符　号
气动专用元件	分水排水器	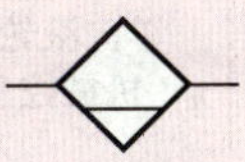 人工排出 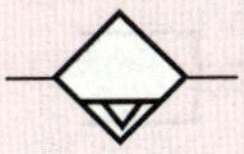　自动排出	气罐	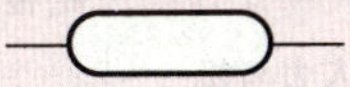
	空气干燥器	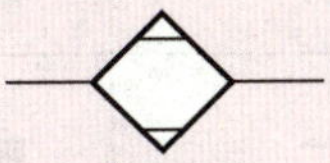	空气过滤器	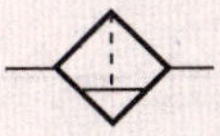 人工排出 　自动排出
	消声器	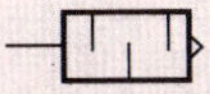	油雾器	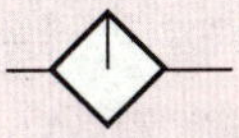
其他元件	液压源	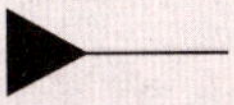	气压源	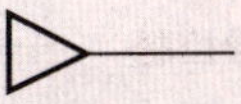
	原动机	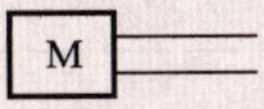 M	电动机	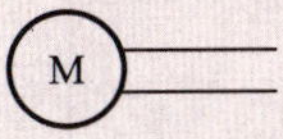 M
	加热器	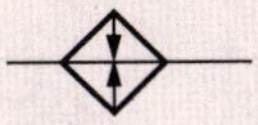	冷却器	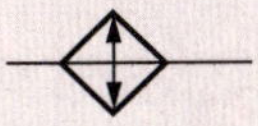
	温度调节器	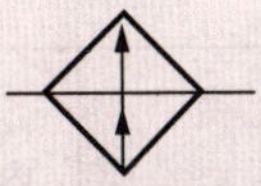	蓄能器	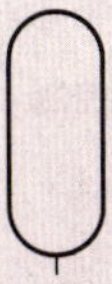
	压力继电器			

附表1-4　控制方法

名　称		符　号	名　称	符　号
人力与机动控制	按钮式人力控制	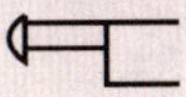	顶杆式机械控制	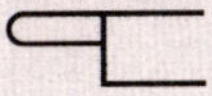
	手柄式人力控制	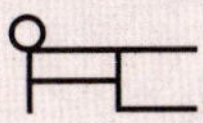	滚轮式机械控制	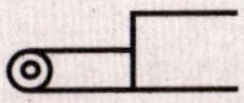

续表

名　称		符　号	名　称	符　号
人力与机动控制	踏板式人力控制		单向滚轮式机械控制	
	弹簧控制		定位控制	
先导控制	液压先导控制		液压二级先导控制	
	电液先导控制		气液先导控制	
	液压先导泄压控制		电液先导泄压控制	
	气压先导控制		电气先导控制	
直接压力控制	加压或卸压控制		差动控制	
	外部压力控制		内部压力控制	
电磁控制	单作用电磁控制		双作用电磁控制	
反馈控制	电反馈控制			